Christian Spieker, Oliver Haas
Arbeitsbuch Elektrotechnik
De Gruyter Studium

Weitere Titel der Autoren

Grundgebiete der Elektrotechnik
Ludwig Brabetz, Christian Koppe, Oliver Haas, 2022
Begründet von: Horst Clausert, Gunther Wiesemann
Band 1: Gleichstromnetze, Operationsverstärkerschaltungen,
elektrische und magnetische Felder
ISBN 978-3-11-063154-8, e-ISBN 978-3-11-063158-6
Band 2: Wechselströme, Drehstrom, Leitungen, Anwendungen der
Fourier-, der Laplace- und der Z-Transformation
ISBN 978-3-11-063160-9, e-ISBN 978-3-11-063164-7

Arbeitsbuch Elektrotechnik
Band 2: Wechselströme, Drehstrom, Leitungen, Anwendungen der
Fourier-, der Laplace- und der Z-Transformation
Christian Spieker, Oliver Haas, Karsten Golde, Christian Gierl,
Sujoy Paul, 2022
ISBN 978-3-11-067252-7, e-ISBN 978-3-11-067253-4

Jeweils auch als Set erhältlich:
Set Grundgebiete der Elektrotechnik 1, 13. Aufl.+Arbeitsbuch
Elektrotechnik 1, 2. Aufl.
ISBN 978-3-11-067673-0
Set Grundgebiete der Elektrotechnik 2, 13. Aufl.+Arbeitsbuch
Elektrotechnik 2, 2. Aufl.
ISBN 978-3-11-067674-7

Weitere empfehlenswerte Titel

Elektronik für Informatiker
Von den Grundlagen bis zur Mikrocontroller-Applikation
Manfred Rost, Sandro Wefel, 2021
ISBN 978-3-11-060882-3, e-ISBN 978-3-11-040388-6

Power Electronics Circuit Analysis with PSIM®
Farzin Asadi, Kei Eguchi, 2021
ISBN 978-3-11-074063-9, e-ISBN 978-3-11-064357-2

Christian Spieker, Oliver Haas

Arbeitsbuch Elektrotechnik

Band 1 Gleichstromnetze, Operationsverstärkerschaltungen, elektrische und magnetische Felder

2. Auflage

DE GRUYTER
OLDENBOURG

Autoren

Dr.-Ing. Christian Spieker
Universität Kassel
Fachbereich: IAF - FG FMF
Wilhelmshöher Allee 71-73
34121 Kassel
spieker@uni-kassel.de

Dr.-Ing. Oliver Haas
Wilhelmshöher Allee 73
34121 Kassel
oliver.haas@uni-kassel.de

ISBN 978-3-11-067248-0
e-ISBN (PDF) 978-3-11-067251-0
e-ISBN (EPUB) 978-3-11-067266-4

Library of Congress Control Number: 2020931602

Bibliografische Information der Deutschen Nationalbibliothek
Die Deutsche Nationalbibliothek verzeichnet diese Publikation in der Deutschen
Nationalbibliografie; detaillierte bibliografische Daten sind im Internet über
http://dnb.dnb.de abrufbar.

© 2022 Walter de Gruyter GmbH, Berlin/Boston
Coverabbildung: Girolamo Sferrazza Papa / iStock / Getty Images Plus
Druck und Bindung: CPI books GmbH, Leck

www.degruyter.com

Vorwort zur 2. Auflage

Wir freuen uns über die weiterhin konstante Nachfrage nach diesem Werk und die positiven Resonanzen von Studierenden. Ebenso möchten wir uns über die hilfreichen und konstruktiven Hinweise bedanken. Wir entnehmen dem Bedarf und dem Feedback, dass unser Konzept des Arbeitsbuches, nämlich einen Schwerpunkt auf die Darstellung von ausführlichen Lösungswegen zu legen, sehr gut beim Leser angekommen ist.

In dieser neuen Auflage wurden zahlreiche Vorschläge umgesetzt und das Buch zusätzlich um neue Aufgaben ergänzt. Wir wünschen allen Lesern bzw. Studierenden weiterhin viel Spaß beim Bearbeiten der Übungsaufgaben und sind stets dankbar für Hinweise auf noch vorhandene Fehler. Abschließend möchten wir uns beim Verlag für die gute Zusammenarbeit und der Möglichkeit bedanken, eine weitere überarbeitete Auflage dieses Werkes zu publizieren.

Oliver Haas
Christian Spieker

Vorwort zur 1. Auflage

Das vorliegende Buch ist im Rahmen der zweisemestrigen Vorlesung Grundlagen der Elektrotechnik an der Universität Kassel entstanden. Es stellt eine Sammlung von Aufgaben mit ausführlichen Lösungswegen aus Übungen, Tutorien und Klausuren dar mit dem Ziel, das Verständnis der Vorlesung *Grundlagen der Elektrotechnik* zu erleichtern und die Studierenden bei der Klausurvorbereitung zu unterstützen.

Die Aufgaben sollen sowohl dem angehenden Elektrotechniker als auch Studierenden der Fächer Mechatronik, sowie Maschinenbau, Wirtschaftsingenieurwesen und Pädagogik mit dem Schwerpunkt Elektrotechnik zur Vertiefung der Grundlagen dienen. Didaktisch ist das Buch an das Standardwerk *Grundgebiete der Elektrotechnik 1* von Clausert und Wiesemann angelehnt, so dass passend zu den jeweiligen Kapiteln des Lehrbuchs Aufgaben mit Lösungsweg nachgeschlagen werden können.

Das Buch ist in zwei Abschnitte aufgeteilt. Im ersten Teil findet der Leser die Aufgabenstellung ohne den Lösungsweg, und erst im zweiten Teil ist jeweils dazu ein ausführlicher Lösungsweg dargestellt. Auf diese Aufteilung wird großen Wert gelegt, da man als neugieriger Leser oft geneigt ist, schon einmal vorab den Lösungsweg zu studieren. Es sei aber an dieser Stelle darauf hingewiesen, dass es ein entscheidender Unterschied ist, einen Lösungsweg nur nachvollziehen zu können oder aber ihn selbständig zu erarbeiten. Oftmals macht genau dies den Unterschied zwischen einer guten und einer nicht bestandenen Prüfung aus.

https://doi.org/10.1515/9783110672510-202

Wir wünschen allen Lesern bzw. Studierenden viel Spaß beim Bearbeiten der Aufgaben und sind stets dankbar für Verbesserungsvorschläge und Hinweise auf noch vorhandene Fehler. Abschließend möchten wir es nicht versäumen, dem Verlag für die gute Zusammenarbeit zu danken.

Oliver Haas
Christian Spieker

Quelle und Literaturhinweis

Dieses Lehr- und Arbeitsbuch wurde didaktisch speziell für das Standardwerk

H. Clausert, G. Wiesemann, L. Brabetz, O. Haas, C. Spieker;
Grundgebiete der Elektrotechnik, Band 1; Verlag Walter de Gruyter; 2015

entwickelt. Die Gliederung wurde daher thematisch an dieses Werk angepasst.

Inhalt

Vorwort zur 2. Auflage —— V

Teil I: **Aufgaben**

1   **Grundlegende Begriffe** —— 3
1.1   Einheiten und Gleichungen —— 3
1.2   Ohm'sches Gesetz —— 5

2   **Berechnung von Strömen und Spannungen in elektr. Netzen** —— 6
2.1   Strom, Stromdichte —— 6
2.2   Parallel- und Reihenschaltung —— 7
2.3   Strom- und Spannungsmessung —— 10
2.4   Quellen-Ersatzzweipole —— 12
2.5   Stern-Dreieck-Transformation —— 15
2.6   Umlauf- und Knotenanalyse —— 16
2.7   Operationsverstärker —— 20

3   **Elektrostatische Felder** —— 23
3.1   Die elektrische Feldstärke —— 23
3.2   Die Potenzialfunktion —— 24
3.3   Die Linienladung —— 25
3.4   Die Kapazität —— 26

4   **Stationäre elektrische Strömungsfelder** —— 31
4.1   Methoden zur Berechnung von Widerständen —— 31
4.2   Erdungsprobleme —— 33

5   **Stationäre Magnetfelder** —— 35
5.1   Kräfte im magn. Feld und die magn. Größen —— 35
5.2   Das Gesetz von Biot-Savart —— 38

6   **Zeitlich veränderliche magnetische Felder** —— 40
6.1   Induktivitäten —— 40
6.2   Induktionsgesetz —— 41

Teil II: **Lösungen**

1   Grundlegende Begriffe —— 47
1.1   Einheiten und Gleichungen —— 47
1.2   Ohm'sches Gesetz —— 50

2   Berechnung von Strömen und Spannungen in elektr. Netzen —— 51
2.1   Strom, Stromdichte —— 51
2.2   Parallel- und Reihenschaltung —— 54
2.3   Strom- und Spannungsmessung —— 62
2.4   Quellen-Ersatzzweipole —— 70
2.5   Stern-Dreieck-Transformation —— 80
2.6   Umlauf- und Knotenanalyse —— 84
2.7   Operationsverstärker —— 107

3   Elektrostatische Felder —— 112
3.1   Die elektrische Feldstärke —— 112
3.2   Die Potenzialfunktion —— 116
3.3   Die Linienladung —— 128
3.4   Die Kapazität —— 133

4   Stationäre elektrische Strömungsfelder —— 155
4.1   Methoden zur Berechnung von Widerständen —— 155
4.2   Erdungsprobleme —— 164

5   Stationäre Magnetfelder —— 170
5.1   Kräfte im magn. Feld und die magn. Größen —— 170
5.2   Das Gesetz von Biot-Savart —— 182

6   Zeitlich veränderliche magnetische Felder —— 193
6.1   Induktivitäten —— 193
6.2   Induktionsgesetz —— 199

Teil I: **Aufgaben**

1 Grundlegende Begriffe

1.1 Einheiten und Gleichungen

Aufgabe 1.1.1

Tabelle 1.1 enthält eine Auswahl von physikalischen Größen mit ihren Formelzeichen und Einheiten. Die unten angegebenen Ausdrücke mit ihren kombinierten Einheiten lassen sich auf genau eine Einheit reduzieren. Zerlegen Sie dazu wenn nötig die vorgegebenen Einheiten zunächst in Basis-Einheiten. Geben Sie zusätzlich für die gefundene Einheit die zugehörige physikalische Größe mit ihrem Formelzeichen an.

1. $\dfrac{200\,\mathrm{F}\cdot 1\,\mathrm{V}}{10\,\mathrm{A}} = ?$,   2. $\dfrac{1\,\mathrm{H}\cdot 10\,\mathrm{A}}{1\,\Omega} = ?$,   3. $\dfrac{70\,\mathrm{C}\cdot 10\,\mathrm{V}}{14\,\mathrm{A}\cdot 2\,\mathrm{s}} = ?$.

Aufgabe 1.1.2

Tabelle 1.2 enthält alle gebräuchlichen Vorsatzzeichen von physikalischen Größen. Schreiben Sie die folgenden Angaben
1. $2\cdot 10^{7}\,\mathrm{V}$ in kV und MV ;
2. $100\cdot 10^{-9}\,\mathrm{F}$ in pF, nF, und µF ;
3. $5\cdot 10^{18}\,\mathrm{J}$ in GJ, PJ und EJ .

Aufgabe 1.1.3

Zerlegen Sie die vorgegebenen Einheiten wenn nötig zunächst in Basis-Einheiten, berechnen Sie dann den jeweiligen Ausdruck und geben Sie zusätzlich für die resultierende Einheit die zugehörige Größe mit Formelzeichen an.

1. $\dfrac{1\,\mathrm{mH}\cdot 1\,\mathrm{A}}{10\,\mathrm{mV}} = ?$;   2. $1\,\mathrm{kV}\cdot 1\,\mathrm{µA}\cdot 1\,\mathrm{s} = ?$;   3. $\dfrac{1\,\mathrm{mC}\cdot 1\,\mathrm{V}}{1\,\mathrm{µs}} = ?$.

Aufgabe 1.1.4

Bestimmen Sie die Beziehungen der folgenden Größen mit Hilfe ihrer Einheiten
1. $B = f(\Phi,A)$, $[B] = \mathrm{Vs\,m^{-2}}$, $[\Phi] = \mathrm{Vs}$, $[A] = \mathrm{m^{2}}$.
2. $U = f(E,l)$, $[U] = \mathrm{V}$, $[E] = \mathrm{V\,m^{-1}}$, $[l] = \mathrm{m}$.
3. $R = f(l,y,A)$, $[R] = \Omega$, $[l] = \mathrm{m}$, $[y] = \mathrm{S\,m^{-1}}$, $[A] = \mathrm{m^{2}}$.

https://doi.org/10.1515/9783110672510-001

Tab. 1.1: Größen, Formelzeichen und Einheiten in der Elektrotechnik.

Größe	Formelzeichen	Einheitenname	Einheitenkürzel
		Basis-Größen des SI	
Länge	l	Meter	m
Masse	m	Kilogramm	kg
Zeit	t	Sekunde	s
Stromstärke	I, i	Ampere	A
Temperatur	T	Kelvin	K
		Abgeleitete Größen	
Kraft	F	Newton	N bzw. $VAs\,m^{-1}$
Leistung	P	Watt	W bzw. VA
Arbeit, Energie	W	Joule	J bzw. Ws
el. Ladung	Q, q	Coulomb	C bzw. As
el. Spannung	U, u	Volt	V
el. Widerstand	R	Ohm	Ω bzw. $V\,A^{-1}$
el. Leitwert	G	Siemens	S bzw. $A\,V^{-1}$
Induktivität	L	Henry	H bzw. $Vs\,A^{-1}$
Kapazität	C	Farad	F bzw. $As\,V^{-1}$
magn. Fluss	Φ	Weber	Wb bzw. Vs
magn. Flussdichte	B	Tesla	T bzw. $Vs\,m^{-2}$

Tab. 1.2: Vorsatzzeichen physikalischer Größen und ihre Zehnerpotenzen.

Vorsatzzeichen	Name	Zehnerpotenz	Vorsatzzeichen	Name	Zehnerpotenz
Y	Yotta	10^{24}	d	Dezi	10^{-1}
Z	Zetta	10^{21}	c	Centi	10^{-2}
E	Exa	10^{18}	m	Milli	10^{-3}
P	Peta	10^{15}	µ	Mikro	10^{-6}
T	Tera	10^{12}	n	Nano	10^{-9}
G	Giga	10^{9}	p	Piko	10^{-12}
M	Mega	10^{6}	f	Femto	10^{-15}
k	Kilo	10^{3}	a	Atto	10^{-18}
h	Hekto	10^{2}	z	Zepto	10^{-21}
da	Deka	10^{1}	y	Yocto	10^{-24}

Aufgabe 1.1.5

Leiten Sie die Definition der Einheit Volt mit den Basis-Einheiten des SI her.

Aufgabe 1.1.6

Eine Gleichung sei gegeben durch

$$U = I_1\,R_1 + U_2 + I_3\,R_3\,,$$

mit $I_1 = 1\,\text{mA}$, $R_1 = 1\,\text{k}\Omega$, $U_2 = 5\,\text{V}$ und $I_3 = 3\,\text{A}$. Für den Widerstand R_3 wurde fälschlich sein Leitwert $G_3 = 1/R_3$ in S eingesetzt. Die falsche Lösung lautet: $U = 6{,}3\,\text{V}$.

Finden Sie den falschen Wert R_3^*, den richtigen Wert für R_3 und berechnen Sie damit die richtige Lösung für U.

Aufgabe 1.1.7

Gegeben ist die Gleichung der Kraft zwischen zwei Ladungen

$$F = \frac{e\,Q}{4\pi\varepsilon_0\,r^2} \quad \text{mit} \quad e = 1{,}602\cdot 10^{-19}\,\text{As} \quad \text{und} \quad \varepsilon_0 = 8{,}854\cdot 10^{-12}\,\frac{\text{As}}{\text{Vm}}\,.$$

Gegeben seien außerdem der Abstand $r = 2\,\text{mm}$ und die Ladung $Q = 0{,}1\,\text{C}$. Berechnen Sie die Kraft F und geben Sie das Ergebnis in mN und µN an. Zerlegen Sie die gegebenen Größen in Basiseinheiten, nennen Sie diese, und leiten Sie daraus die Einheit Newton her.

1.2 Ohm'sches Gesetz

Aufgabe 1.2.1

Gegeben sind die elektr. Spannung $U = 1\,\text{mV}$ und der elektr. Strom $I = 0{,}25\,\text{µA}$.
1. Ordnen Sie die Angaben der physikalischen Größen im Text jeweils den Kategorien *Formelzeichen*, *Zahlenwert*, *Vorsatzzeichen* und *Einheit* zu.
2. Berechnen Sie mit dem Ohm'schen Gesetz den elektrischen Widerstand R und geben Sie das Ergebnis in kΩ an.

Aufgabe 1.2.2

Bilden Sie das Ohm'sche Gesetz mit den gegebenen Größen und berechnen Sie die fehlende Größe für

1. $20\,\text{A}$, $5\,\Omega$;   2. $10\,\text{V}$, $50\,\text{k}\Omega$;   3. $30\,\text{V}$, $5\,\text{mA}$.

2 Berechnung von Strömen und Spannungen in elektr. Netzen

2.1 Strom, Stromdichte

Aufgabe 2.1.1

Die Ladung $q(t)$ verändere sich jeweils mit der Zeit t wie in Abbildung 2.1 dargestellt.

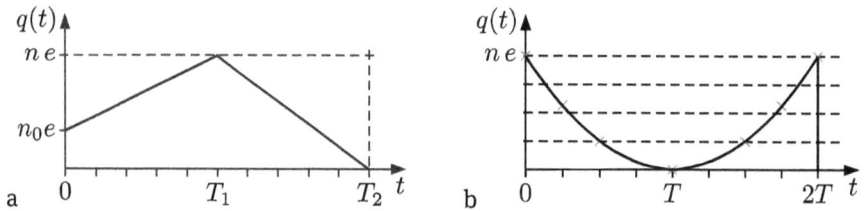

Abb. 2.1: Zeitliche Änderung der Ladung $q(t)$. (a) linear, (b) quadratisch.

1. Berechnen Sie für beide Fälle den Strom $i(t)$, der durch den Leiter fließt.
2. Zeichnen Sie jeweils den Verlauf der beiden Zeitfunktionen von $i(t)$.

Aufgabe 2.1.2

Durch einen elektrischen Leiter fließt ein zeitabhängiger Strom. Berechnen Sie für die beiden Fälle in Abbildung 2.2 jeweils die transportierte Ladung Q.

Hinweis: Stellen Sie zunächst die beiden zeitabhängigen Funktionen von $i(t)$ auf.

Aufgabe 2.1.3

Bei einer Glühlampe mit einer Wendel aus Wolframdraht, die an einer Spannung von 230 V betrieben wird, fließt bei einer Drahttemperatur von 1800 °C ein Strom von 0,5 A.

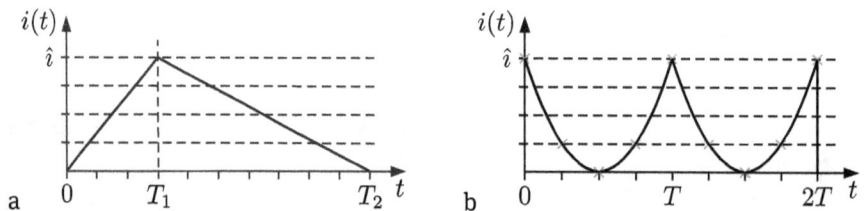

Abb. 2.2: Zeitliche Änderung des Stromes $i(t)$. (a) linear, (b) quadratisch.

https://doi.org/10.1515/9783110672510-002

Es wird angenommen, dass die Glühlampe bei 30 °C eingeschaltet wird und der lineare Temperaturbeiwert von Wolfram bei $\alpha_{20} = 4{,}1 \cdot 10^{-3}\,\mathrm{K}^{-1}$ liegt. Zusätzlich soll wegen der hohen Temperatur der quadratische Temperaturbeiwert $\beta_{20} = 1 \cdot 10^{-6}\,\mathrm{K}^{-2}$ berücksichtigt werden.

Wie groß ist der Strom im ersten Augenblick, wenn die Glühlampe eingeschaltet wird (Einschaltstrom)?

2.2 Parallel- und Reihenschaltung

Aufgabe 2.2.1

Im Netzwerk von Abbildung 2.3 sind die Ströme I_1, I_3, I_4 und I_8 bekannt. Stellen Sie die Gleichungen für die Knotenpunkte A–D sowie den Großknoten auf und berechnen Sie allgemein die fehlenden Ströme I_2, I_5, I_6 und I_7.

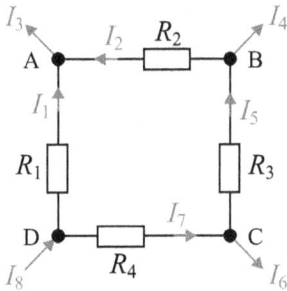

Abb. 2.3: Netzwerk mit vier Knoten und einem Großknoten.

Aufgabe 2.2.2

In der Schaltung (Abbildung 2.4) haben die Spannungsquellen die Werte $U_1 = U_0$, $U_2 = 3U_0$, $U_3 = U_0$, und $U_4 = 2U_0$; alle Widerstände haben den Wert R.

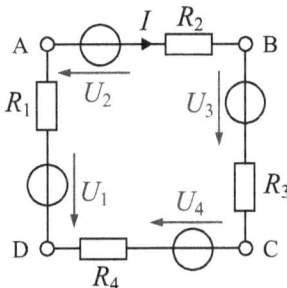

Abb. 2.4: Stromkreis mit vier Spannungsquellen.

1. Stellen Sie die Umlaufgleichung des Stromkreises auf und berechnen Sie den Strom I.
2. Berechnen Sie die Spannung U_{BD} zwischen den Punkten B und D sowie die Spannung U_{AC} zwischen den Punkten A und C.
3. Zeigen Sie, dass Sie die Spannungen U_{BD} und U_{AC} richtig berechnet haben, indem Sie dieselbe Rechnung mit dem jeweils zuvor *nicht* genutzten Umlauf nochmals durchführen.

Aufgabe 2.2.3

1. Berechnen Sie für das Netzwerk in Abbildung 2.5 den Gesamtwiderstand R, der an den Anschlussklemmen gemessen wird (a) allgemein und (b) für die gegebenen Werte
$$R_1 = 4R_0 , \ R_2 = R_4 = R_0 , \ R_3 = 2R_0 .$$
2. Berechnen Sie für das Netzwerk in Abbildung 2.6 den Gesamtwiderstand R, der an den Anschlussklemmen gemessen wird (a) allgemein und (b) für die gegebenen Werte
$$R_1 = 2{,}5R_0 , \ R_2 = 2R_0 , \ R_3 = 10R_0 , \ R_4 = 5R_0 , \ R_5 = 3R_0 .$$

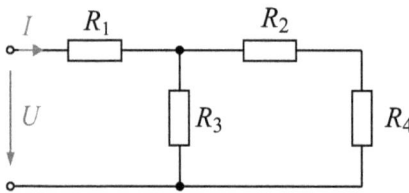

Abb. 2.5: Schaltung zu Aufgabe 2.2.3.1.

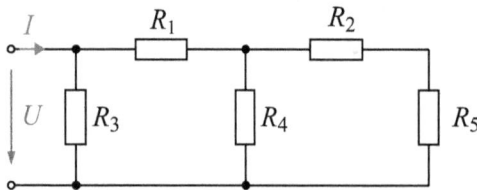

Abb. 2.6: Schaltung zu Aufgabe 2.2.3.2.

Aufgabe 2.2.4

Für die gegebene Schaltung in Abbildung 2.7 sind *alle* eingetragenen Ströme zu berechnen.

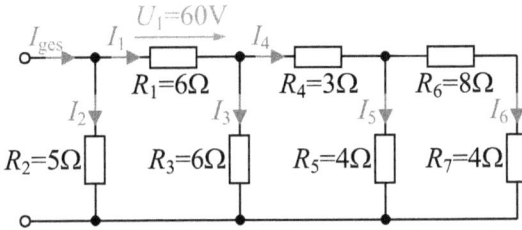

Abb. 2.7: Widerstandsnetzwerk mit gesuchten Strömen.

Aufgabe 2.2.5

In der Schaltung von Abbildung 2.8 ist das Verhältnis U_A/U_E zu bestimmen.

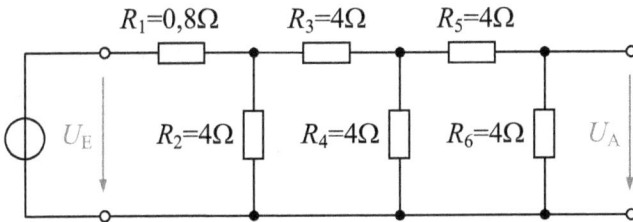

Abb. 2.8: Widerstandsnetzwerk mit Ein- und Ausgangsspannung.

Aufgabe 2.2.6

Lösen sie die vorherige Aufgabe nochmal, indem Sie von der umgekehrten Richtung beginnen. In anderen Worten: wenn Sie zuvor mit der Spannung U_E begonnen hatten, lösen Sie jetzt die Aufgabe indem Sie von U_A ausgehen und umgekehrt.

2.3 Strom- und Spannungsmessung

Aufgabe 2.3.1

Bei der Schaltung in Abbildung 2.9 soll gleichzeitig der Strom I und die Spannung $U_{R,L1}$ am Widerstand R_{L1} erfasst werden. Zur Verfügung stehen reale Messgeräte mit Innenwiderständen.

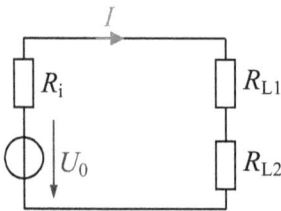

Abb. 2.9: Einfacher Stromkreis mit Spannungsquelle und Widerständen.

1. Skizzieren Sie die Schaltung für eine spannungsrichtige Messung und berechnen Sie in allgemeiner Form den korrigierten Strom $I_{R,L1}$.
2. Skizzieren Sie die Schaltung für eine stromrichtige Messung und berechnen Sie in allgemeiner Form die korrigierte Spannung $U_{R,L1}$.
3. Berechnen Sie für beide Mess-Schaltungen allgemein die Größe von R_{L1} unter Verwendung der zuvor berechneten korrigierten Größen.
4. Aus den unter 3. aufgestellten Formeln lassen sich Aussagen zur Dimensionierung der Widerstände $R_{M,Amp}$, $R_{M,Volt}$ (Innenwiderstände von Strom- und Spannungsmessgerät) und zum Einsatz der Schaltungen ableiten.
   (a) Wie würden Sie die Innenwiderstände der Messgeräte bei den beiden betrachteten Schaltungsvarianten wählen?
   (b) Welche der beiden Schaltungen würden Sie eher zur Messung großer Widerstände R_{L1} verwenden und welche lieber für kleine?
   Begründen Sie ihre Antworten!

Aufgabe 2.3.2

Gegeben ist die in Abbildung 2.10 dargestellte Schaltung. Die Widerstände R_{N1}, R_{N2}, R_{S1}, R_{S2} sowie die Daten des Messwerks (Innenwiderstand R_M, Skalenendwert $U_{M,max}$) seien bekannt.

1. Die Widerstände R_{N1}, R_{N2}, R_{S1}, R_{S2} dienen der Messbereichserweiterung. Bei welchen Abgriffen (MB1–MB4) handelt es sich um einen Strommessbereich, bei welchen um einen Spannungsmessbereich (R_{N1}, $R_{N2} \ll R_M$)?
2. Berechnen Sie den Messbereichsendwert für die Messbereiche MB1 und MB2.
3. Berechnen Sie den Messbereichsendwert für die Messbereiche MB3 und MB4.

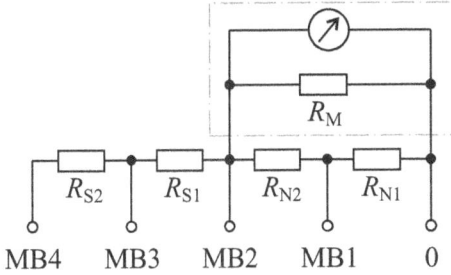

Abb. 2.10: Schema eines Multimeters mit vier Messbereichen.

4. Die Messbereichsendwerte seien bekannt und folgende Werte sind gegeben:

$$U_{M,max} = 1\,V\,,\ R_M = 1\,k\Omega\,,\ I_{MB1} = 0,5\,A\,,$$

$$I_{MB2} = 50\,mA\,,\ U_{MB3} = 5\,V\,,\ U_{MB4} = 50\,V\,.$$

Berechnen Sie die Widerstände R_{N1}, R_{N2}, R_{S1} und R_{S2}.

Aufgabe 2.3.3

Das Netzwerk in Abbildung 2.11 zeigt das elektrische Ersatzschaltbild einer Vierleiter-Messung zur Bestimmung des ohmschen Widerstands R_A mit einem Spannungs- und einem Strommessgerät. Bekannt seien die Widerstände der Messgeräte $R_{M,I}$ und $R_{M,U}$ sowie die Messwerte der Spannung U und des Stromes I. Weiterhin seien die Leitungs-widerstände R_{L3} und R_{L4} bekannt.

1. Bestimmen Sie eine Gleichung zur Berechnung von R_A für $R_{L3} = R_{L4} = 0$.
2. Lösen Sie Aufgabenteil 1 erneut mit R_{L3} und R_{L4} in allgemeiner Form.
3. Es gelte jetzt $R_{L3} = R_{L4} = 1 \cdot 10^{-4}\,R_{M,U}$. Berechnen Sie den relativen Fehler, der bei der Bestimmung von R_A durch die beiden Leitungswiderstände verursacht würde. *Hinweis: Hierzu benötigen Sie die Lösungen aus Aufgabenteil 1 und 2!*

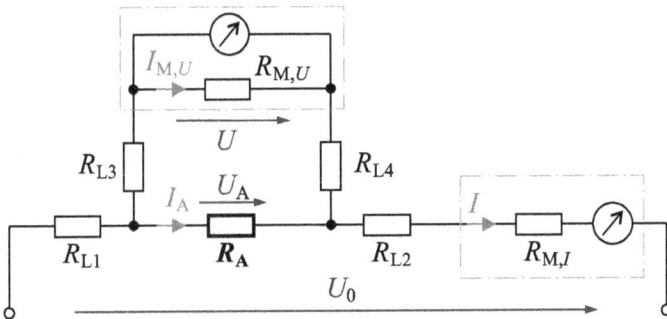

Abb. 2.11: Bestimmung des ohmschen Widerstands R_A mit einer Vierleiter-Messung – ESB.

2.4 Quellen-Ersatzzweipole

Aufgabe 2.4.1

In der unten abgebildeten Schaltung gibt es einen nichtlinearen, spannungsabhängigen Widerstand R_3, dessen Kennlinie im gegebenen Bereich von U näherungsweise durch folgende Gleichung beschrieben werden kann

$$R_3(U) = R_0(1 - cU) , \ 0 \le U < 110\,\text{V} , \ c = 1/(110\,\text{V}) , \ R_0 = 110\,\Omega .$$

1. Berechnen und zeichnen Sie den Verlauf des spannungsabhängigen Widerstands R_3 für einen Spannungsbereich von $0 \ldots 100\,\text{V}$ in 10er Schritten.
2. Bestimmen Sie *allgemein* für die Schaltung in Abbildung 2.12 eine Ersatzspannungsquelle U_q mit Innenwiderstand R_i, die nur den Widerstand R_3 als Last hat.
3. Der spannungsabhängige Widerstand R_3 soll in der Schaltung eingesetzt werden, um die Spannung am Widerstand R_2 zu begrenzen. Nutzen Sie das Ergebnis aus Aufgabenteil 2 und berechnen Sie damit *allgemein* für $R_1 = R_2 = R$ den Widerstand $R_3 = f(U_0)$.
4. Berechnen Sie für die Werte $R_1 = R_2 = 100\,\Omega$ jeweils für die Eingangsspannungen $U_0 = 100\,\text{V}$ sowie $U_0 = 1000\,\text{V}$ das Verhältnis der Spannung U_3/U_0 am Widerstand R_3.
    Tragen Sie die errechneten Widerstandswerte von R_3 zur Kontrolle in die unter 1 gezeichnete Kennlinie ein.

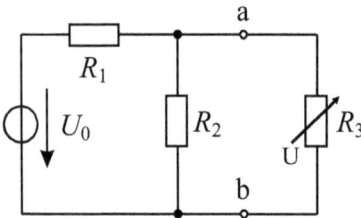

Abb. 2.12: Belasteter Spannungsteiler mit spannungsabhängigem Widerstand.

Aufgabe 2.4.2

Es ist der Strom I_1 und die Spannung U_{AB} an der Diode D_1 gesucht. Entfernen Sie für die Berechnung die Diode aus der Schaltung, bilden Sie eine Ersatzspannungsquelle zwischen den Klemmen (A,B) und bestimmen Sie die Leerlaufspannung U_q und den resultierenden Innenwiderstand R_i. Lösen Sie die Aufgabenstellung anschließend grafisch mithilfe der Diodenkennlinie in Abbildung 2.14. Gegeben sind die Werte

$$U_{01} = 2\,\text{V} , \ R_1 = 16{,}5\,\Omega , \ R_2 = 6\,\Omega , \ R_3 = 14\,\Omega , \ R_4 = 13{,}3\,\Omega .$$

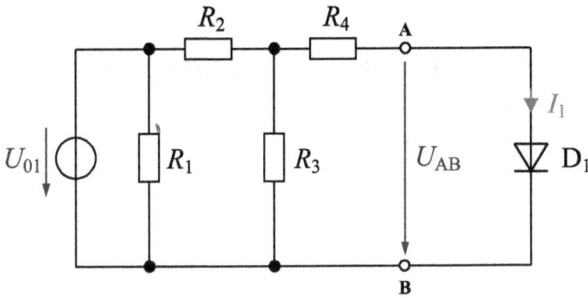

Abb. 2.13: Nichtlineares Netzwerk mit einer Spannungsquelle.

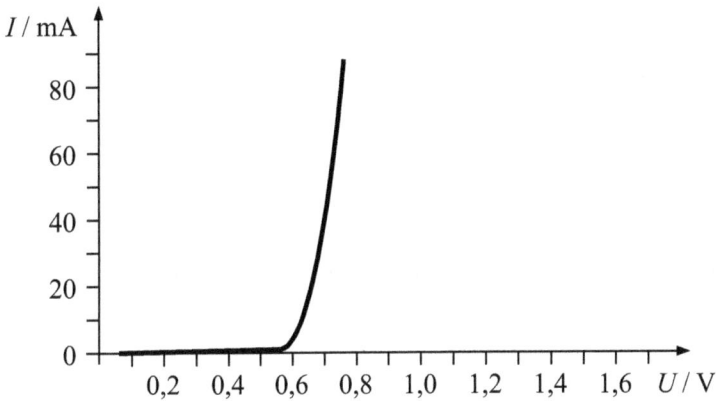

Abb. 2.14: Diodenkennlinie.

Aufgabe 2.4.3

Bilden Sie aus der Schaltung in Abbildung 2.15 eine Ersatzstromquelle. Bestimmen Sie dazu den Kurzschluss-Strom I_k der Schaltung und den resultierenden Innenwiderstand R_i zwischen den Klemmen a und b.

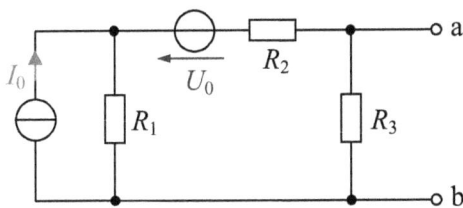

Abb. 2.15: Lineares Netzwerk mit Strom- und Spannungsquelle.

Aufgabe 2.4.4

Vereinfachen Sie die Schaltung in Abbildung 2.16 durch die konsequente Anwendung der Methoden Ersatzspannungsquelle und Ersatzstromquelle bis ein einfacher Stromkreis mit einer Spannungsquelle und einem Widerstand entsteht. Zeichnen Sie für jeden Schritt das Ersatzschaltbild und bestimmen Sie abschließend den Strom I_1.

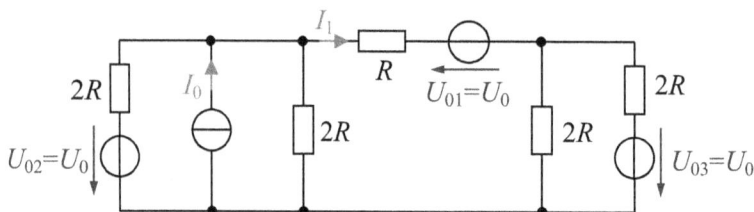

Abb. 2.16: Lineares Netzwerk mit Stromquelle und Spannungsquellen.

Aufgabe 2.4.5

Von dem Netzwerk in Abbildung 2.17 ist der Strom I_4 gesucht. Bekannt sind die Widerstände

$$R_1 = R_3 = R_5 = R , \quad R_2 = R_6 = 2R , \quad R_4 = \frac{5}{14}R$$

und die Spannungen

$$U_{01} = 2U_0 , \quad U_{02} = U_{03} = U_0 .$$

1. Wenden Sie das Verfahren *Ersatzspannungsquelle* an.
   Stellen Sie die Gleichungen zur Bestimmung von U_q in allgemeiner Form auf und verwenden Sie dann für die Berechnungen von U_q und R_i die gegebenen Werte. Lösen Sie das Gleichungssystem mit der Cramer'schen Regel!
2. Berechnen Sie mit Hilfe der zuvor ermittelten Ersatzspannungsquelle den gesuchten Strom I_4.
3. Welchen Wert muss der Widerstand R_4 haben, damit die Ersatzspannungsquelle die maximale Leistung an R_4 abgibt und wie groß ist dann die Leistung P_q der Ersatzquelle?

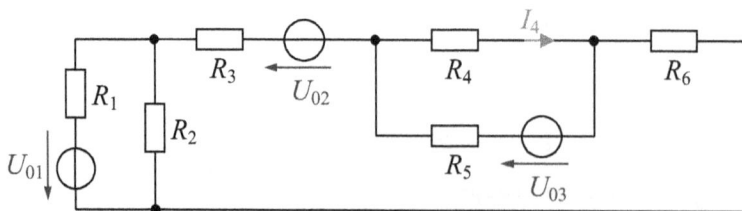

Abb. 2.17: Lineares Netzwerk mit drei Spannungsquellen.

2.5 Stern-Dreieck-Transformation

Aufgabe 2.5.1

Der resultierende Widerstand zwischen den Klemmen A,B der Brückenschaltung in Abbildung 2.18 ist gesucht.

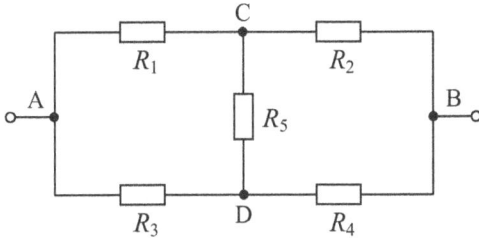

Abb. 2.18: Nicht abgeglichene Brückenschaltung.

1. Wenden Sie die Methode der Dreieck-Stern-Transformation an um das Widerstandsdreieck R_2, R_4 und R_5 in eine äquivalente Sternschaltung umzuwandeln und berechnen Sie allgemein die Sternwiderstände.
2. Zeichnen Sie das Ersatzschaltbild der Brückenschaltung nach der Umwandlung des Widerstandsdreiecks in einen Stern und berechnen Sie in allgemeiner Form den Widerstand R_{ges} zwischen den Klemmen A und B.
3. Berechnen Sie R_{ges} mit den Werten

$$R_1 = R_4 = R_5 = 3R \; ; \quad R_2 = R_3 = 2R \, .$$

Aufgabe 2.5.2

Berechnen Sie den resultierenden Leitwert zwischen den Klemmen A, B der Brückenschaltung aus der vorherigen Aufgabe.

1. Wenden Sie die Methode der Stern-Dreieck-Transformation an um den Widerstandsstern R_1, R_2 und R_5 in eine äquivalente Dreieckschaltung umzuwandeln und berechnen Sie allgemein die Dreieckwiderstände und -leitwerte.
2. Zeichnen Sie das Ersatzschaltbild der Brückenschaltung nach der Stern-Dreieck-Transformation und berechnen Sie in allgemeiner Form den Leitwert G_{ges} zwischen den Klemmen A und B.
    (Hinweis: Verwenden Sie zur Abkürzung nur die Namen der Dreieckleitwerte in der Gleichung von G_{ges})
3. Berechnen Sie G_{ges} mit den Werten

$$G_1 = G_4 = G \; ; \quad G_2 = G_3 = 5G \; ; \quad G_5 = 4G \, .$$

2.6 Umlauf- und Knotenanalyse

Aufgabe 2.6.1

Stellen Sie mittels Umlaufanalyse für die Schaltung in Abbildung 2.19 das vollständige Gleichungssystem zur Berechnung der Ströme I_1, I_2 und I_4 in allgemeiner Form auf. Berechnen Sie anschließend hieraus mit den gegebenen Werten den Strom I_4.

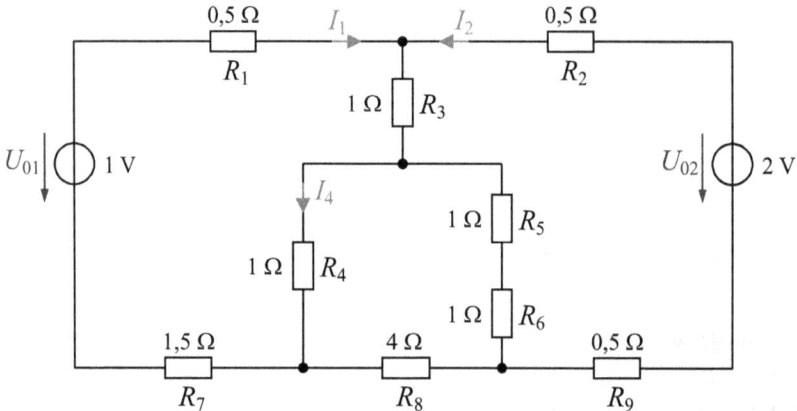

Abb. 2.19: Lineares Netzwerk mit zwei Spannungsquellen.

Aufgabe 2.6.2

Berechnen Sie die Ströme I_3 und I_6 in Abbildung 2.20 mittels Umlaufanalyse. Beachten Sie dabei, dass der Stromquelle I_{02} *kein* Innenwiderstand zugeordnet werden kann!
1. Stellen Sie das vollständige Gleichungssystem in allgemeiner Form auf. Berechnen Sie anschließend hieraus mit den gegebenen Werten die Ströme I_3 und I_6.
2. Wie groß sind die Spannung U_{02} und die Leistung P_{02} der Stromquelle?

Aufgabe 2.6.3

Gegeben ist das lineare Netzwerk in Abbildung 2.21.
1. Ersetzen Sie die Spannungsquellen durch Ersatzstromquellen und zeichnen Sie die zugehörige Ersatzschaltung des Netzwerkes.
2. Gesucht sind die Spannungen U_3, U_4 und U_5 an den zugehörigen Leitwerten G_3, G_4 und G_5. Lösen Sie die Aufgabe durch folgende Schritte:
   (a) Wählen Sie einen Bezugsknoten und zeichnen Sie einen vollständigen Baum in die Ersatzschaltung, so dass die gesuchten Spannungen U_3, U_4 und U_5

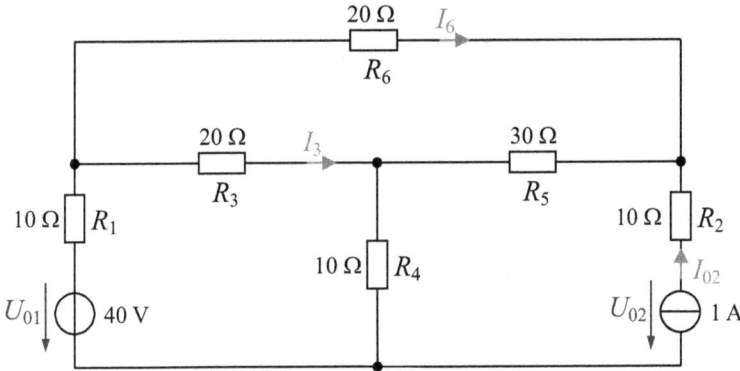

Abb. 2.20: Lineares Netzwerk mit Spannungs- und Stromquelle.

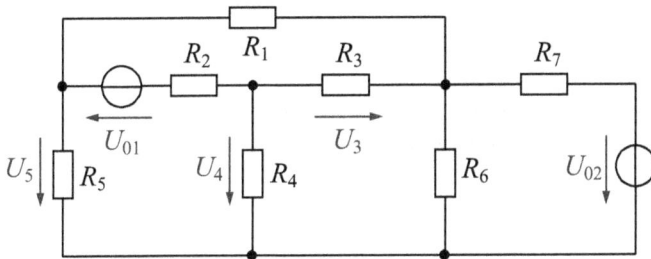

Abb. 2.21: Lineares Netzwerk mit zwei Spannungsquellen.

möglichst in den Baumzweigen und die Stromquellen möglichst in den Verbindungszweigen liegen.

(b) Tragen Sie die unbekannten Knotenspannungen in die Ersatzschaltung ein und stellen Sie jeweils deren Beziehungen zu den gesuchten Spannungen her.

(c) Stellen Sie das Gleichungssystem nach den Regeln der Knotenanalyse in Matrix-Schreibweise auf.

3. Lösen Sie das zuvor aufgestellte Gleichungssystem mit den Werten

$$G_1 \ldots G_7 = G.$$

Die Spannungen U_{01} und U_{02} werden als bekannt angenommen.

Aufgabe 2.6.4

Die Schaltung in Abbildung 2.22 zeigt ein lineares Netzwerk mit zwei Stromquellen und einer Spannungsquelle.

1. Gesucht sind die Ströme I_1 und I_3. Geben Sie die zur Berechnung notwendigen Umlauf- und Knotengleichungen an und bilden Sie daraus ein Gleichungssystem zur Bestimmung der beiden gesuchten Ströme.

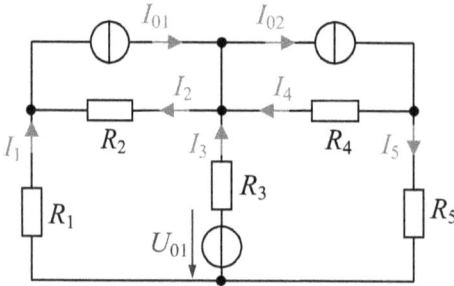

Abb. 2.22: Lineares Netzwerk mit Strom- und Spannungsquellen.

2. Das zuvor aufgestellte Gleichungssystem lässt sich mit Hilfe der Umlaufanalyse auch einfacher erhalten:
   (a) Ersetzen Sie die realen Stromquellen durch Ersatzspannungsquellen.
   (b) Zeichnen Sie das Ersatzschaltbild und wählen Sie einen vollständigen Baum derart, dass die gesuchten Ströme I_1 und I_3 unabhängige Ströme sind.
   (c) Stellen Sie das Gleichungssystem in Matrix-Schreibweise auf.
3. Lösen Sie das zuvor aufgestellte Gleichungssystem mit den Werten

$$R_1 \ldots R_5 = R ; \quad U_{01} = I_0 R ; \quad I_{01} = I_0 ; \quad I_{02} = 2I_0$$

durch Anwendung der Cramer'schen Regel.

Aufgabe 2.6.5

Gegeben ist das lineare Netzwerk in Abbildung 2.23.
1. Gesucht sind die Spannungen U_3, U_4 und U_7.
   Lösen Sie die Aufgabe durch folgende Schritte:
   (a) Ersetzen Sie die Spannungsquellen durch Ersatzstromquellen, vereinfachen Sie das Netzwerk durch zusammenfassen von Widerständen und zeichnen Sie die zugehörige Ersatzschaltung des Netzwerkes.
   (b) Wählen Sie einen Bezugsknoten und tragen Sie einen vollständigen Baum in die Ersatzschaltung ein.
   (c) Tragen Sie die unbekannten Knotenspannungen in die Ersatzschaltung ein und stellen Sie jeweils deren Beziehungen zu den gesuchten Spannungen her.
   (d) Stellen Sie das Gleichungssystem nach den Regeln der Knotenanalyse in Matrix-Schreibweise auf.
2. Lösen Sie das Gleichungssystem mit folgenden Werten:

$$U_{01} = 4U_0 , \ U_{02} = 2U_0 , \ U_{03} = U_0 ,$$
$$R_1 = R_2 = R_3 = R_4 = R_7 = 4R , \ R_5 = R_6 = R, R_8 = R_9 = 2R .$$

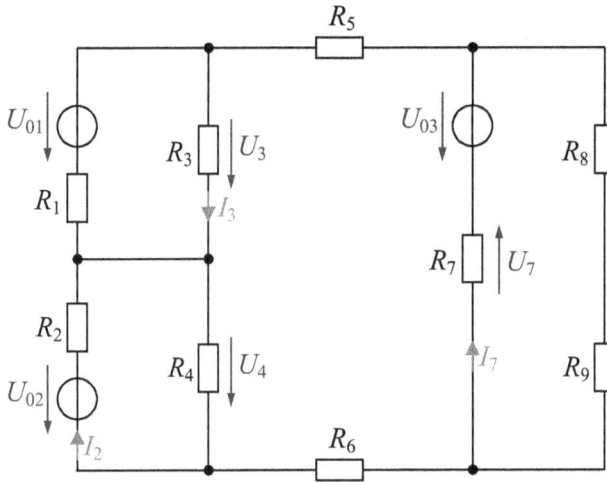

Abb. 2.23: Lineares, 4-maschiges Netzwerk mit drei Spannungsquellen.

Aufgabe 2.6.6

Gegeben ist das lineare Netzwerk in Abbildung 2.23.
1. Gesucht sind die Ströme I_2, I_3 und I_7.
   Lösen Sie die Aufgabe durch folgende Schritte:
   (a) Wählen Sie einen vollständigen Baum derart, dass die gesuchten Ströme I_2, I_3 und I_7 unabhängige Ströme sind.
   (b) Stellen Sie das Gleichungssystem nach den Regeln der Umlaufanalyse in Matrix-Schreibweise auf.
2. Zusatzaufgabe: Falls Sie das Gleichungssystem lösen möchten, benutzen Sie die gegebenen Werte

$$U_{01} = 4U_0 , \quad U_{02} = 2U_0 , \quad U_{03} = U_0 ,$$
$$R_1 = R_2 = R_3 = R_4 = R_7 = 4R , \quad R_5 = R_6 = R , \quad R_8 = R_9 = 2R .$$

Aufgabe 2.6.7

Gegeben ist das lineare Netzwerk in Abbildung 2.24.
1. Ersetzen Sie die Spannungsquelle durch eine Ersatzstromquelle und zeichnen Sie die zugehörige Ersatzschaltung des Netzwerkes.
2. Gesucht sind die Spannungen U_2, U_3^* (Spannung an R_3 nach Transformation) und U_4 an den zugehörigen Leitwerten G_2, G_3 und G_4 *nach* der Umwandlung. Lösen Sie die Aufgabe durch folgende Schritte:

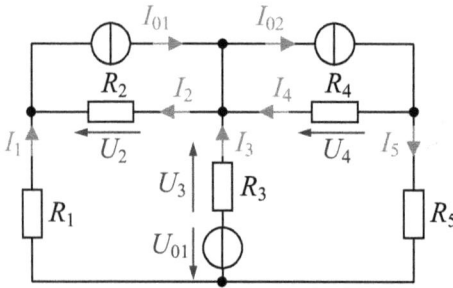

Abb. 2.24: Lineares Netzwerk mit Strom- und Spannungsquellen.

(a) Wählen Sie einen Bezugsknoten und zeichnen Sie einen vollständigen Baum in die Ersatzschaltung, so dass die gesuchten Spannungen U_2, U_3^* und U_4 in den Baumzweigen liegen.

(b) Tragen Sie die unbekannten Knotenspannungen in die Ersatzschaltung ein und stellen Sie jeweils deren Beziehungen zu den gesuchten Spannungen her.

(c) Stellen Sie das Gleichungssystem nach den Regeln der Knotenanalyse in Matrix-Schreibweise auf.

3. Lösen Sie das zuvor aufgestellte Gleichungssystem für U_3^* mit den Werten

$$G_1 = G_2 = G_3 = G_4 = G_5 = G ; \quad U_{01} = I_0 R ; \quad I_{01} = I_0 ; \quad I_{02} = 2 I_0$$

durch Anwendung der Cramer'schen Regel.

4. Wie groß ist dann die Originalspannung U_3 in Abbildung 2.24?

2.7 Operationsverstärker

Aufgabe 2.7.1

Gegeben ist die Schaltung eines invertierenden Verstärkers in Abbildung 2.25, aufgebaut mit einem Operationsverstärker. Das Verhalten des Operationsverstärkers sei ideal.

1. Leiten Sie den Verstärkungsfaktor U_a/U_e der Schaltung in allgemeiner Form her.

2. Berechnen Sie den Verstärkungsfaktor für $R_1 = 0{,}01 R_2$.
   Der OP wird mit ± 15 V versorgt. Wie groß darf die Amplitude des Eingangssignals u_e bei der gegebenen Verstärkung maximal werden, ohne dass der Verstärker seinen linearen Bereich verlässt?

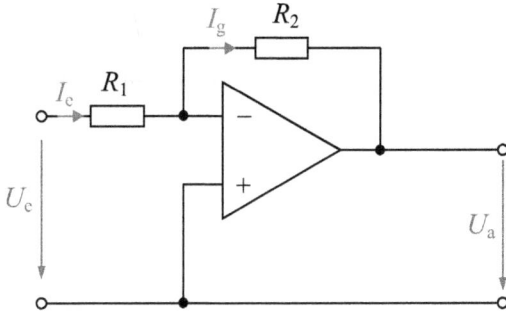

Abb. 2.25: Schaltung eines invertierenden Verstärkers (Umkehrverstärker).

Aufgabe 2.7.2

Gegeben ist die Verstärkerschaltung in Abbildung 2.26. Das Verhalten des Operationsverstärkers sei ideal.

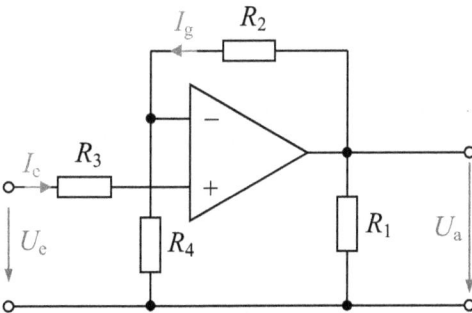

Abb. 2.26: Schaltung mit Operationsverstärker.

1. Leiten Sie den Verstärkungsfaktor U_a/U_e der Schaltung in allgemeiner Form her.
2. Berechnen Sie den Verstärkungsfaktor für $R_2 = 9R_4$ und $R_1 = 150\,\Omega$.
   Der OP wird mit ±15 V versorgt. Wie groß darf die Amplitude des Eingangssignals
   U_e bei der gegebenen Verstärkung maximal werden, ohne dass der Verstärker
   seinen linearen Bereich verlässt?

Aufgabe 2.7.3

Gegeben ist die Verstärker-Schaltung in Abbildung 2.27. Die Schaltung werde mit ± 18 V versorgt.

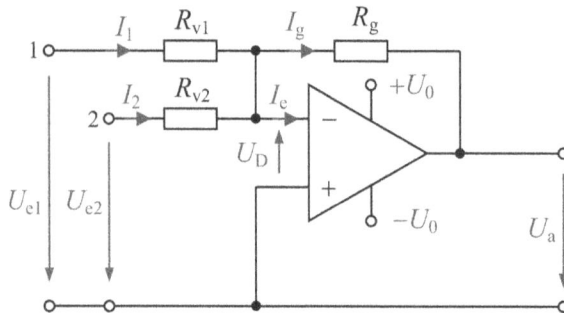

Abb. 2.27: Operationsverstärker-Schaltung mit zwei Eingängen.

1. Betrachten Sie jeden Eingang zunächst für sich allein (der jeweils andere Eingang sei offen) und geben Sie die Verstärkungen $A_1 = U_a/U_{e1}$ und $A_2 = U_a/U_{e2}$ an.
2. Bestimmen Sie mit Hilfe der Knotengleichung für den Knoten am negativen Eingang des Operationsverstärkers (die virtuelle Masse) die Abhängigkeit der Ausgangsspannung U_a von den beiden Eingangsspannungen.
3. Es gelte $R_{v1} = R_{v2} = R_g$. Welche Aufgabe erfüllt die Schaltung?
4. Es sei nun $R_{v2} = R_g = 2\,R_{v1}$. Zeichnen Sie die Ausgangsspannung U_a für die drei Fälle:
   (a) An Anschluss 1 werde die Spannung $U_{e1} = -1$ V angelegt. Anschluss 2 bleibe offen ($U_{e2} = 0$ V).
   (b) An Anschluss 2 werde die Spannung $U_{e2} = -1$ V $\sin(\omega t)$ angelegt. Anschluss 1 bleibe offen ($U_{e1} = 0$ V).
   (c) An Anschluss 1 werde die Spannung $U_{e1} = -1$ V und an Anschluss 2 die Spannung $U_{e2} = -1$ V $\sin(\omega t)$ angelegt.

3 Elektrostatische Felder

3.1 Die elektrische Feldstärke

Aufgabe 3.1.1

In einem ebenen rechtwinkligen Koordinatensystem befindet sich je eine Punktladung mit $Q = 1\,nC$ in den Punkten $(0;0)$, $(1\,cm;0)$ und $(0;1\,cm)$. Geben Sie in einer Skizze die Richtung der Kraft $\vec{F}$ auf die Punktladung im Koordinatenursprung an und berechnen Sie deren Betrag. Das Dielektrikum sei Luft.

Aufgabe 3.1.2

Zwischen zwei positiven Ladungen Q_1 und Q_2, die den Abstand a voneinander haben, befindet sich eine dritte, ebenfalls positive Ladung Q. Q ist auf der Verbindungsgeraden zwischen Q_1 und Q_2 reibungsfrei verschiebbar.
1. Skizzieren Sie die Anordnung einschließlich aller Kräfte und Koordinaten.
2. An welcher Stelle x, $0 < x < a$, wird sich die verschiebbare Probeladung Q aufhalten? Rechnen Sie allgemein und führen Sie zur Abkürzung $\beta = Q_1/Q_2$ ein.
3. Berechnen Sie x für $\beta = 1$ und $\beta = 2$.

Aufgabe 3.1.3

In einem rechtwinkligen Koordinatensystem befinden sich drei Punktladungen Q_1, Q_2, Q_3 an den Positionen $(x_1;y_1)$, $(x_2;y_2)$, $(x_3;y_3)$. Berechnen Sie die elektrische Feldstärke $\vec{E}$ im Ursprung $(0;0)$. Die Permittivität habe den allgemeinen Wert ε.

Hinweis: Skizzieren Sie die Anordnung. Wählen Sie für die Skizze die Koordinaten der Ladungen beliebig, aber $(x_i;y_i) \neq (0;0)$.

https://doi.org/10.1515/9783110672510-003

3.2 Die Potenzialfunktion

Aufgabe 3.2.1

In einem ebenen, rechtwinkligen Koordinatensystem befinde sich eine Punktladung Q_1 bei $(-a;0)$ und eine Punktladung Q_2 bei $(a;0)$ mit $a > 0$. Bestimmen Sie
1. die Funktionen der elektrischen Feldstärken $\vec{E}_1(r_1)$ und $\vec{E}_2(r_2)$ der beiden Ladungen Q_1 und Q_2 jeweils ohne Überlagerung der Einzelfelder,
2. die allgemeine Potenzialfunktion $\phi(x,y)$ des Gesamtpotenzials,
3. das Gesamtpotenzial im Punkt $P = (0;a)$,
4. die Funktion der resultierenden elektrischen Feldstärke $\vec{E}(x,y)$ aus der allgemeinen Beschreibung des Gesamtpotenzials $\phi(x,y)$,
5. die resultierende elektrische Feldstärke im Punkt $P = (0;a)$.

Es gilt: $Q_1 = 2Q$, $Q_2 = Q$.

Aufgabe 3.2.2

In einem rechtwinkligen Koordinatensystem befinden sich drei Punktladungen Q_1, Q_2, Q_3 an den Positionen $(x_1;y_1)$, $(x_2;y_2)$, $(x_3;y_3)$. Die Permittivität hat den allgemeinen Wert ε.
1. Berechnen Sie die elektrische Feldstärke $\vec{E}(x,y)$ allgemein.
2. Welchen Wert hat die elektrische Feldstärke $\vec{E}(0,0)$ im Ursprung des Koordinatensystems?
3. Bestimmen Sie die Potenzialfunktion $\phi(x,y)$. Es gelte die Konvention, dass das Potenzial im Unendlichen verschwindet.
4. Berechnen Sie die Energie, die nötig ist, um eine Probeladung q vom Unendlichen in den Ursprung zu transportieren. Nutzen Sie dazu den Zusammenhang $W = q\,\Delta U$.
5. Ermitteln Sie die elektrische Feldstärke $\vec{E}(x,y)$ aus der Potenzialfunktion $\phi(x,y)$ allgemein und im Ursprung. Vergleichen Sie das Ergebnis mit den Aufgabenteilen 1 bzw. 2.

Aufgabe 3.2.3

Zeigen Sie für die Punktladung Q in Abbildung 3.1, dass das Linienintegral

$$\int_L \vec{E} \cdot d\vec{s}$$

wegunabhängig ist, indem Sie explizit für beide Wege von A nach B das Linienintegral ausrechnen.

Hinweis:
$$\int \frac{\sin y \, dy}{(\alpha + \beta \cos y)^{3/2}} = \frac{2}{\beta} \frac{1}{(\alpha + \beta \cos y)^{1/2}} + C$$

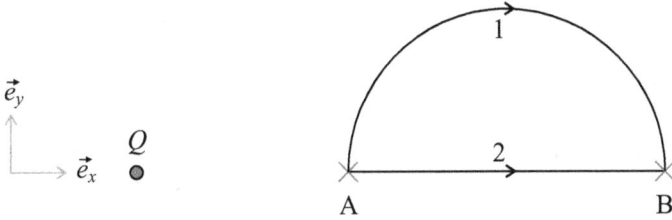

Abb. 3.1: Zwei mögliche Wege von A nach B im E-Feld der Punktladung Q.

3.3 Die Linienladung

Aufgabe 3.3.1

Gegeben sei ein ebenes x-z-Koordinatensystem. Dort befinde sich eine Linienladung Q_l zwischen den Punkten $(-a;-a)$ und $(-a;a)$ mit konstanter Ladungsdichte λ.

1. Berechnen Sie die elektrische Feldstärke $\vec{E}_l(x,z)$ der Linienladung in dem beliebigen Punkt $P = (x;z)$.
2. Bestimmen Sie das Potenzial der Linienladung entlang der x-Achse. Es gelte die Konvention, dass das Potenzial im Unendlichen verschwinden soll.
3. Am Ort $(2a;0)$ befinde sich zusätzlich eine Punktladung $Q_p = +Q$. Wie groß muss die Ladungsdichte λ sein, damit die elektrische Feldstärke im Ursprung verschwindet?

Hinweis:

$$\int \frac{dz}{\sqrt{(\alpha - z)^2 + \beta^2}^{\,3}} = \frac{1}{\beta^2} \frac{-(\alpha - z)}{\sqrt{(\alpha - z)^2 + \beta^2}} + c$$

$$\int \frac{(\alpha - z)\,dz}{\sqrt{(\alpha - z)^2 + \beta^2}^{\,3}} = \frac{1}{\sqrt{(\alpha - z)^2 + \beta^2}} + c$$

$$\int \frac{dz}{\sqrt{z^2 + b^2}} = \ln\left(z + \sqrt{z^2 + b^2}\right) + c$$

Aufgabe 3.3.2

Gegeben ist eine Linienladung mit der Länge $2a$. Die Linienladung verlaufe entlang der z-Achse eines kartesischen Koordinatensystems und sei symmetrisch zum Ursprung angeordnet.

1. Berechnen Sie die Ladung Q allgemein.
2. Wie groß ist die Linienladungsdichte λ, wenn $a = 50\,\text{cm}$ und $Q = 2\,\text{nC}$ betragen?

3.4 Die Kapazität

Aufgabe 3.4.1

Die Abmessungen eines Zylinder- und eines Kugelkondensators sollen bestimmt werden. Beide sollen die gleiche Kapazität C bei gleicher Höhe und gleicher Permittivität ε haben.

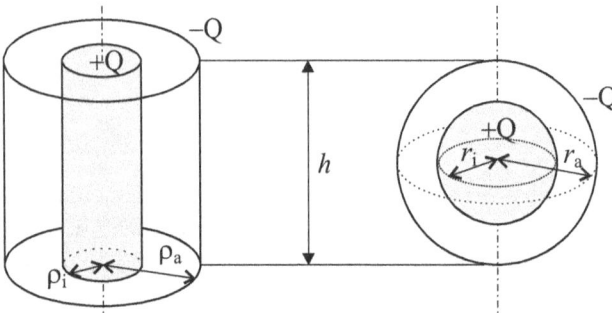

Abb. 3.2: Zylinder- und Kugelkondensator.

1. Skizzieren Sie die Feldlinien von $\vec{D}$ und $\vec{E}$ sowie die Äquipotenziallinien für beide Kondensatoren.
2. Leiten Sie jeweils die elektrische Flussdichte $\vec{D}$ und die elektrische Feldstärke $\vec{E}$ abhängig vom Radius für beide Kondensatoren her.
3. Wie groß ist das Verhältnis der Kugelschalenradien r_a/r_i, wenn das Verhältnis der Zylinderradien $\rho_a/\rho_i = e^2$ ist?

Aufgabe 3.4.2

Alle Kondensatoren des Kondensatornetzwerks in Abbildung 3.3 haben den Wert C_0. Berechnen Sie die Gesamtkapazität C_{ges} zwischen den Klemmen A und B.

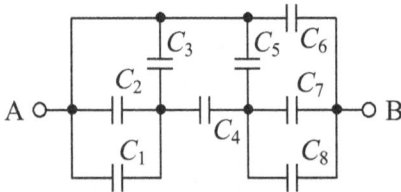

Abb. 3.3: Kondensatornetzwerk.

Aufgabe 3.4.3

Gegeben ist ein Plattenkondensator mit kreisförmigen Platten. Der Radius der Platten beträgt $r = 12{,}5$ cm, der Abstand zwischen den Platten $d = 5$ mm. Das Dielektrikum zwischen den Platten ist Luft. Gesucht sind:

Feldstärke E, Flussdichte D und Ladung Q bei $U = 1$ kV sowie die Kapazität C.

Lösen Sie die Aufgabe unter Anwendung des Linienintegrals über die elektrische Feldstärke sowie den Gauß'schen Satz der Elektrostatik.

Aufgabe 3.4.4

Gegeben sei ein Plattenkondensator mit kreisförmigen Platten. Zwischen den Platten befinde sich ein Isolierring mit der Permittivität ε_1. Der Hohlraum des Isolierrings sei mit Luft gefüllt. Den Aufbau zeigt Abbildung 3.4. Alle Randeffekte dürfen vernachlässigt werden.

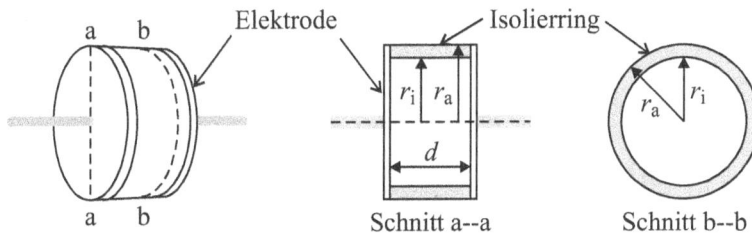

Abb. 3.4: Plattenkondensator mit kreisförmigen Platten und Isolierring.

1. Zeichnen Sie das Ersatzschaltbild des Kondensators.
2. Welchen Wert hätte die Kapazität C, wenn das Dielektrikum zwischen den Platten vollständig mit ε_1 ausgefüllt wäre?
3. Wie groß ist die Kapazität C, wenn das Dielektrikum wie in Abbildung 3.4 geschichtet ist?
4. Es gelte $r_a = 7r_i$, $d = 0{,}1 r_i$ und $\varepsilon_{r1} = 3$. Auf den Platten befinde sich die Ladung Q_0. Welche Spannung kann zwischen den Platten gemessen werden?

Aufgabe 3.4.5

Gegeben seien ideale Kondensatoren mit den Kenndaten $C_0 = 100\,\mu$F, $U_{max} = 400$ V. Mit diesen soll ein Kondensatornetzwerk aufgebaut werden, dass an $U_0 = 600$ V betrieben wird und insgesamt eine Kapazität von $C_{ges} = 200\,\mu$F haben soll. Lösen Sie die Aufgabe durch die Beantwortung der folgenden Fragen (Bitte immer mit Rechnung oder Begründung):

1. Wieviele Kondensatoren müssen in Reihe geschaltet werden und wie groß ist die Kapazität C_{zw} dieser Reihenschaltung?
2. Wieviele parallele Zweige der in Reihe geschalteten Kondensatoren werden benötigt?
3. Zeichnen Sie das Kondensatornetzwerk.
4. Welche Spannung fällt jeweils an einem Kondensator ab?
5. In einem Zweig verändere sich ein Kondensator um −20 %.
   (a) Wie groß ist jetzt die neue Gesamtkapazität C_{ges} des Netzwerks?
   (b) Wie ist jetzt die Spannungsaufteilung an den Kondensatoren?

Aufgabe 3.4.6

Gegeben ist der Vielschichtkondensator in Abbildung 3.5. Seine Abmessungen h, b und w seien bekannt. Es seien drei äußere und zwei innere Elektroden vorhanden. Plattenabstand und Plattendicke haben jeweils den Wert d. Oberhalb und unterhalb der beiden außen liegenden Platten (Deckplatten) befindet sich jeweils noch eine Isolationsschicht mit gleicher Dicke d. Alle Randeffekte dürfen vernachlässigt werden.
Hinweis: Alle Plattenflächen bis auf die Deckplatten gehen zweifach ein!

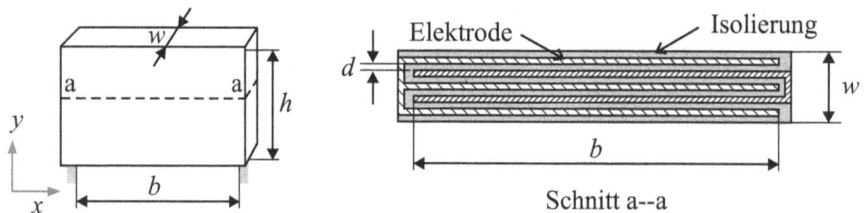

Abb. 3.5: Schnitt durch einen Vielschichtkondensator mit zwei inneren und drei äußeren Elektroden.

1. Wie viele Schichten hat der Kondensator und wie groß ist die Schichtdicke d?
2. Berechnen Sie die Kapazität zwischen zwei Elektroden.
3. Bestimmen Sie mit Hilfe des Gauß'schen Satzes der Elektrostatik die elektrische Flussdichte D zwischen zwei Elektroden.
4. Zeichnen Sie das Ersatzschaltbild des Vielschichtkondensators mit diskreten Kapazitäten.
5. Berechnen Sie die Gesamtkapazität C.
6. Wie lautet eine Gleichung zur Berechnung der Kapazität dieses Vielschichtkondensator-Typs mit n inneren Elektroden?

Aufgabe 3.4.7

Bei einem Plattenkondensator trage die Platte A die positive Gesamtladung $+Q$ und die Platte B die negative Gesamtladung $-Q$.

Für alle Berechnungen sollen die Randeffekte vernachlässigt werden, das Dielektrikum zwischen den Platten sei Luft.

1. Bestimmen Sie die elektrische Flussdichte $\vec{D}$ und die Feldstärke $\vec{E}$ zwischen den beiden Platten.
2. Zeigen Sie, dass das elektrostatische Feld zwischen den beiden Platten wirbelfrei ist.

Aufgabe 3.4.8

Gegeben ist der Halbkugel-Kondensator in Abbildung 3.6. Er besteht aus zwei konzentrischen, ideal leitenden Halbkugelschalen mit den Radien r_i und r_a. Der Raum zwischen den Halbkugelschalen ist mit einem Material der Permittivität ε gefüllt. Zwischen den beiden Halbkugelschalen liegt eine Gleichspannung U und lädt den Kondensator mit der eingezeichneten Polarität auf.

1. Zeichnen Sie die Feldlinien der Feldstärke $\vec{E}$ zwischen den Halbkugelschalen.
2. Skizzieren sie den Verlauf der elektrischen Feldstärke E abhängig vom Radius r für $0 \leq r < \infty$.
3. Berechnen Sie die elektrische Flussdichte $\vec{D}$, die elektrische Feldstärke $\vec{E}$, die Ladung Q einer Halbkugelschale sowie die Kapazität C der Anordnung.

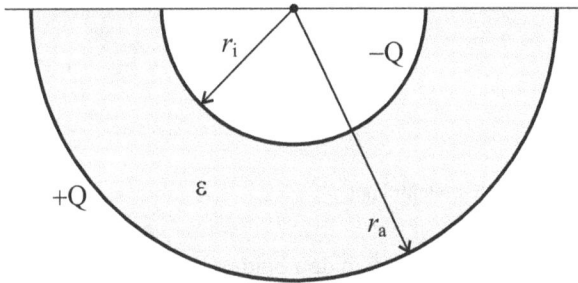

Abb. 3.6: Halbkugel-Kondensator aus zwei ideal leitenden Halbkugelschalen.

Aufgabe 3.4.9

Zwei leitende Kugeln mit den Radien R_{01} und R_{02} tragen die Ladungen $+Q$ und $-Q$ (siehe Abbildung 3.7). Ihr Abstand zueinander ist a, das Dielektrikum Luft. Es gelte $a \gg R_{01}, R_{02}$.

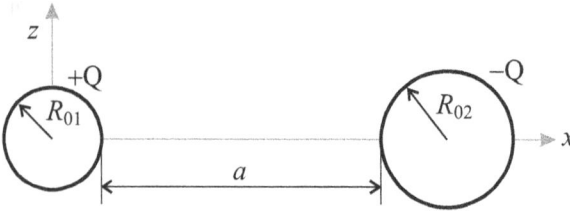

Abb. 3.7: Kondensator aus zwei Metallkugeln.

1. Berechnen Sie allgemein die Kapazität der Anordnung.
2. Wie groß ist die Kapazität für $R_{01} = R_{02}$?
3. Welchen Wert hat die Kapazität für $a \rightarrow \infty$?

Aufgabe 3.4.10

Gegeben ist der ideale Plattenkondensator mit geschichtetem Dielektrikum ($\varepsilon_m = \varepsilon_0 \varepsilon_r$) in Abbildung 3.8. Auf den Platten befindet sich die Ladung Q. Die rechte Platte sei frei verschiebbar im Bereich $0 \leq x \leq 10x_0$.

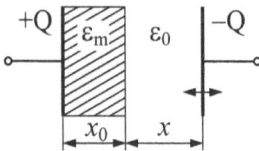

Abb. 3.8: Plattenkondensator mit geschichtetem Dielektrikum.

1. Geben Sie jeweils die elektrische Feldstärke $\vec{E}$ in den beiden Dielektrika ($\varepsilon_m, \varepsilon_0$) an.
2. Berechnen Sie die am Kondensator anliegende Spannung $U(x)$.
3. Wie groß ist die im Kondensator gespeicherte Energie $W(x)$?
4. Bestimmen Sie die auf die Platten wirkende Kraft $F(x)$.

4 Stationäre elektrische Strömungsfelder

4.1 Methoden zur Berechnung von Widerständen

Aufgabe 4.1.1

Gegeben sind die zwei Körper in Abbildung 4.1. Die vorderen und hinteren Stirnflächen bilden die Kontaktflächen. Sie seien jeweils ideal leitfähig. Ein konstanter Strom I fließt in der angegebenen Richtung durch die Körper.

Zeichnen Sie jeweils das elektrische Ersatzschaltbild des Körpers mit diskreten Widerständen und berechnen Sie den Gesamtwiderstand in der angegebenen Stromfluss-Richtung.

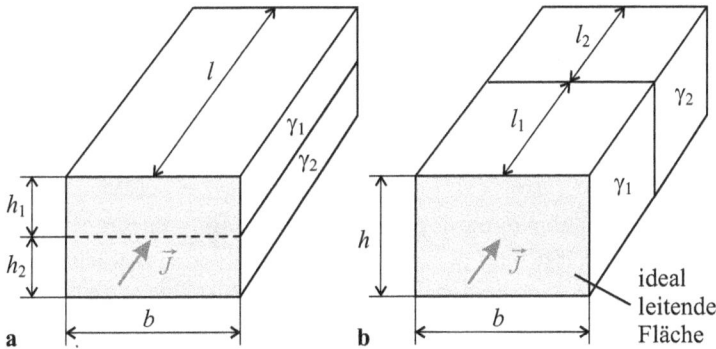

Abb. 4.1: Körper mit zwei unterschiedlichen Leitwerten.

Aufgabe 4.1.2

Gegeben ist der in Abbildung 4.2 dargestellte zylindrische, elektrisch leitfähige Körper. Der konstante elektrische Strom I tritt durch die ideal elektrisch leitende Stirnfläche mit dem Radius ϱ_i ein und durch die ebenfalls ideal leitende Außenfläche mit dem Radius ϱ_a wieder aus.

1. Zeichnen Sie das elektrische Ersatzschaltbild des dargestellten Körpers und tragen Sie alle Teilwiderstände, Ströme und Spannungen ein.
2. Berechnen Sie allgemein die vom Radius ϱ abhängigen Stromdichten $\vec{J}_k(\varrho)$ und die elektrischen Feldstärken $\vec{E}_k(\varrho)$ der einzelnen Abschnitte ($k = 1, 2$).
3. Bestimmen Sie die Spannungen U_k der einzelnen Abschnitte.
   Hinweis:

$$\int \frac{\mathrm{d}\varrho}{\varrho} = \ln \varrho + c \tag{4.1}$$

https://doi.org/10.1515/9783110672510-004

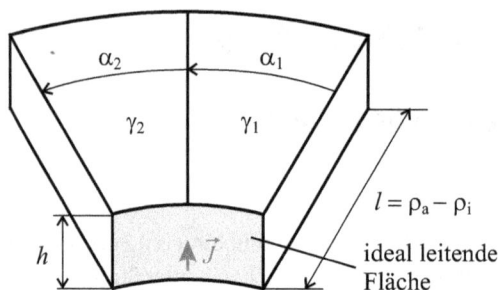

Abb. 4.2: Zylinderausschnitt mit unterschiedlich leitfähigen Abschnitten.

4. Was müssen Sie bei den Spannungen U_k beachten und welche Beziehung lässt sich daraus für die Teilströme I_k ableiten?
5. Es gelten die folgenden Werte: $\varrho_a = 2\,\varrho_i$, $\quad \gamma_2 = 5\gamma_1$, $\quad \alpha_2 = \alpha_1$.
   Wie groß ist der Gesamtleitwert G_{ges} des abgebildeten Körpers?
6. Wie groß ist der Gesamtstrom I, wenn I_1 den Wert 1 A hat?

Aufgabe 4.1.3

Der zylindrische Halbkörper in Abbildung 4.3 bestehe aus zwei Hälften mit unterschiedlicher elektrischer Leitfähigkeit γ_1 und γ_2. Der Körper wird mit den ideal leitenden Frontflächen an eine bekannte, konstante Spannung U angeschlossen.

1. Zeichnen Sie das elektrische Ersatzschaltbild mit diskreten Widerständen und tragen Sie alle relevanten elektrischen Größen (Spannung, Strom) ein.
2. Geben Sie die Zusammenhänge zwischen den elektrischen Feldstärken $\vec{E}$ sowie zwischen den Stromdichten $\vec{J}$ in den beiden Hälften an.
3. Berechnen Sie die elektrischen Feldstärken $\vec{E}(\rho)$ in den beiden Hälften abhängig von der angelegten Spannung U.
4. Gesucht ist der elektrische Strom I, der durch die ideal leitenden Kontaktflächen fließt.

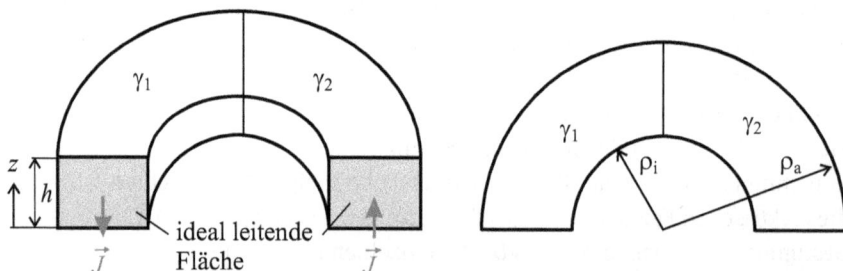

Abb. 4.3: Zylinderausschnitt mit unterschiedlichen Leitfähigkeiten γ_1 und γ_2.

Aufgabe 4.1.4

Der zylindrische Halbkörper in Abbildung 4.4 besitze eine von z abhängige elektrische Leitfähigkeit $\gamma(z) = \gamma_0(2 - z/h)$. Der Körper wird mit den ideal leitenden Frontflächen an eine bekannte, konstante Spannung U angeschlossen.

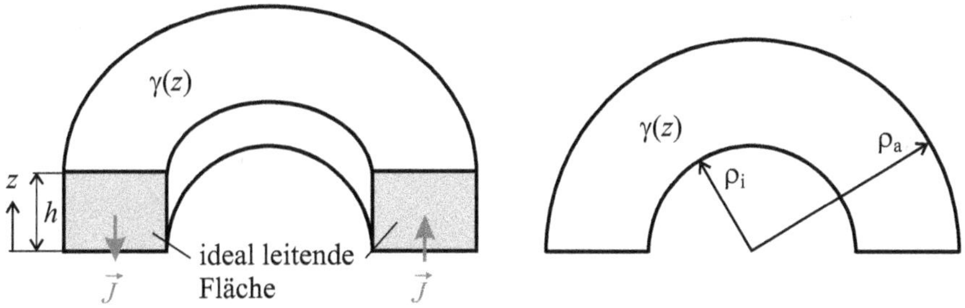

Abb. 4.4: Zylinderausschnitt mit variabler Leitfähigkeit $\gamma(z)$.

1. Berechnen Sie die elektrische Feldstärke $\vec{E}(\rho)$ im Körper.
2. Gesucht ist der elektrische Strom I, der durch die ideal leitenden Kontaktflächen fließt.
3. Es gilt $\rho_a = 2\rho_i$. Wie groß ist der Widerstand R zwischen den beiden Kontaktflächen?

4.2 Erdungsprobleme

Aufgabe 4.2.1

In einen Blitzableiter mit halbkugelförmigem Erder wie in Abbildung 4.5 gezeigt, schlägt ein Blitz ein. Vereinfacht kann von einer idealen Leitfähigkeit des Erders ausgegangen werden, der Erdboden habe die elektrische Leitfähigkeit γ.

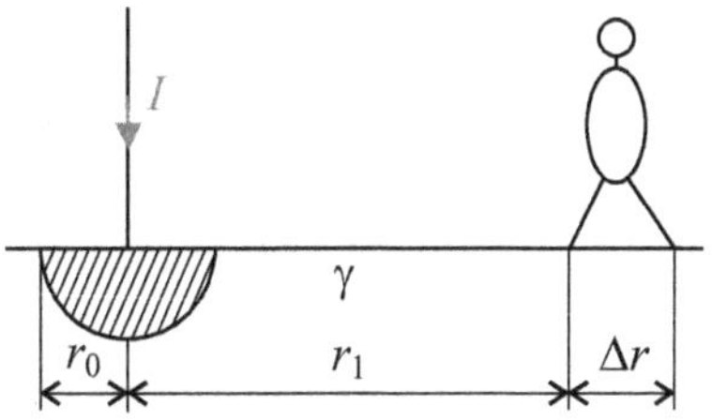

Abb. 4.5: Blitzableiter mit halbkugelförmigem Erder und einer Person im Abstand r_1 zum Mittelpunkt des Erders.

1. Berechnen Sie die elektrische Stromdichte $\vec{J}$ und die elektrische Feldstärke $\vec{E}$ in Abhängigkeit von der Entfernung r zum Mittelpunkt des Erders unter Anwendung des Flächenintegrals über die Halbkugel.
2. Geben Sie die Potenzialfunktion $\phi(r)$ an. Benutzen Sie dabei zur Vereinfachung die Konvention, dass das Potenzial für $r \to \infty$ verschwindet.
3. Skizzieren Sie die Feldlinien der Stromdichte $\vec{J}$ und die Äquipotenziallinien des Strömungsfeldes.
4. Berechnen Sie die Schrittspannung U_S, die von der Person im Abstand $r_1 = 10 r_0$ bei der Schrittlänge $\Delta r = 2 r_0$ überbrückt wird.

Aufgabe 4.2.2

In einen Blitzableiter mit halbkugelförmigem Erder wie ihn Abbildung 4.6 zeigt, schlage ein Blitz ein. Vereinfacht kann von einer idealen Leitfähigkeit des Erders ausgegangen werden. Der elektrische Widerstand des Erdbodens sei abhängig vom Abstand r und habe für $r > r_0$ die angegebene elektrische Leitfähigkeit $\gamma(r)$.

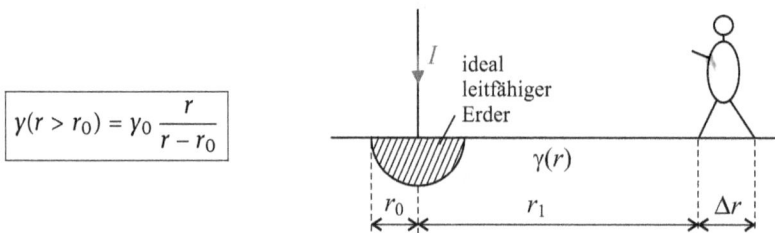

$$\gamma(r > r_0) = \gamma_0 \frac{r}{r - r_0}$$

Abb. 4.6: Blitzableiter mit halbkugelförmigem Erder. Eine Person befindet sich im Abstand r_1 vom Mittelpunkt des Erders. Die Leitfähigkeit des Bodens ist inhomogen, $\gamma = f(r)$.

1. Nehmen Sie den Strom I als gegeben an und berechnen Sie die elektrische Stromdichte $\vec{J}$ in Abhängigkeit von der Entfernung r zum Mittelpunkt des Erders unter Anwendung des Flächenintegrals über die Halbkugel.
2. Berechnen Sie die elektrische Feldstärke $\vec{E}$.
3. Geben Sie die Potenzialfunktion $\phi(r)$ als Funktion vom Abstand r an. Benutzen Sie dabei als Randbedingung, dass das Potenzial für $r \to \infty$ verschwindet.
4. Berechnen Sie die Schrittspannung U_S, die von der Person im Abstand $r_1 = 8 r_0$ bei der Schrittlänge $\Delta r = 2 r_0$ überbrückt wird.
5. Wie verhält sich die Schrittspannung U_S, wenn sich bei sonst gleichen Bedingungen die Leitfähigkeit γ_0 des Erdbodens halbiert?

5 Stationäre Magnetfelder

5.1 Kräfte im magn. Feld und die magn. Größen

Aufgabe 5.1.1

Gegeben sind die zwei unten abgebildeten unendlich langen und unendlich dünnen Leiter (d. h. keine Randeffekte), die jeweils von einem Gleichstrom I durchflossen werden.

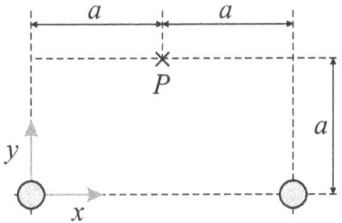

Abb. 5.1: Zwei unendlich dünne und unendlich lange Leiter in der xy-Ebene.

1. Geben Sie jeweils Betrag und Richtung der Kraft $\vec{F}$ auf Leiter 2 an für die beiden Fälle
   (a) der Strom I_1 im linken Leiter fließt in die Zeichenebene hinein, der Strom I_2 im rechten Leiter aus der Zeichenebene hinaus.
   (b) beide Ströme fließen in die Zeichenebene hinein.
2. Der Betrag der magnetischen Flussdichte, die von einem einzelnen, unendlich langen und unendlich dünnen, mit dem Strom I durchflossenen Leiter im Abstand ϱ hervorgerufen wird, ist definiert durch

$$B = \frac{\mu I}{2\pi \varrho} \, .$$

   Berechnen Sie jeweils mit den Werten aus Abbildung 5.1 die Komponenten B_x und B_y der resultierenden Flussdichte $\vec{B} = \vec{B}_1 + \vec{B}_2$ im Punkt P für die beiden Fälle:
   (a) der Strom I_1 im linken Leiter fließt in die Zeichenebene hinein, der Strom I_2 im rechten Leiter aus der Zeichenebene hinaus.
   (b) beide Ströme fließen in die Zeichenebene hinein.
   Hinweis: Zeichnen Sie zunächst die Vektoren der Flussdichten $\vec{B}_1$ und $\vec{B}_2$ im Punkt P ein und bestimmen Sie dann deren Darstellung im xy-Koordinatensystem.

https://doi.org/10.1515/9783110672510-005

Aufgabe 5.1.2

Drei sehr lange und unendlich dünne Leiter werden wie in Abbildung 5.2 dargestellt, von drei Gleichströmen in den eingezeichneten Richtungen durchflossen. Es gelte $|I_1| = |I_2|$ und $I_3 = 2I_1$. Randeffekte können vernachlässigt werden.

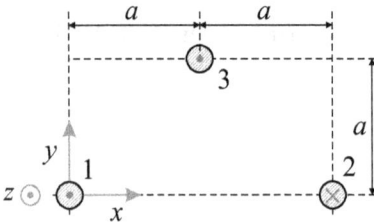

Abb. 5.2: Drei sehr lange und unendlich dünne stromdurchflossene Leiter in der xy-Ebene.

1. Berechnen Sie Betrag und Richtung der resultierenden Kraft $\vec{F}$ auf Leiter 3.
2. Bestimmen Sie die Position eines 4. Leiters, durch den der gleiche Strom (Betrag und Richtung) wie in Leiter 3 fließt, so dass auf Leiter 3 keine Kraft ausgeübt wird.

Aufgabe 5.1.3

In ein homogenes Magnetfeld werden nacheinander drei Eisenkerne mit unterschiedlichen Permeabilitätszahlen eingebracht und anschließend die Feldstärke H gemessen, die erforderlich ist, um eine magnetische Flussdichte $B = 1$ T zu erzeugen. Wie groß sind die relativen Permeabilitätszahlen der drei Kerne bei

1. $H_1 = 7{,}9554 \cdot 10^5 \, \text{Am}^{-1}$,
2. $H_2 = 795{,}775 \, \text{Am}^{-1}$ und
3. $H_3 = 7{,}9585 \cdot 10^5 \, \text{Am}^{-1}$?

Ordnen Sie jeweils das Kernmaterial aufgrund seiner relativen Permeabilität den drei Klassen diamagnetisch, paramagnetisch oder ferromagnetisch zu.

Aufgabe 5.1.4

In einem langen Draht fließt der zeitlich konstante Strom $I = 1$ A. Konzentrisch um den Draht liegt ein Ring aus Nickel ($\mu_r = 500$) mit dreieckigem Querschnitt (Abbildung 5.3). Es ist $\rho_i = 1$ cm, $\rho_a = 2$ cm und $h = 1$ cm.
1. Berechnen Sie mit dem Durchflutungsgesetz den Feldstärkeverlauf im Inneren des Ringkerns abhängig vom Radius in allgemeiner Form.

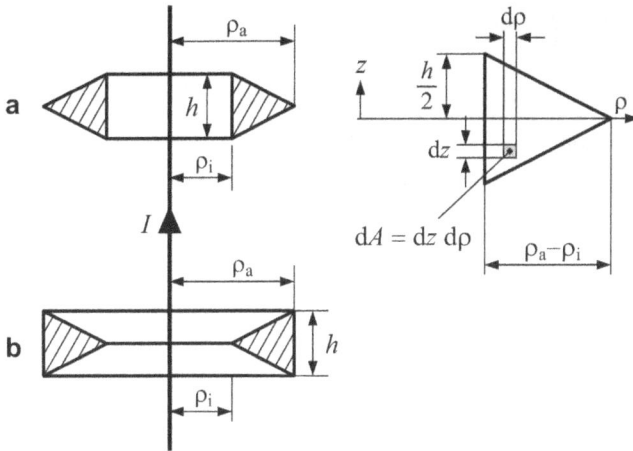

Abb. 5.3: Stromdurchflossener Leiter mit zwei Ringkernen unterschiedlicher Geometrie. Darstellung zur Parametrisierung der Querschnittsfläche von Ringkern a.

2. Bestimmen Sie den magnetischen Fluss Φ in dem Ring mit der Form **a**. Nutzen Sie zur Parametrisierung und zur Bestimmung des Flächenelements dA die Zeichnung oben rechts.

3. Bestimmen Sie den magnetischen Fluss Φ in dem Ring mit der Form **b**. Zur Bestimmung des Flächenelements dA modifizieren Sie die Parametrisierung der Form **a** in geeigneter Weise.

Aufgabe 5.1.5

Durch Messungen sind folgende Werte in der gegebenen Reihenfolge bestimmt worden:

$H/(\text{Am}^{-1})$	0	100	200	500	1000	2000	1000
B/T	0	0,15	0,55	0,95	1,25	1,5	1,4
$H/(\text{Am}^{-1})$	500	200	0	-250	-500	-1000	-2000
B/T	1,25	1,0	0,70	0	-0,65	-1,1	-1,5

1. Skizzieren Sie die Hysteresekurve anhand der gegebenen Werte und kennzeichnen Sie jeweils die Punkte Sättigung B_s, Koerzitivfeldstärke H_c, Remanenz B_r sowie die Neukurve. Gehen Sie bei der Konstruktion davon aus, dass die Hysteresekurve punktsymmetrisch zum Ursprung ist.

2. Bei abnehmender positiver Magnetisierung wird eine Feldstärke von $1200\,\text{Am}^{-1}$ gemessen. Bestimmen Sie mit Hilfe der linearen Interpolation die zugehörige magnetische Flussdichte B und die relative Permeabilität μ_r.

5.2 Das Gesetz von Biot-Savart

Aufgabe 5.2.1

Gegeben ist eine in der xy-Ebene liegende, unendlich dünne dreieckförmige Leiterschleife, in der ein konstanter Strom I_0 fließt. Lage und Geometrie sind in Abbildung 5.4 dargestellt.

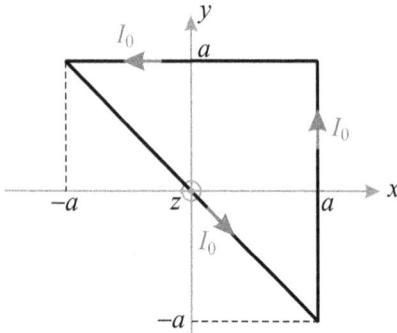

Abb. 5.4: Geschlossene, dreieckförmige Leiterschleife in der xy-Ebene.

Berechnen Sie nach dem Gesetz von Biot-Savart

$$\vec{H}(P) = \frac{I}{4\pi} \int_L \frac{d\vec{s} \times \vec{r}^0}{r^2}$$

die magnetische Feldstärke auf der z-Achse.

Aufgabe 5.2.2

Berechnen Sie mit Hilfe des Biot-Savart'schen Gesetzes die magnetische Feldstärke $\vec{H}$ um einen unendlich langen und unendlich dünnen Linienleiter in der z-Achse (s. Abbildung 5.5), der von einem konstanten Strom I_0 durchflossen wird.

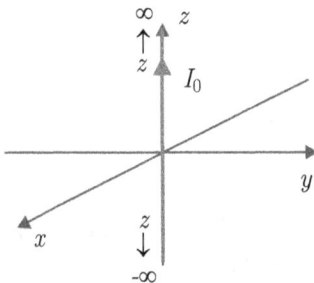

Abb. 5.5: Stromdurchflossener, unendlich langer und dünner Linienleiter in der z-Achse.

Aufgabe 5.2.3

Gegeben sei die dreieck-förmige Leiterschleife in Abbildung 5.6a, die von einem konstanten Strom I_0 in der eingezeichneten Richtung durchflossen werde. Die Leiterschleife befinde sich im freien Raum (Vakuum), d. h. $\mu = \mu_0$.

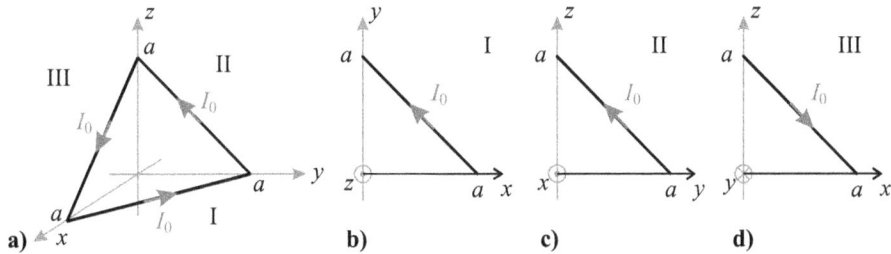

Abb. 5.6: Räumlich angeordnete Leiterschleife im Vakuum.

1. Die Leiter seien idealerweise unendlich dünn. Nutzen Sie die vereinfachten Darstellungen der Abbildungen 5.6b–d und berechnen Sie für alle drei Abschnitte jeweils mit dem Gesetz von Biot-Savart die magnetischen Flussdichten $\vec{B}_{\mathrm{I}}$, $\vec{B}_{\mathrm{II}}$ und $\vec{B}_{\mathrm{III}}$ im Ursprung des Koordinatensystems.
2. Berechnen Sie aus den zuvor bestimmten Teilergebnissen die gesamte magnetische Flussdichte im Ursprung des Koordinatensystems.

Aufgabe 5.2.4

Gegeben ist eine unendlich dünne, kreisförmige Spule mit N Windungen in der xy-Ebene, durch die ein konstanter Strom I fließt. Berechnen Sie mit dem Gesetz von Biot-Savart die magnetische Flussdichte $\vec{B}$ im Koordinaten-Ursprung.

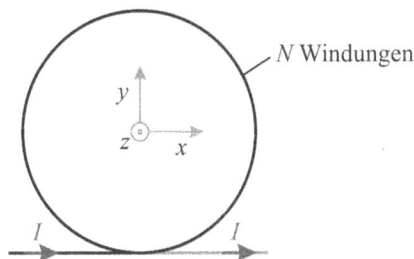

Abb. 5.7: Stromdurchflossene, unendlich dünne Spule mit N Windungen in der xy-Ebene.

6 Zeitlich veränderliche magnetische Felder

6.1 Induktivitäten

Aufgabe 6.1.1

Gegeben ist die skizzierten Wicklungsanordnung in Abbildung 6.1 soll die magnetische Flussdichte B im Luftspalt $1,2$ T betragen(Randeffekte sind zuvernachlässigen).

Die Magnetisierungskennlinie des Eisens sei durch Tabelle 6.1 gegeben. Zwischenwerte können durch lineare Interpolation gewonnen werden.

Tab. 6.1: Gemessene Werte der Magnetisierung.

$H/(\text{Am}^{-1})$	100	200	280	400	600	1000	1500	2500
B/T	0,51	0,98	1,2	1,37	1,51	1,65	1,73	1,78

1. Wie groß muss die Durchflutung Θ sein?
2. Zeichnen Sie das magnetische Ersatzschaltbild der Anordnung und bestimmen Sie die magnetischen Widerstände $R_{m,i}$.
3. Die Wicklung habe $N = 1000$ Windungen. Bestimmen Sie die Induktivität der gesamten Anordnung
   (a) einmal über den verketteten Fluss Ψ und
   (b) einmal über die magnetischen Leitwerte.

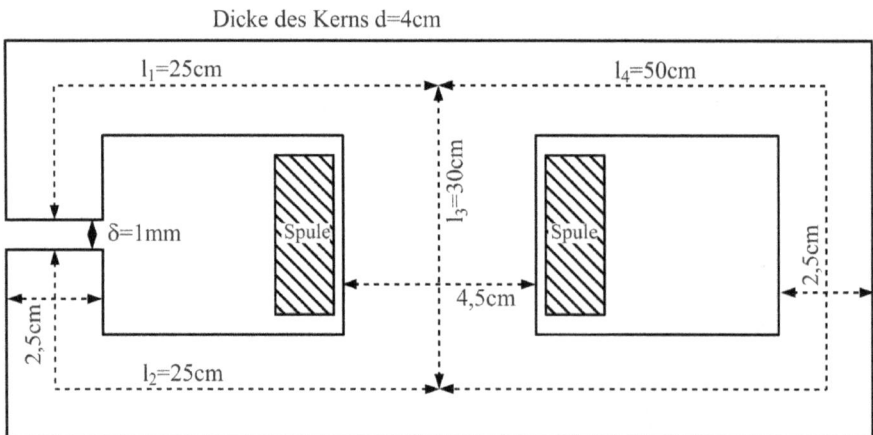

Abb. 6.1: Wicklung auf einem EI-Kern mit Luftspalt.

https://doi.org/10.1515/9783110672510-006

Aufgabe 6.1.2

Gegeben ist die Wicklungsanordnung in Abbildung 6.2. Bekannt sind die konstanten magnetischen Leitwerte $\Lambda_1, \Lambda_2, \Lambda_3$, die sich auf die angegebenen Längen l_{m1}, l_{m2}, l_{m3} beziehen. Die ohmschen Widerstände der Wicklungen dürfen vernachlässigt werden.

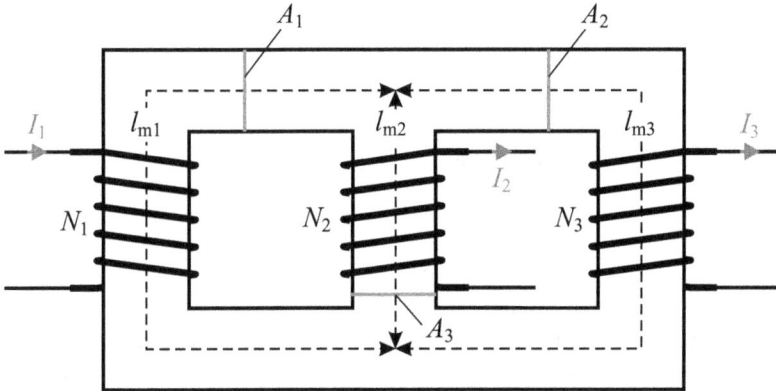

Abb. 6.2: Drei magnetisch gekoppelte Wicklungen auf einem EI-Kern.

1. Wieviele unterschiedliche Gegeninduktivitäten gibt es? Geben Sie deren Benennung an.
2. Zeichnen Sie das magnetische Ersatzschaltbild der Anordnung und bestimmen Sie die Richtungen der magnetischen Flüsse.
3. Berechnen Sie die unter Aufgabenteil 1 genannten Gegeninduktivitäten $L_{i,j}$.

6.2 Induktionsgesetz

Aufgabe 6.2.1

Aus einem Stück Draht mit dem ohmschen Widerstand R wird eine kreisförmige Schleife geformt und in eine langsame, gleichförmige Drehbewegung mit n Umdrehungen pro Sekunde versetzt. Die Rotationsachse steht senkrecht auf der Richtung des zeitlich konstanten, homogenen Magnetfeldes $\vec{B}$, in welches die Leiterschleife vollständig eintaucht. Siehe hierzu die Abbildung 6.3.

1. Berechnen Sie in allgemeiner Form die Stromwärmeverluste $p(t)$ der Leiterschleife.
2. Welches Drehmoment muss abhängig von der Position der Leiterschleife im Magnetfeld überwunden werden?

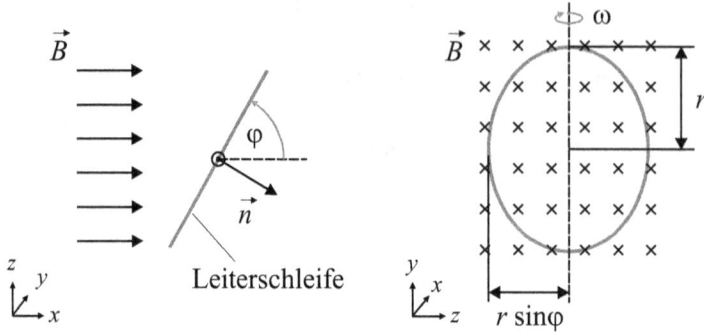

Abb. 6.3: Rotierende Leiterschleife im Magnetfeld.

Aufgabe 6.2.2

Ein Metallstab gleitet in x-Richtung mit einer konstanten Geschwindigkeit v auf zwei leitenden Schienen, siehe Abbildung 6.4. Senkrecht durch die Ebene der hierdurch gebildeten Leiterschleife tritt ein inhomogenes Magnetfeld mit der orts- und zeitabhängigen Flussdichte $\vec{B}(y,t)$. Zur Zeit $t = 0$ befand sich der Stab an der Position $x = b$.

$$\vec{B}(y,t) = \hat{B} \sin(\omega t) \sin\left(\frac{\pi}{a}y\right)(-\vec{e}_z)$$

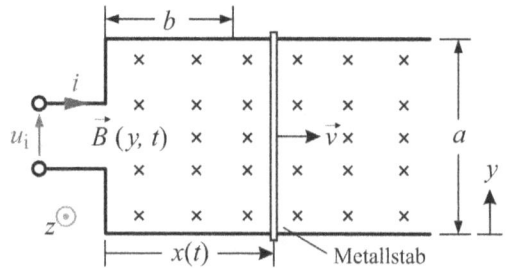

Abb. 6.4: Leiterschleife aus zwei ortsfesten leitenden Schienen und einem beweglichen Metallstab in einem inhomogenen, zeitabhängigen Magnetfeld.

1. Berechnen Sie den magnetischen Fluss $\Phi(t)$ innerhalb der Leiterschleife.
2. Wie groß ist die in der Leiterschleife induzierte Spannung u_i?

Aufgabe 6.2.3

Die Leiterschleife in Abbildung 6.5 wird von der zeit- und ortsabhängigen magnetischen Flussdichte $\vec{B}(\rho,t)$ durchsetzt.

$$\vec{B}(\rho,t) = \hat{B}\sin(\omega t)\cos\left(\frac{\pi}{2}\frac{\rho}{\rho_0}\right)\vec{e}_z$$

$$\int x\cos(ax)\,dx = \frac{\cos(ax)}{a^2} + \frac{x\sin(ax)}{a}$$

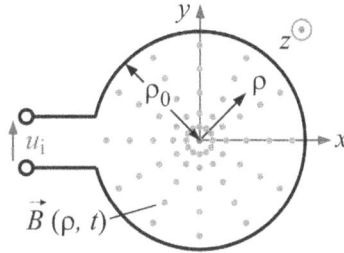

Abb. 6.5: Kreisförmige Leiterschleife mit Radius ρ_0 in einem inhomogenen, zeit- und ortsabhängigen Magnetfeld.

1. Berechnen Sie den magnetischen Fluss Φ innerhalb der Leiterschleife.
2. Wie groß ist die in der Leiterschleife induzierte Spannung u_i?

Teil II: **Lösungen**

1 Grundlegende Begriffe

1.1 Einheiten und Gleichungen

Aufgabe 1.1.1

1. $\dfrac{200\,\text{F} \cdot 1\,\text{V}}{10\,\text{A}} = \dfrac{200\,\text{As}\,\text{V}^{-1} \cdot 1\,\text{V}}{10\,\text{A}} = \underline{\underline{20\,\text{s}}}$ $\qquad\Rightarrow\quad$ Zeit t ,

2. $\dfrac{1\,\text{H}}{1\,\Omega} \cdot 10\,\text{A} = \dfrac{1\,\text{Vs}\,\text{A}^{-1}}{1\,\text{V}\,\text{A}^{-1}} \cdot 10\,\text{A} = 10\,\text{As} = \underline{\underline{10\,\text{C}}}$ $\qquad\Rightarrow\quad$ Ladung Q ,

3. $\dfrac{70\,\text{C} \cdot 10\,\text{V}}{14\,\text{A} \cdot 2\,\text{s}} = \dfrac{10 \cdot 5}{2} \cdot \dfrac{\text{As}\,\text{V}}{\text{As}} = \underline{\underline{25\,\text{V}}}$ $\qquad\Rightarrow\quad$ Spannung U .

Aufgabe 1.1.2

1. $2 \cdot 10^7$ V in kV und MV:

$$2 \cdot 10^7\,\text{V} = 2 \cdot 10^4\,\text{kV} = 20\,\text{MV}\,;$$

2. $100 \cdot 10^{-9}$ F in pF, nF und µF:

$$100 \cdot 10^{-9}\,\text{F} = 10^5\,\text{pF} = 100\,\text{nF} = 0{,}1\,\text{µF}\,;$$

3. $5 \cdot 10^{18}$ J in GJ, PJ und EJ:

$$5 \cdot 10^{18}\,\text{J} = 5 \cdot 10^9\,\text{GJ} = 5 \cdot 10^3\,\text{PJ} = 5\,\text{EJ}\,.$$

Aufgabe 1.1.3

Ansatz: Für die abgeleiteten Einheiten gilt (s. Tabelle 1.1 auf Seite 4)

$$1\,\text{H} = 1\,\frac{\text{Vs}}{\text{A}}\,, \quad 1\,\text{F} = 1\,\frac{\text{As}}{\text{V}}\,, \quad 1\,\Omega = 1\,\frac{\text{V}}{\text{A}}\,, \quad 1\,\text{C} = 1\,\text{As}\,. \qquad (1.1)$$

1. $\dfrac{1\,\text{mH} \cdot 1\,\text{A}}{10\,\text{mV}} = \dfrac{1\,\text{Vs}\,\text{A}^{-1} \cdot 1\,\text{A}}{10\,\text{V}} = \underline{\underline{0{,}1\,\text{s}}}$ $\qquad\Rightarrow\quad$ Zeit t ;

2. $1\,\text{kV} \cdot 1\,\text{µA} \cdot 1\,\text{s} = 1\,\text{V} \cdot 1\,\text{mA} \cdot 1\,\text{s} = 1\,\text{mWs} = \underline{\underline{1\,\text{mJ}}}$ $\qquad\Rightarrow\quad$ Energie W ;

3. $\dfrac{1\,\text{mC} \cdot 1\,\text{V}}{1\,\text{µs}} = \dfrac{1 \cdot 10^{-3}\,\text{As} \cdot 1\,\text{V}}{1 \cdot 10^{-6}\,\text{s}} = 1\,\text{kV} \cdot 1\,\text{A} = \underline{\underline{1\,\text{kW}}}$ $\qquad\Rightarrow\quad$ Leistung P .

https://doi.org/10.1515/9783110672510-007

Aufgabe 1.1.4

Aufgrund der Einheiten können folgende Beziehungen aufgestellt werden:

$$1. \quad [B] = \frac{\mathrm{Vs}}{\mathrm{m}^2} = \frac{[\Phi]}{[A]} \quad \Rightarrow \quad \underline{\underline{B = \frac{\Phi}{A}}}, \tag{1.2}$$

$$2. \quad [U] = \mathrm{V} = [E] \cdot [l] \quad \Rightarrow \quad \underline{U = E\,l}, \tag{1.3}$$

$$3. \quad [R] = \Omega = \frac{\mathrm{V}}{\mathrm{A}} = \frac{\mathrm{V} \cdot \mathrm{m}}{\mathrm{A}} \cdot \frac{\mathrm{m}}{\mathrm{m}^2} = \frac{\mathrm{m}}{\mathrm{S}} \cdot \frac{\mathrm{m}}{\mathrm{m}^2} = \frac{[l]}{[\gamma] \cdot [A]} \quad \Rightarrow \quad \underline{\underline{R = \frac{l}{\gamma A}}}. \tag{1.4}$$

Anmerkung. *Die Lösungen der hier vorgeführten Beispiele gelten nur für den Sonderfall konstanter Größen, im Allgemeinen müssen auch Ableitungen oder Integrale mit berücksichtigt werden.*

Aufgabe 1.1.5

Gesucht: Die Definition der Einheit Volt aus den Basis-Einheiten des SI.
Ansatz: Suche eine abgeleitete Größe, die die Einheit Volt enthält. In Tabelle 1.1 auf Seite 4 ist zu finden:
Leistung P : $1\,\mathrm{W} = 1\,\mathrm{V} \cdot 1\,\mathrm{A}$, Energie W : $1\,\mathrm{J} = 1\,\mathrm{Ws} = 1\,\mathrm{VAs}$.

Die Arbeit bzw. Energie setzt sich über die folgenden Beziehungen aus den Basis-Einheiten des SI zusammen

$$\text{Arbeit} = \text{Kraft} \cdot \text{Weg} \quad \Rightarrow \quad 1\,\mathrm{J} = 1\,\mathrm{N} \cdot 1\,\mathrm{m}, \tag{1.5}$$

$$\text{Kraft} = \text{Masse} \cdot \text{Beschleunigung} \quad \Rightarrow \quad 1\,\mathrm{N} = 1\,\mathrm{kg} \cdot \frac{1\,\mathrm{m}}{1\,\mathrm{s}^2}. \tag{1.6}$$

Gleichsetzen ergibt

$$1\,\mathrm{VAs} = 1\,\mathrm{kg} \cdot \frac{1\,\mathrm{m}^2}{1\,\mathrm{s}^2} \quad \Rightarrow \quad \underline{\underline{1\,\mathrm{V} = 1\,\frac{\mathrm{kg}\,\mathrm{m}^2}{\mathrm{A}\,\mathrm{s}^3}}}. \tag{1.7}$$

Aufgabe 1.1.6

Gesucht: Der falsche Wert R_3^*, der richtige Wert für R_3 und die richtige Lösung für U.
Ansatz: Die Gleichung wird nach R_3 umgestellt und daraus zunächst der falsch eingesetzte Widerstandswert R_3^* bestimmt:

$$R_3^* = \frac{U - I_1\,R_1 - U_2}{I_3}.$$

Durch Inversion ergibt sich der richtige Wert

$$R_3 = \frac{1}{\{R_3^*\}}\,\Omega\,.$$

(Lies: R_3 = Kehrwert des Zahlenwertes von R_3^* in Ohm). Anschließend wird mit dem richtigen Wert von R_3 die Spannung U ausgerechnet.

Mit den gegebenen Werten wird dann

$$R_3^* = \frac{6,3\,\mathrm{V} - 1\,\mathrm{mA}\cdot 1\,\mathrm{k}\Omega - 5\,\mathrm{V}}{3\,\mathrm{A}} = 0,1\,\Omega \quad\Rightarrow\quad R_3 = \frac{1}{0,1}\,\Omega = \underline{\underline{10\,\Omega}}$$

und

$$U = 1\,\mathrm{mA}\cdot 1\,\mathrm{k}\Omega + 5\,\mathrm{V} + 3\,\mathrm{A}\cdot 10\,\Omega = \underline{\underline{36\,\mathrm{V}}}\,.$$

Aufgabe 1.1.7

Gesucht: Die Kraft F in mN und µN. Explizite Herleitung der Einheit Newton aus den Basiseinheiten der gegebenen Größen.

Ansatz: Zur Angabe der Basiseinheiten fehlt die Zerlegung der Einheit Volt in ihre Basiseinheiten. Mit Hilfe der Energien ergibt sich der Zusammenhang

$$1\,\mathrm{J} = 1\,\mathrm{Ws} = 1\,\mathrm{VAs} = 1\,\mathrm{Nm}\,, \quad 1\,\mathrm{N} = \frac{1\,\mathrm{kg\,m}}{\mathrm{s}^2}$$

$$\Rightarrow \quad 1\,\mathrm{VAs} = \frac{1\,\mathrm{kg\,m}^2}{\mathrm{s}^2} \quad\Rightarrow\quad 1\,\mathrm{V} = \frac{1\,\mathrm{kg\,m}^2}{\mathrm{A\,s}^3}\,. \tag{1.8}$$

Verwendete Basiseinheiten sind also: m, kg, s, A.

Zunächst einfach nur die gegebenen Werte einsetzen und dann umwandeln:

$$F = \frac{1,602\cdot 10^{-19}\,\mathrm{As}\cdot 0,1\,\mathrm{C}}{4\pi\cdot 8,854\cdot 10^{-12}\,\mathrm{As/(Vm)}\cdot(2\,\mathrm{mm})^2} = \frac{1,602\cdot 10^{-20}\,\mathrm{As\,Vm}}{4\pi\cdot 8,854\cdot 10^{-12}\cdot(2\cdot 10^{-3}\,\mathrm{m})^2}$$

$$= \frac{1,602\cdot 10^{-20}\,\mathrm{As\,V}}{4\pi\cdot 8,854\cdot 10^{-12}\cdot 4\cdot 10^{-6}\,\mathrm{m}} = \frac{1,602\cdot 10^{-20}}{16\pi\cdot 8,854\cdot 10^{-18}}\,\frac{\mathrm{As\,kg\,m}^2}{\mathrm{A\,s}^3\,\mathrm{m}}$$

$$= \frac{1,602\cdot 10^{-2}}{16\pi\cdot 8,854}\,\frac{\mathrm{kg\,m}}{\mathrm{s}^2} \approx 3,6\cdot 10^{-5}\,\mathrm{N} = \underline{\underline{3,6\cdot 10^{-2}\,\mathrm{mN}}} = \underline{\underline{36\,\mu\mathrm{N}}}\,.$$

1.2 Ohm'sches Gesetz

Aufgabe 1.2.1

Gesucht: Zuordnung der Angaben in die Kategorien Formelzeichen, Zahlenwert, Vorsatzzeichen und Einheit. Berechnung von R in kΩ.

Ansatz: Die gegebenen Werte werden wie folgt zugeordnet

phys. Größe	Formelzeichen	Zahlenwert	Vorsatzzeichen	Einheit
el. Spannung	U	1,00	m	V
el. Strom	I	0,25	μ	A

Das Ohm'sche Gesetz lautet in seinen drei Formen

$$\boxed{R = \frac{U}{I}, \quad I = \frac{U}{R} \quad \text{und} \quad U = IR}. \tag{1.9}$$

Werte einsetzen

$$R = \frac{1\,\text{mV}}{0,25\,\mu\text{A}} = \frac{1 \cdot 10^{-3}\,\text{V}}{0,25 \cdot 10^{-6}\,\text{A}} = \frac{100\,\text{V}}{25 \cdot 10^{-3}\,\text{A}} = 4 \cdot 10^3\,\Omega = \underline{\underline{4\,\text{k}\Omega}}.$$

Aufgabe 1.2.2

Ansatz: Das Ohm'sche Gesetz aus Gl. (1.9).

$$1. \; U = IR, \qquad \Rightarrow \quad U = 20\,\text{A} \cdot 5\,\Omega = 100\,\text{V}, \tag{1.10}$$

$$2. \; I = \frac{U}{R}, \qquad \Rightarrow \quad I = \frac{10\,\text{V}}{50\,\text{k}\Omega} = 0,2\,\text{mA}. \tag{1.11}$$

$$3. \; R = \frac{U}{I}, \qquad \Rightarrow \quad R = \frac{30\,\text{V}}{5\,\text{mA}} = 6\,\text{k}\Omega. \tag{1.12}$$

2 Berechnung von Strömen und Spannungen in elektr. Netzen

2.1 Strom, Stromdichte

Aufgabe 2.1.1

2.1.1.1
Gesucht: Für beide Fälle der Strom $i(t)$ in allgemeiner Form, der durch den Leiter fließt.

Ansatz: Nach Definition des elektrischen Stroms als Ladungsänderung / Zeit gilt

$$\boxed{i(t) = \frac{\mathrm{d}q(t)}{\mathrm{d}t}} \ . \tag{2.1}$$

Zunächst müssen daher für beide Fälle die Zeitfunktionen von $q(t)$ bestimmt werden.

(a): Für $q(t)$ gilt hier unter Beachtung des Definitionsbereichs von t

$$q(t) = \begin{cases} \frac{e(n-n_0)}{T_1}\,t + n_0 e\,, & 0 \leq t < T_1\,, \\ \frac{-n\,e}{T_2-T_1}(t - T_2)\,, & T_1 \leq t < T_2\,, \\ 0\,, & t \geq T_2\,. \end{cases} \tag{2.2}$$

Hieraus folgt für den Strom

$$i(t) = \begin{cases} \frac{e(n-n_0)}{T_1}\,, & 0 \leq t < T_1\,, \\ \frac{-n\,e}{T_2-T_1}\,, & T_1 \leq t < T_2\,, \\ 0\,, & t \geq T_2\,. \end{cases} \tag{2.3}$$

(b): Für $q(t)$ gilt wieder unter Beachtung des Definitionsbereichs von t

$$q(t) = \begin{cases} n\,e\left(\frac{t}{T} - 1\right)^2\,, & 0 \leq t < 2T\,, \\ 0\,, & t \geq 2T\,. \end{cases} \tag{2.4}$$

Hieraus folgt für den Strom

$$i(t) = \begin{cases} \frac{2n\,e}{T^2}\,t - \frac{2n\,e}{T}\,, & 0 \leq t < 2T\,, \\ 0\,, & t \geq 2T\,. \end{cases} \tag{2.5}$$

2.1.1.2
Gesucht: Zeichnung der beiden Zeitverläufe.

Ansatz: Die zeitliche Änderung des Stromes $i(t)$ zeigt Abbildung 2.1.

https://doi.org/10.1515/9783110672510-008

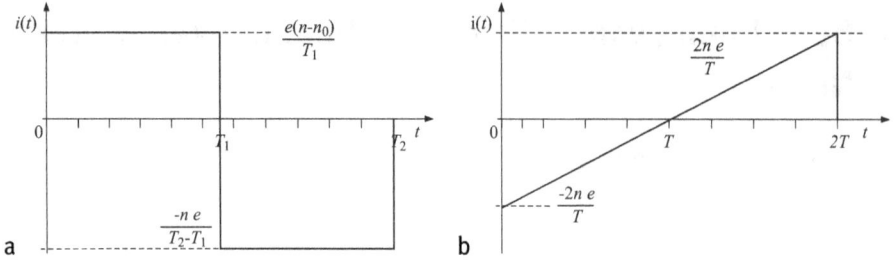

Abb. 2.1: Zeitliche Änderung des Stromes $i(t)$. (a) rechteckförmig, (b) linear.

Aufgabe 2.1.2

Gesucht: Für beide Fälle in Abbildung 2.2 auf Seite 6 die transportierte Ladung Q.
Ansatz: Nach Aufgabenstellung sind zunächst die Zeitfunktionen der beiden Stromverläufe zu bilden. Anschließend ist das Integral über $i(t)$ zu lösen:

$$Q = \int_0^T i(t)\,dt\,. \tag{2.6}$$

(a) Für $i(t)$ gilt hier unter Beachtung des Definitionsbereichs von t

$$i(t) = \begin{cases} \frac{\hat{\imath}}{T_1}\,t\,, & 0 \le t < T_1\,, \\ \hat{\imath}\,\frac{T_2-t}{T_2-T_1}\,, & T_1 \le t < T_2\,, \\ 0\,, & t \ge T_2\,. \end{cases} \tag{2.7}$$

Damit wird

$$Q = \int_0^{T_1} \frac{\hat{\imath}}{T_1}\,t\,dt + \int_{T_1}^{T_2} \hat{\imath}\,\frac{T_2-t}{T_2-T_1}\,dt = \frac{\hat{\imath}\,T_2}{2}\,. \tag{2.8}$$

(b) Für $i(t)$ gilt hier unter Beachtung des Definitionsbereichs von t

$$i(t) = \begin{cases} 4\hat{\imath}\left(\frac{t}{T}-\frac{1}{2}\right)^2\,, & 0 \le t < T\,, \\ 4\hat{\imath}\left(\frac{t}{T}-\frac{3}{2}\right)^2\,, & T \le t < 2T\,, \\ 0\,, & t \ge 2T\,. \end{cases} \tag{2.9}$$

Unter Beachtung der Symmetrie wird dann

$$Q = 2\int_0^T 4\hat{\imath}\left(\frac{t}{T}-\frac{1}{2}\right)^2\,dt = \frac{2\hat{\imath}\,T}{3}\,. \tag{2.10}$$

Aufgabe 2.1.3

Gesucht: Einschaltstrom der Glühlampe.

Gegeben: Temperaturkoeffizienten $\alpha_{20} = 4{,}1 \cdot 10^{-3}\,\text{K}^{-1}$, $\beta_{20} = 1 \cdot 10^{-6}\,\text{K}^{-2}$ sowie $T_{\text{warm}} = 1800\,°\text{C}$ und $I_{\text{warm}} = 0{,}5\,\text{A}$.

Ansatz: Weil die Einschalttemperatur nicht bei 20 °C liegt, sind zwei Temperaturgleichungen zu betrachten:

$$R_{\text{kalt}} = R_{20}\left(1 + \alpha_{20}\Delta T_1 + \beta_{20}(\Delta T_1)^2\right), \tag{2.11}$$

$$R_{\text{warm}} = R_{20}\left(1 + \alpha_{20}\Delta T_2 + \beta_{20}(\Delta T_2)^2\right) \tag{2.12}$$

mit den Temperaturdifferenzen

$$\Delta T_1 = 30\,°\text{C} - 20\,°\text{C} = 10\,\text{K}, \quad \Delta T_2 = 1800\,°\text{C} - 20\,°\text{C} = 1780\,\text{K}.$$

Gleichungen kombinieren und umstellen nach R_{kalt}

$$R_{\text{kalt}} = R_{\text{warm}}\frac{1 + \alpha_0\Delta T_1 + \beta_0(\Delta T_1)^2}{1 + \alpha_0\Delta T_2 + \beta_0(\Delta T_2)^2} \tag{2.13}$$

$$I_{\text{kalt}} = \frac{U}{R_{\text{kalt}}} = \frac{U\left(1 + \alpha_0\Delta T_2 + \beta_0(\Delta T_2)^2\right)}{R_{\text{warm}}\left(1 + \alpha_0\Delta T_1 + \beta_0(\Delta T_1)^2\right)}$$

$$= \frac{I_{\text{warm}}\left(1 + \alpha_0\Delta T_2 + \beta_0(\Delta T_2)^2\right)}{1 + \alpha_0\Delta T_1 + \beta_0(\Delta T_1)^2}$$

$$I_{\text{kalt}} = \frac{0{,}5\,\text{A}\left(1 + 4{,}1 \cdot 10^{-3}\,\text{K}^{-1} \cdot 1780\,\text{K} + 10^{-6}\,\text{K}^{-2} \cdot 1780^2\,\text{K}^2\right)}{1 + 4{,}1 \cdot 10^{-3}\,\text{K}^{-1} \cdot 10\,\text{K} + 10^{-6}\,\text{K}^{-2} \cdot 100\,\text{K}^2} \approx \underline{\underline{5{,}507\,\text{A}}}.$$

Anmerkung. *Optional kann auch zunächst der Warmwiderstand*

$$R_{\text{warm}} = \frac{U}{I_{\text{warm}}} = \frac{230\,\text{V}}{0{,}5\,\text{A}} = 460\,\Omega \tag{2.14}$$

bestimmt werden, dann daraus R_{kalt} berechnet und abschließend über das Ohm'sche Gesetz der Einschaltstrom

$$I_{\text{kalt}} = \frac{U}{R_{\text{kalt}}} = \frac{230\,\text{V}}{41{,}766\,\Omega} \approx 5{,}507\,\text{A} \tag{2.15}$$

bestimmt werden.

2.2 Parallel- und Reihenschaltung

Aufgabe 2.2.1

Gesucht: Die Ströme I_2, I_5, I_6 und I_7.
Gegeben: Die Ströme I_1, I_3, I_4 und I_8.
Ansatz: Mit Hilfe der 1. Kirchhoff'schen Gleichung lassen sich fünf Gleichungen für die Knoten A–D und den Großknoten G aufstellen:

$$\text{A:} \quad 0 = I_1 + I_2 - I_3 \,, \tag{2.16}$$

$$\text{B:} \quad 0 = -I_2 - I_4 + I_5 \,, \tag{2.17}$$

$$\text{C:} \quad 0 = -I_5 - I_6 + I_7 \,, \tag{2.18}$$

$$\text{D:} \quad 0 = -I_1 - I_7 + I_8 \,, \tag{2.19}$$

$$\text{G:} \quad 0 = -I_3 - I_4 - I_6 + I_8 \,. \tag{2.20}$$

Da nur vier Ströme gesucht sind, ist das Gleichungssystem überbestimmt. Allerdings ist zu beachten, dass von den Knotengleichungen eine beliebige Gleichung linear abhängig von den anderen Gleichungen ist, sodass nur vier Knotengleichungen ausgewertet werden können.

Im weiteren kann das System am schnellsten gelöst werden, indem zunächst alle Gleichungen gelöst werden, die nur eine Unbekannte haben.

$$\text{Gl. (2.16):} \quad I_2 = \underline{\underline{I_3 - I_1}} \,, \tag{2.21}$$

$$\text{Gl. (2.19):} \quad I_7 = \underline{\underline{I_8 - I_1}} \,, \tag{2.22}$$

$$\text{Gl. (2.20):} \quad I_6 = \underline{\underline{I_8 - I_3 - I_4}} \,. \tag{2.23}$$

Der Strom I_2 kann jetzt genutzt werden, um den Strom I_5 zu bestimmen:

$$\text{Gl. (2.16) in (2.17):} \quad I_5 = I_2 + I_4 = \underline{\underline{I_3 + I_4 - I_1}} \,. \tag{2.24}$$

Anmerkung. *Alle Ströme sind bestimmt worden ohne die Gleichung (2.18) zu benutzen.*

Lineare Abhängigkeit von Gleichung (2.18)

Die Addition der Gleichungen der Knoten A (2.16), Knoten B (2.17) und Knoten D (2.19) sowie das Abziehen dieser Summe von der Gleichung des Großknotens G (2.20) ergibt die Gleichung von Knoten C (2.18):

$$\text{A + B :} \quad 0 = I_1 + I_2 - I_3 + (-I_2 - I_4 + I_5)$$

$$= I_1 - I_3 - I_4 + I_5$$

$$\text{A + B + D :} \quad 0 = I_1 - I_3 - I_4 + I_5 + (-I_1 - I_7 + I_8)$$

$$= -I_3 - I_4 + I_5 + I_8 - I_7$$

$$\text{G - (A + B + D) :} \quad 0 = -I_3 - I_4 - I_6 + I_8 - (-I_3 - I_4 + I_5 + I_8 - I_7)$$

$$= -I_5 - I_6 + I_7 \,.$$

Aufgabe 2.2.2

2.2.2.1

Gesucht: Umlaufgleichung des Stromkreises und Strom I.

Gegeben: Alle Spannungen und Widerstände.

Ansatz: Mit Hilfe der 2. Kirchhoff'schen Gleichung kann im Uhrzeigersinn (Richtung des eingezeichneten Stromes I) die Umlaufgleichung des Stromkreises erstellt werden; dabei werden alle Teilspannungen, die dem gewählten Umlaufsinn entgegen gerichtet sind, unabhängig von ihrem tatsächlichen Wert, negativ gezählt:

$$0 = -U_1 + I R_1 - U_2 + I R_2 + U_3 + I R_3 + U_4 + I R_4 . \tag{2.25}$$

Zusammenfassen der Spannungen und Widerstände ergibt

$$0 = -U_1 - U_2 + U_3 + U_4 + I (R_1 + R_2 + R_3 + R_4) \tag{2.26}$$

und aufgelöst nach dem gesuchten Strom I

$$I = \frac{U_1 + U_2 - U_3 - U_4}{R_1 + R_2 + R_3 + R_4} . \tag{2.27}$$

Einsetzen der gegebenen Werte liefert

$$I = \frac{U_0 + 3 U_0 - U_0 - 2 U_0}{R + R + R + R} = \frac{U_0}{4R} .$$

2.2.2.2

Gesucht: Die Spannung U_{BD} zwischen den Punkten B und D sowie die Spannung U_{AC} zwischen den Punkten A und C.

Gegeben: s.o.

Ansatz: Für die gesuchte Spannung U_{BD} wird ein Umlauf definiert, der nur die Punkte A, B und D einschließt (siehe Abbildung 2.2 a):

$$0 = -U_1 + I R_1 - U_2 + I R_2 + U_{BD} . \tag{2.28}$$

Analog ergibt sich nach Abbildung 2.2 b für die gesuchte Spannung U_{AC}

$$0 = -U_2 + I R_2 + U_3 + I R_3 - U_{AC} . \tag{2.29}$$

$$U_{BD} = U_1 + U_2 - I (R_1 + R_2) = U_0 + 3 U_0 - \frac{U_0}{4R} 2R = 4 U_0 - \frac{U_0}{2}$$

$$= 3{,}5 U_0 , \tag{2.30}$$

$$U_{AC} = -U_2 + U_3 + I (R_2 + R_3) = -3 U_0 + U_0 + \frac{U_0}{4R} 2R = -2 U_0 + \frac{U_0}{2}$$

$$= -1{,}5 U_0 . \tag{2.31}$$

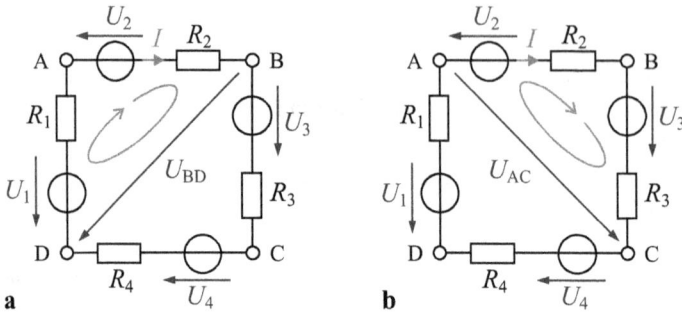

Abb. 2.2: Umläufe zur Bestimmung der gesuchten Spannungen U_{BD} und U_{AC}.

2.2.2.3

Gesucht: Wie vorher die Spannung U_{BD} zwischen den Punkten B und D sowie die Spannung U_{AC} zwischen den Punkten A und C, aber mit anderem Umlauf.

Gegeben: s.o.

Ansatz: Für die gesuchte Spannung U_{BD} wird jetzt ein Umlauf definiert, der nur die Punkte B, C und D einschließt (siehe Abbildung 2.3a):

$$0 = U_3 + I R_3 + U_4 + I R_4 - U_{BD} . \tag{2.32}$$

Analog ergibt sich jetzt nach Abb. 2.3b für die gesuchte Spannung U_{AC}

$$0 = -U_1 + I R_1 + U_4 + I R_4 + U_{AC} . \tag{2.33}$$

$$U_{BD} = U_3 + U_4 + I (R_3 + R_4) = U_0 + 2U_0 + \frac{U_0}{4R} 2R = 3U_0 + \frac{U_0}{2}$$

$$= \underline{\underline{3{,}5U_0}} . \tag{2.34}$$

$$U_{AC} = U_1 - U_4 - I (R_1 + R_4) = U_0 - 2U_0 - \frac{U_0}{4R} 2R = -U_0 - \frac{U_0}{2}$$

$$= \underline{\underline{-1{,}5U_0}} . \tag{2.35}$$

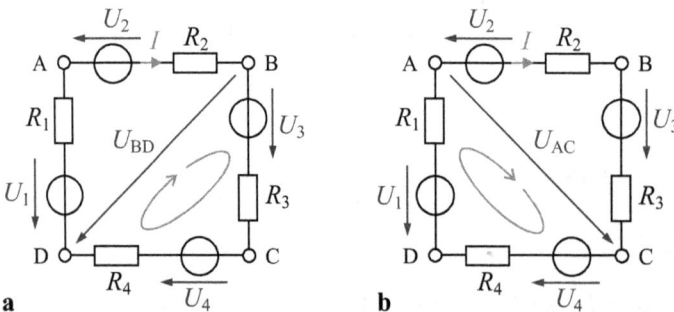

Abb. 2.3: Umläufe zur Bestimmung der gesuchten Spannungen U_{BD} und U_{AC}.

Aufgabe 2.2.3

2.2.3.1
Gesucht: Gesamtwiderstand R des Netzwerks allgemein und mit Werten.
Gegeben: $R_1 = 4R_0$, $R_2 = R_4 = R_0$, $R_3 = 2R_0$.
Ansatz: Zusammenfassen der Reihenschaltung von R_2 und R_4 zum Ersatzwiderstand R_{E1}. Zusammenfassen der Parallelschaltung von R_{E1} mit R_3 zum Ersatzwiderstand R_{E2}. Zusammenfassen der Reihenschaltung von R_{E2} und R_1 zum gesuchten Gesamtwiderstand R.

(a) Allgemein

$$R_{E1} = R_2 + R_4 \tag{2.36}$$

$$R_{E2} = \frac{R_{E1} R_3}{R_{E1} + R_3} = \frac{(R_2 + R_4) R_3}{R_2 + R_3 + R_4} \tag{2.37}$$

$$R = R_1 + R_{E2} = R_1 + \frac{(R_2 + R_4) R_3}{R_2 + R_3 + R_4} \, . \tag{2.38}$$

(b) Mit gegebenen Werten

$$R = 4R_0 + \frac{(R_0 + R_0) \, 2R_0}{R_0 + 2R_0 + R_0} = 4R_0 + \frac{2R_0 \, 2R_0}{4R_0} = \underline{\underline{5R_0}} \, .$$

2.2.3.2
Gesucht: Gesamtwiderstand R des Netzwerks allgemein und mit Werten.
Gegeben: $R_1 = 2{,}5R_0$, $R_2 = 2R_0$, $R_3 = 10R_0$, $R_4 = 5R_0$, $R_5 = 3R_0$.
Ansatz: Zusammenfassen der Reihenschaltung von R_2 und R_5 zum Ersatzwiderstand R_{E1}. Zusammenfassen der Parallelschaltung von R_{E1} mit R_4 zum Ersatzwiderstand R_{E2}. Zusammenfassen der Reihenschaltung von R_{E2} und R_1 zum Ersatzwiderstand R_{E3}. Zusammenfassen der Parallelschaltung von R_{E3} und R_3 zum gesuchten Gesamtwiderstand R.

(a) Allgemein

$$R_{E1} = R_2 + R_5 \tag{2.39}$$

$$R_{E2} = \frac{R_{E1} R_4}{R_{E1} + R_4} = \frac{(R_2 + R_5) R_4}{R_2 + R_4 + R_5} \tag{2.40}$$

$$R_{E3} = R_1 + R_{E2} = R_1 + \frac{(R_2 + R_5) R_4}{R_2 + R_4 + R_5} \tag{2.41}$$

$$= \frac{R_1(R_2 + R_4 + R_5) + (R_2 + R_5) R_4}{R_2 + R_4 + R_5} \tag{2.42}$$

$$R = \frac{R_{E3}\,R_3}{R_{E3} + R_3} = \frac{\dfrac{R_1(R_2 + R_4 + R_5) + (R_2 + R_5)\,R_4}{R_2 + R_4 + R_5}\,R_3}{\dfrac{R_1(R_2 + R_4 + R_5) + (R_2 + R_5)\,R_4}{R_2 + R_4 + R_5} + R_3} \tag{2.43}$$

$$= \frac{(R_1(R_2 + R_4 + R_5) + (R_2 + R_5)\,R_4)R_3}{(R_1 + R_3)(R_2 + R_4 + R_5) + (R_2 + R_5)\,R_4}\;. \tag{2.44}$$

(b) Mit gegebenen Werten

$$R_{E1} = 2R_0 + 3R_0 = 5R_0$$

$$R_{E2} = \frac{5R_0 \cdot 5R_0}{5R_0 + 5R_0} = 2{,}5R_0$$

$$R_{E3} = 2{,}5R_0 + 2{,}5R_0 = 5R_0$$

$$R = \frac{5R_0 \cdot 10R_0}{5R_0 + 10R_0} = \frac{5 \cdot 10}{5 + 10}R_0 = \frac{50}{15}R_0 = \frac{10}{3}R_0\;.$$

Anmerkung. *Hier ist es sicher sinnvoller mit Zwischenergebnissen zu rechnen, anstatt alle Werte in Gleichung (2.44) einzusetzen und diese dann zusammenzufassen*

$$R = \frac{(2{,}5R_0(2R_0 + 5R_0 + 3R_0) + (2R_0 + 3R_0)\,5R_0)10R_0}{(2{,}5R_0 + 10R_0)(2R_0 + 5R_0 + 3R_0) + (2R_0 + 3R_0)\,5R_0}\;.$$

Aufgabe 2.2.4

Gesucht: Alle Ströme der Schaltung in Abbildung 2.7 auf Seite 9.

Gegeben: Alle Widerstände und die Spannung $U_1 = 60\,\text{V}$.

Ansatz: Die gesuchten Ströme können mit dem Ohm'schen Gesetz und den Kirchhoff'schen Gesetzen nacheinander bestimmt werden. Da U_1 und R_1 bekannt sind, wird als erstes I_1 ausgerechnet.

$$I_1 = \frac{U_1}{R_1} = \frac{60\,\text{V}}{6\,\Omega} = \underline{\underline{10\,\text{A}}}\;. \tag{2.45}$$

Um weiter rechnen zu können, muss die gegebene Schaltung vereinfacht werden. Dazu werden im nächsten Schritt die beiden Ersatzwiderstände R_{E1} und R_{E2} gebildet (siehe Abbildung 2.4)

$$R_{E1} = \frac{R_5\,(R_6 + R_7)}{R_5 + R_6 + R_7} = \frac{4\,\Omega \cdot (8 + 4)\,\Omega}{4\,\Omega + 12\,\Omega} = 3\,\Omega\;, \tag{2.46}$$

$$R_{E2} = \frac{R_3\,(R_4 + R_{E1})}{R_3 + R_4 + R_{E1}} = \frac{6\,\Omega \cdot (3 + 3)\,\Omega}{6\,\Omega + 6\,\Omega} = 3\,\Omega\;. \tag{2.47}$$

Da I_1 ebenfalls durch den Ersatzwiderstand R_{E2} fließt, kann jetzt die dort anliegende Spannung U_3 berechnet werden:

$$U_3 = I_1\,R_{E2} = 10\,\text{A} \cdot 3\,\Omega = 30\,\text{V}\;. \tag{2.48}$$

Jetzt kann der Strom I_2 und damit auch I_{ges} bestimmt werden:

$$I_2 = \frac{U_1 + U_3}{R_2} = \frac{60\,V + 30\,V}{5\,\Omega} = \underline{\underline{18\,A}}\,, \tag{2.49}$$

$$I_{ges} = I_1 + I_2 = 10\,A + 18\,A = \underline{\underline{28\,A}}\,. \tag{2.50}$$

Über die bekannte Spannung U_3 kann auch der Strom I_3 sowie anschließend über die Knotengleichung I_4 ermittelt werden:

$$I_3 = \frac{U_3}{R_3} = \frac{30\,V}{6\,\Omega} = \underline{\underline{5\,A}}\,, \tag{2.51}$$

$$I_4 = I_1 - I_3 = 10\,A - 5\,A = \underline{\underline{5\,A}}\,. \tag{2.52}$$

Der Spannungsumlauf

$$U_3 = U_4 + U_5 \tag{2.53}$$

ergibt mit $U_4 = I_4\,R_4$:

$$U_5 = U_3 - I_4\,R_4 = 30\,V - 5\,A \cdot 3\,\Omega = 15\,V \tag{2.54}$$

womit jetzt der Strom I_5 und über die Knotengleichung als letztes der Strom I_6 bestimmt werden kann:

$$I_5 = \frac{U_5}{R_5} = \frac{15\,V}{4\,\Omega} = \underline{\underline{3,75\,A}} \tag{2.55}$$

$$I_6 = I_4 - I_5 = 5\,A - 3,75\,A = \underline{\underline{1,25\,A}}\,. \tag{2.56}$$

Aufgabe 2.2.5

Gesucht: Das Verhältnis U_A/U_E.
Gegeben: Alle Widerstandswerte.

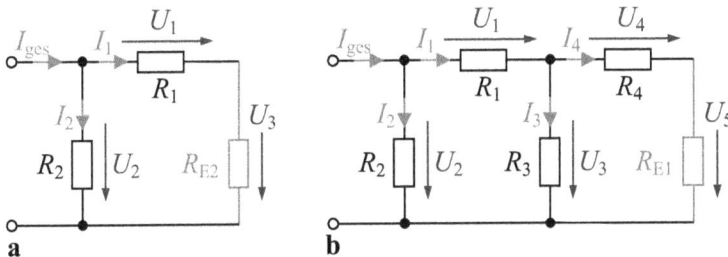

Abb. 2.4: Ersatzschaltungen für Abbildung 2.7 auf Seite 9 mit den Widerständen R_{E1} und R_{E2}.

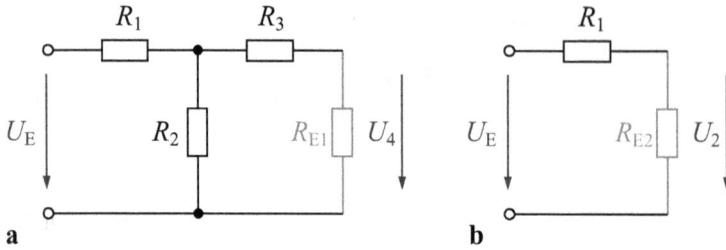

a   b

Abb. 2.5: Ersatzschaltungen für Abbildung 2.8 auf Seite 9 mit den Widerständen R_{E1} und R_{E2}.

Ansatz: Mit Hilfe der Spannungsteilerregel und dem Einführen von den Ersatzwiderständen R_{E1} und R_{E2} um die Schaltung zu vereinfachen (siehe hierzu die beiden Ersatzschaltungen in Abbildung 2.5) kann das gesuchte Verhältnis bestimmt werden:

$$R_{E1} = \frac{R_4\,(R_5 + R_6)}{R_4 + R_5 + R_6} = \frac{4\,\Omega \cdot (4 + 4)\,\Omega}{4\,\Omega + 8\,\Omega} = \frac{8}{3}\,\Omega\,, \tag{2.57}$$

$$R_{E2} = \frac{R_2\,(R_3 + R_{E1})}{R_2 + R_3 + R_{E1}} = \frac{4\,\Omega \cdot (4 + \frac{8}{3})\,\Omega}{(4 + 4 + \frac{8}{3})\,\Omega} = \frac{5}{2}\,\Omega = 2{,}5\,\Omega\,. \tag{2.58}$$

Durch einfaches Hinsehen ($R_5 = R_6$) kann ausgehend vom Wert der Spannung U_A die Spannung am Widerstand R_4 bestimmt werden:

$$\frac{U_4}{U_A} = \frac{R_5 + R_6}{R_6} = 2 \quad \Rightarrow \quad U_4 = 2U_A\,. \tag{2.59}$$

Im folgenden werden durch die konsequente Anwendung der Spannungsteilerregel alle für die Berechnung notwendigen Spannungen ermittelt.

Die Spannung U_4 liegt auch am Ersatzwiderstand R_{E1} an (Abbildung 2.5 a):

$$\frac{U_2}{U_4} = \frac{R_3 + R_{E1}}{R_{E1}} = \frac{4\,\Omega + \frac{8}{3}\,\Omega}{\frac{8}{3}\,\Omega} = \frac{5}{2} \quad \Rightarrow \quad U_2 = \frac{5}{2} \cdot 2U_A = 5U_A \tag{2.60}$$

$$\frac{U_E}{U_2} = \frac{U_E}{5U_A} = \frac{R_1 + R_{E2}}{R_{E2}} = \frac{\frac{8}{10}\,\Omega + \frac{5}{2}\,\Omega}{\frac{5}{2}\,\Omega} = \frac{33}{25} \tag{2.61}$$

$$\Rightarrow \quad \frac{U_E}{U_A} = \frac{33}{25} \cdot 5 \quad \Rightarrow \quad \frac{U_A}{U_E} = \frac{5}{33} \approx 0{,}151\,. \tag{2.62}$$

Schnellerer Weg: Wenn die einzelnen Spannungsteilerverhältnisse miteinander multipliziert werden ergibt sich

$$\frac{U_4}{U_A} \cdot \frac{U_2}{U_4} \cdot \frac{U_E}{U_2} = \frac{U_E}{U_A} \quad \Rightarrow \quad 2 \cdot \frac{5}{2} \cdot \frac{33}{25} = \frac{33}{5} = \frac{U_E}{U_A} \quad \Rightarrow \quad \frac{U_A}{U_E} = \frac{5}{33}\,. \tag{2.63}$$

Aufgabe 2.2.6

Umgekehrte Lösung zu Aufgabe 2.2.5:

$$\frac{U_2}{U_E} = \frac{R_{E2}}{R_1 + R_{E2}} = \frac{\frac{5}{2}\,\Omega}{\frac{8}{10}\,\Omega + \frac{5}{2}\,\Omega} = \frac{25}{33} \quad \Rightarrow \quad U_2 = \frac{25}{33}U_E \tag{2.64}$$

$$\frac{U_4}{U_2} = \frac{R_{E1}}{R_3 + R_{E1}} = \frac{\frac{8}{3}\,\Omega}{4\,\Omega + \frac{8}{3}\,\Omega} = \frac{2}{5} = \frac{33U_4}{25U_E} \quad \Rightarrow \quad U_4 = \frac{10}{33}U_E \tag{2.65}$$

$$\frac{U_A}{U_4} = \frac{R_6}{R_5 + R_6} = \frac{4\,\Omega}{4\,\Omega + 4\,\Omega} = \frac{1}{2} = \frac{33U_A}{10U_E} \quad \Rightarrow \quad \underline{\frac{U_A}{U_E} = \frac{5}{33} \approx 0{,}151}\,. \tag{2.66}$$

Schnellerer Weg: Wie oben, Multiplikation der Spannungsteilerverhältnisse ergibt

$$\frac{U_2}{U_E} \cdot \frac{U_4}{U_2} \cdot \frac{U_A}{U_4} = \frac{U_A}{U_E} \quad \Rightarrow \quad \frac{U_A}{U_E} = \frac{25}{33} \cdot \frac{2}{5} \cdot \frac{1}{2} = \frac{5}{33}\,. \tag{2.67}$$

2.3 Strom- und Spannungsmessung

Aufgabe 2.3.1

2.3.1.1

Gesucht: Schaltung für die spannungsrichtige Messung.

Gegeben: Schaltung nach Abbildung 2.9 auf Seite 10.

Ansatz: Für die spannungsrichtige Messung muss der Spannungsmesser parallel zum Widerstand R_{L1} und der Strommesser in Reihe zu dieser Anordnung geschaltet sein, siehe Abbildung 2.6a.

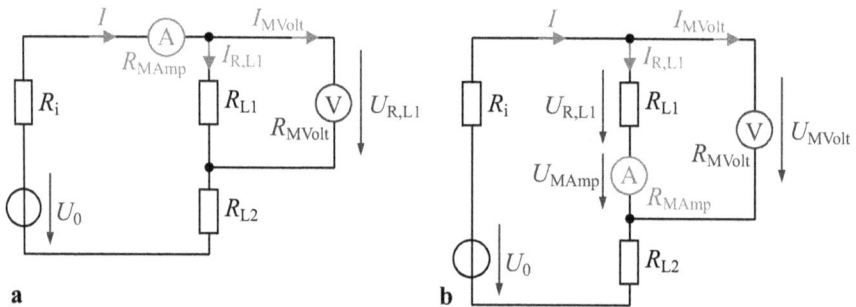

Abb. 2.6: Schaltungen zur spannungsrichtigen (a) und stromrichtigen Messung (b) zur Bestimmung des Widerstands R_{L1}.

Gesucht: Allgemeine Lösung zur Berechnung des korrigierten Stroms $I_{R,L1}$.

Gegeben: Spannung $U_{R,L1}$, Strom I und die Messgerätewiderstände $R_{M,Volt}$, $R_{M,Amp}$.

Ansatz: Die Knotengleichung ergibt

$$0 = I - I_{M,Volt} - I_{R,L1} \quad \Rightarrow \quad I_{R,L1} = I - I_{M,Volt} \, .$$

Das Ohm'sche Gesetz liefert:

$$I_{M,Volt} = \frac{U_{M,Volt}}{R_{M,Volt}}, \quad U_{M,Volt} = U_{R,L1} \, .$$

$$I_{R,L1} = I - \frac{U_{R,L1}}{R_{M,Volt}} \, . \tag{2.68}$$

Fazit: Die Berechnung von $I_{R,L1}$ ist möglich, ohne Kenntnis von R_i, U_0 und R_{L2} zu haben.

2.3.1.2

Gesucht: Schaltung für die stromrichtige Messung.

Gegeben: Schaltung nach Abbildung 2.9 auf Seite 10.

Ansatz: Für die stromrichtige Messung muss der Strommesser in Reihe zum Widerstand R_{L1} und der Spannungsmesser parallel zu dieser Anordnung geschaltet sein, siehe Abbildung 2.6b.

Gesucht: Allgemeine Lösung zur Berechnung der korrigierten Spannung $U_{R,L1}$.

Gegeben: Spannung $U_{M,Volt}$, Strom $I_{R,L1}$ und die Messgerätewiderstände $R_{M,Volt}$, $R_{M,Amp}$.

Ansatz: Die Umlaufgleichung in der Messgeräte-Masche ergibt:

$$0 = U_{R,L1} + U_{M,Amp} - U_{M,Volt} \quad \Rightarrow \quad U_{R,L1} = U_{M,Volt} - U_{M,Amp} .$$

Das Ohm'sche Gesetz liefert:

$$U_{M,Amp} = I_{M,Amp}\, R_{M,Amp} , \quad I_{M,Amp} = I_{R,L1} .$$

$$U_{R,L1} = \underline{U_{M,Volt} - I_{R,L1}\, R_{M,Amp}} . \tag{2.69}$$

2.3.1.3

(a) Spannungsrichtige Messung

Gesucht: Der Widerstand R_{L1}.

Gegeben: Allgemeine Gleichung zur Berechnung von $I_{R,L1}$, Spannung $U_{R,L1}$.

Ansatz: Ohm'sches Gesetz:

$$R_{L1} = \frac{U_{R,L1}}{I_{R,L1}} , \quad I_{R,L1} = I - \frac{U_{R,L1}}{R_{M,Volt}} .$$

$$R_{L1} = \frac{U_{R,L1}}{I - \dfrac{U_{R,L1}}{R_{M,Volt}}} \quad \Rightarrow \quad R_{L1} = \underline{\frac{U_{R,L1}\, R_{M,Volt}}{I\, R_{M,Volt} - U_{R,L1}}} . \tag{2.70}$$

(b) Stromrichtige Messung

Gesucht: Der Widerstand R_{L1}.

Gegeben: Allgemeine Gleichung zur Berechnung von $U_{R,L1}$, Strom $I_{R,L1}$.

Ansatz: Ohm'sches Gesetz:

$$R_{L1} = \frac{U_{R,L1}}{I_{R,L1}} , \quad U_{R,L1} = U_{M,Volt} - I_{R,L1}\, R_{M,Amp} .$$

$$R_{L1} = \frac{U_{M,Volt} - I_{R,L1}\, R_{M,Amp}}{I_{R,L1}} \quad \Rightarrow \quad R_{L1} = \underline{\frac{U_{M,Volt}}{I_{R,L1}} - R_{M,Amp}} . \tag{2.71}$$

2.3.1.4

(a) Wahl der Innenwiderstände

Gesucht: Wahl der Innenwiderstände der Messgeräte bei den beiden betrachteten Schaltungsvarianten.

Ansatz: Gemäß Aufgabenteil 3 gilt für die spannungsrichtige Messung:

> Der Messfehler geht gegen null, wenn $R_{M,Volt} \to \infty$.

Für die stromrichtige Messung gilt dagegen:

> Der Messfehler geht gegen null, wenn $R_{M,Amp} \to 0$.

(b) Wahl der Messschaltung

Gesucht: Auswahl der Messschaltung zur Messung von großen und kleinen Widerständen R_{L1}.

Ansatz: Im Zusammenhang mit den Messgerätewiderständen gilt:

$$\text{Wenn } \frac{R_{M,Amp}}{R_{L1}} > \frac{R_{L1}}{R_{M,Volt}}, \text{ ist die spannungsrichtige Messung zu wählen.}$$

Begründung: Der Stromfehler, der durch den Spannungsmesser verursacht wird, ist dann viel kleiner als der Spannungsfehler durch den Strommesser. Umgekehrt gilt:

$$\text{Wenn } \frac{R_{M,Amp}}{R_{L1}} < \frac{R_{L1}}{R_{M,Volt}}, \text{ ist die stromrichtige Messung zu wählen.}$$

Begründung: Der Spannungsfehler, der durch den Strommesser verursacht wird, ist dann viel kleiner als der Stromfehler durch den Spannungsmesser.

Zum Nachdenken: Welche Gesetze stecken hinter diesen Regeln?

Aufgabe 2.3.2

2.3.2.1

Gesucht: Analyse der Schaltung.

Gegeben: Schaltbild nach Abbildung 2.10 auf Seite 11.

Ansatz: Betrachtung der einzelnen Messabgriffe und Erstellung der jeweiligen Ersatzschaltbilder in Abbildung 2.7 sowie die Berücksichtigung der gegebenen Widerstandsverhältnisse ($R_{N1}, R_{N2} \ll R_M$) ergibt folgende Zuordnungen:

MB1, MB2: Hier handelt es sich wegen der parallel zum Messwerk geschalteten sehr kleinen Widerstände R_{N1}, R_{N2} um Strommessbereiche.

MB3, MB4: Diese Bereiche sind Spannungsmessbereiche, da die zugehörigen Widerstände R_{S1}, R_{S2} zusammen mit den Widerständen R_{N1}, R_{N2} einen belasteten Spannungsteiler bilden.

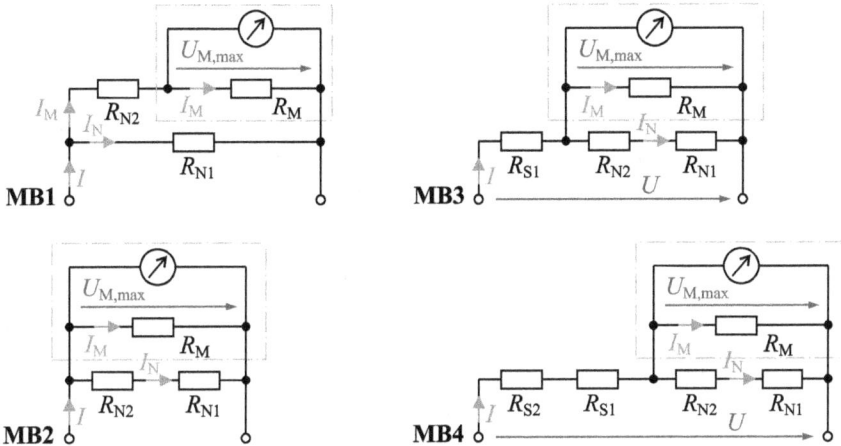

Abb. 2.7: Ersatzschaltungen der einzelnen Messbereiche.

2.3.2.2

Gesucht: Die Messbereichsendwerte I_{MB1} und I_{MB2} der Messbereiche MB1 und MB2.

Gegeben: Zugehörige Ersatzschaltung in Abbildung 2.7 und alle Messgerätewerte.

Ansatz: Auswertung der Ersatzschaltungen für MB1 und MB2. Die Knotengleichung liefert für beide Messbereiche:

$$0 = I - I_M - I_N \quad \Rightarrow \quad I = I_{MB} = I_M + I_N = \frac{U_{M,max}}{R_M} + I_N . \qquad (2.72)$$

Im Messbereich MB1 liegt der Widerstand R_{N2} in Reihe zum Messwerkwiderstand und die Reihenschaltung ist parallel zu R_{N1} geschaltet. Ein Spannungsumlauf ergibt

$$0 = U_{M,max} - I_N R_{N1} + I_M R_{N2} \qquad (2.73)$$

$$0 = U_{M,max} - (I_{MB} - I_M) R_{N1} + I_M R_{N2}$$

$$0 = U_{M,max} - \left(I_{MB} - \frac{U_{M,max}}{R_M} \right) R_{N1} + \frac{U_{M,max}}{R_M} R_{N2} . \qquad (2.74)$$

Damit wird der Endwert von Messbereich 1:

$$I_{MB1} = U_{M,max} \frac{R_{N1} + R_{N2} + R_M}{R_{N1} R_M} \,. \tag{2.75}$$

Im Messbereich MB2 liegt die Reihenschaltung der Widerstände R_{N1} und R_{N2} parallel zum Messwerk und es gilt

$$I_N = \frac{U_{M,max}}{R_{N1} + R_{N2}} \quad \Rightarrow \quad I_{MB2} = U_{M,max} \left(\frac{1}{R_M} + \frac{1}{R_{N1} + R_{N2}} \right). \tag{2.76}$$

2.3.2.3

Gesucht: Die Messbereichsendwerte U_{MB3} und U_{MB4} der Messbereiche MB3 und MB4.

Gegeben: Zugehörige Ersatzschaltung in Abbildung 2.7 und alle Messgerätewerte.

Ansatz: Auswertung der Ersatzschaltungen für MB3 und MB4. Die Umlaufgleichungen für den Messbereich MB3 ergeben

$$0 = -U + I R_{S1} + U_{M,max} \tag{2.77}$$

$$0 = U_{M,max} - I_N (R_{N1} + R_{N2}) \tag{2.78}$$

sowie für den Messbereich MB4

$$0 = -U + I (R_{S1} + R_{S2}) + U_{M,max} \tag{2.79}$$

$$0 = U_{M,max} - I_N (R_{N1} + R_{N2}) \,. \tag{2.80}$$

Die Knotengleichung liefert für beide Messbereiche

$$I = I_M + I_N = \frac{U_{M,max}}{R_M} + I_N \,. \tag{2.81}$$

Die zweite Umlaufgleichung führt für beide Messbereiche zu

$$I_N = \frac{U_{M,max}}{R_{N1} + R_{N2}} \,. \tag{2.82}$$

Mit diesen Gleichungen können die gesuchten Größen ausgerechnet werden.

Messbereich MB3:

$$U_{MB3} = U = (I_M + I_N) R_{S1} + U_{M,max}$$

$$= \left(\frac{U_{M,max}}{R_M} + \frac{U_{M,max}}{R_{N1} + R_{N2}} \right) R_{S1} + U_{M,max}$$

$$U_{MB3} = U_{M,max} \left(\frac{R_{S1}}{R_M} + \frac{R_{S1}}{R_{N1} + R_{N2}} + 1 \right) \tag{2.83}$$

$$U_{MB3} = U_{M,max} \left(\frac{R_{S1}(R_{N1} + R_{N2} + R_M)}{R_M(R_{N1} + R_{N2})} + 1 \right). \tag{2.84}$$

Messbereich MB4:

$$U_{\text{MB4}} = U = (I_M + I_N)(R_{S1} + R_{S2}) + U_{M,\max}$$

$$= \left(\frac{U_{M,\max}}{R_M} + \frac{U_{M,\max}}{R_{N1} + R_{N2}} \right)(R_{S1} + R_{S2}) + U_{M,\max}$$

$$U_{\text{MB4}} = U_{M,\max} \left(\frac{R_{S1} + R_{S2}}{R_M} + \frac{R_{S1} + R_{S2}}{R_{N1} + R_{N2}} + 1 \right) \tag{2.85}$$

$$U_{\text{MB4}} = U_{M,\max} \left(\frac{(R_{S1} + R_{S2})(R_{N1} + R_{N2} + R_M)}{R_M(R_{N1} + R_{N2})} + 1 \right). \tag{2.86}$$

2.3.2.4

Gesucht: Werte der Widerstände R_{N1}, R_{N2}, R_{S1} und R_{S2} für die gegebenen Werte

$$U_{M,\max} = 1\,\text{V}, \quad R_M = 1\,\text{k}\Omega,$$

$$I_{\text{MB1}} = 0{,}5\,\text{A}, \quad I_{\text{MB2}} = 50\,\text{mA}, \quad U_{\text{MB3}} = 5\,\text{V}, \quad U_{\text{MB4}} = 50\,\text{V}.$$

Ansatz: Aus Gleichung (2.75) und (2.76) ergibt sich jeweils umgestellt nach R_{N1}

$$R_{N1} = \frac{U_{M,\max}(R_M + R_{N2})}{I_{\text{MB1}} R_M - U_{M,\max}} \tag{2.87}$$

$$= \frac{(U_{M,\max} - I_{\text{MB2}} R_M)R_{N2} + U_{M,\max} R_M}{I_{\text{MB2}} R_M - U_{M,\max}}. \tag{2.88}$$

Einsetzen der Werte und auflösen nach R_{N2} führt auf

$$\frac{1\,\text{V}(1\,\text{k}\Omega + R_{N2})}{500\,\text{mA} \cdot 1\,\text{k}\Omega - 1\,\text{V}} = \frac{(1\,\text{V} - 50\,\text{mA} \cdot 1\,\text{k}\Omega)R_{N2} + 1\,\text{V} \cdot 1\,\text{k}\Omega}{50\,\text{mA} \cdot 1\,\text{k}\Omega - 1\,\text{V}}$$

$$\frac{1\,\text{V} + 1\,\text{mA} \cdot R_{N2}}{500\,\text{mA} - 1\,\text{mA}} = \frac{(1\,\text{mA} - 50\,\text{mA}) \cdot R_{N2} + 1\,\text{V}}{50\,\text{mA} - 1\,\text{mA}}$$

$$(1\,\text{V} + 1\,\text{mA} \cdot R_{N2}) \cdot 49\,\text{mA} = (-49\,\text{mA} \cdot R_{N2} + 1\,\text{V}) \cdot 499\,\text{mA}$$

$$49\,\text{V} + 49\,\text{mA} \cdot R_{N2} = -49 \cdot 499\,\text{mA} \cdot R_{N2} + 499\,\text{V}$$

$$49 \cdot 500\,\text{mA} \cdot R_{N2} = 450\,\text{V} \quad \Rightarrow \quad R_{N2} = \frac{450\,\text{V}}{49 \cdot 500\,\text{mA}} \approx 18{,}367\,\Omega.$$

Aus Gleichung (2.88):

$$R_{N1} = \frac{1\,\text{V}(1\,\text{k}\Omega + 18{,}367\,\Omega)}{500\,\text{mA} \cdot 1\,\text{k}\Omega - 1\,\text{V}} = \frac{1018{,}367\,\text{V}\,\Omega}{500\,\text{V} - 1\,\text{V}} \approx 2{,}041\,\Omega.$$

Aus Gleichung (2.84):

$$\frac{U_{MB3}}{U_{M,max}} - 1 = R_{S1}\left(\frac{1}{R_M} + \frac{1}{R_{N1} + R_{N2}}\right)$$

$$= R_{S1}\left(\frac{1}{1\,k\Omega} + \frac{1}{2,041\,\Omega + 18,367\,\Omega}\right)$$

$$\Rightarrow \quad R_{S1} = \left(\frac{5\,V}{1\,V} - 1\right) \cdot \frac{1000\,\Omega \cdot 20,408\,\Omega}{1020,408\,\Omega} = 4 \cdot 20\,\Omega = \underline{\underline{80\,\Omega}}.$$

Analog aus Gleichung (2.86):

$$R_{S2} = \left(\frac{50\,V}{1\,V} - 1\right) \cdot \frac{1000\,\Omega \cdot 20,408\,\Omega}{1020,408\,\Omega} - 80\,\Omega = 49 \cdot 20\,\Omega - 80\,\Omega = \underline{\underline{900\,\Omega}}.$$

Aufgabe 2.3.3

2.3.3.1
Gesucht: Gleichung zur Berechnung von R_A für $R_{L3} = R_{L4} = 0$.
Ansatz: Nach Abbildung 2.11 auf Seite 11 fließt durch R_A der Strom

$$I_A = I - I_{MV}, \tag{2.89}$$

Der Strom I_{MV} durch das Spannungsmessgerät kann durch die gemessene Spannung U und den Innenwiderstand R_{MV} eindeutig bestimmt werden

$$I_{MV} = \frac{U}{R_{MV}}. \tag{2.90}$$

Hiermit wird dann

$$R_A = \frac{U}{I - I_{MV}} \quad \Rightarrow \quad R_A = \frac{U\,R_{MV}}{I\,R_{MV} - U}. \tag{2.91}$$

2.3.3.2
Gesucht: Gleichung zur Berechnung von R_A für R_{L3} und R_{L4} in allgemeiner Form.
Ansatz: Bestimmen der Spannung U_A über die Umlaufgleichung

$$0 = -U_A + I_{MV}(R_{L3} + R_{L4}) + U, \quad \text{mit} \quad I_{MV} = \frac{U}{R_{MV}}. \tag{2.92}$$

Der Strom I_A ergibt sich durch

$$I_A = I - I_{MV} = I - \frac{U}{R_{MV}}. \tag{2.93}$$

$$0 = -U_A + \frac{U}{R_{MV}}(R_{L3} + R_{L4}) + U \quad \Rightarrow \quad U_A = U\left(1 + \frac{R_{L3} + R_{L4}}{R_{MV}}\right). \tag{2.94}$$

Damit wird

$$R_A = \frac{U_A}{I_A} = \frac{U\left(1 + \frac{R_{L3} + R_{L4}}{R_{MV}}\right)}{I - \frac{U}{R_{MV}}} \quad \Rightarrow \quad R_A = \frac{U(R_{L3} + R_{L4} + R_{MV})}{I R_{MV} - U}. \tag{2.95}$$

2.3.3.3

Gesucht: Der relative Fehler, der bei der Bestimmung von R_A durch die beiden Leitungswiderstände $R_{L3} = R_{L4} = 1 \cdot 10^{-4} R_{MV}$ verursacht würde.

Ansatz: Es werden zwei Widerstände verglichen: der fehlerfreie Wert $R_{A,i}$ (2.92) und der fehlerbehaftete Wert $R_{A,f}$ (2.95).

Mit Werten wird

$$R_{A,f} = \frac{U R_{MV}}{I R_{MV} - U}\left(1 + 2 \cdot 10^{-4}\right), \quad R_{A,i} = \frac{U R_{MV}}{I R_{MV} - U} \tag{2.96}$$

und damit der Fehler

$$\Delta R_A = R_{A,f} - R_{A,i} \tag{2.97}$$

$$= \frac{U R_{MV}}{I R_{MV} - U}\left(1 + 2 \cdot 10^{-4} - 1\right) = \frac{U R_{MV}}{I R_{MV} - U} 2 \cdot 10^{-4}$$

$$\frac{\Delta R_A}{R_{A,i}} = \underline{\underline{2 \cdot 10^{-4}}}.$$

Anmerkung. *Die Spannungsabfälle an R_{L1} und R_{L2} müssen wegen der direkten Messung der Spannung an R_A nicht bekannt sein. Der Strom durch R_A ist über den Messstrom I sowie den Innenwiderstand R_{MV} eindeutig bestimmbar. Daher ist die Kenntnis von R_{L1} und R_{L2} sowie von U_0 nicht erforderlich.*

2.4 Quellen-Ersatzzweipole

Aufgabe 2.4.1

2.4.1.1

Gesucht: Der Verlauf rechnerisch und zeichnerisch des spannungsabhängigen Widerstands R_3 für einen Spannungsbereich von $0 \ldots 100\,\mathrm{V}$ in 10er Schritten.

Gegeben: Gleichung für R_3:

$$R_3(U) = R_0(1 - cU), \quad 0 \le U < 110\,\mathrm{V}, \quad c = 1/(110\,\mathrm{V}), \quad R_0 = 110\,\Omega.$$

Ansatz: Aufstellen einer Wertetabelle.

U/V	0	10	20	30	40	50	60	70	80	90	100
R_3/Ω	110	100	90	80	70	60	50	40	30	20	10

Der gesuchte Verlauf der Funktion $R_3(U)$ ist in Abbildung 2.8 dargestellt.

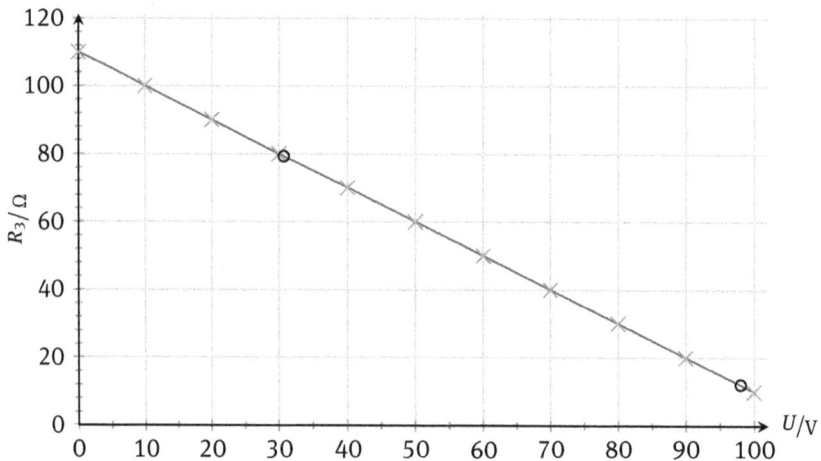

Abb. 2.8: Verlauf des spannungsabhängigen Widerstands R_3.

2.4.1.2

Gesucht: Eine Ersatzspannungsquelle U_q mit Innenwiderstand R_i, die nur den Widerstand R_3 als Last hat.

Ansatz: Nach Abbildung 2.12 auf Seite 12 wird R_3 an den Klemmen a, b abgetrennt und dann die Leerlaufspannung U_q und der Ersatzinnenwiderstand R_i ermittelt. Zur Vorgehensweise siehe hierzu die Abbildung 2.9.

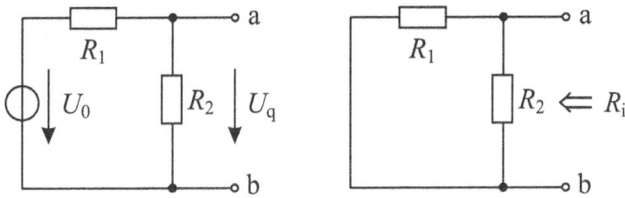

Abb. 2.9: Ersatzschaltbilder zur Berechnung von Leerlaufspannung U_q und Innenwiderstand R_i der Ersatzspannungsquelle.

Leerlaufspannung:

Die Spannungsteilerregel ergibt

$$U_q = U_0 \frac{R_2}{R_1 + R_2} \, . \tag{2.98}$$

Innenwiderstand:

Bei kurzgeschlossener Spannungsquelle U_0 sind R_1 und R_2 parallel geschaltet

$$R_i = \frac{R_1 R_2}{R_1 + R_2} \, . \tag{2.99}$$

2.4.1.3

Gesucht: Allgemeine Gleichung für den Widerstand $R_3 = f(U_0)$.

Gegeben: Widerstandswerte $R_1 = R_2 = R$,

Ersatzspannungsquelle mit $U_q = U_0/2$ und $R_i = R/2$

Gleichung für R_3:

$$R_3(U) = R_0(1 - c\,U)\,, \quad 0 \leq U < 110\,\text{V}\,, \quad c = 1/(110\,\text{V})\,, \quad R_0 = 110\,\Omega\,.$$

Ansatz: Die Ersatzspannungsquelle hat R_3 als Lastwiderstand, damit kann die Spannung U_3 an R_3 einfach über die Spannungsteilerregel bestimmt werden

$$U_3 = U_q \frac{R_3}{R_i + R_3} \, .$$

Diese Gleichung eingesetzt in die Gleichung von R_3 ergibt

$$R_3 = R_0 \left(1 - c\,U_q \frac{R_3}{R_i + R_3} \right) \, .$$

Mit den gegebenen Werten

$$R_3 = R_0 \left(1 - c\frac{U_0}{2} \cdot \frac{R_3}{\frac{R}{2} + R_3} \right) = R_0 \left(1 - c\,U_0 \cdot \frac{R_3}{R + 2R_3} \right) \tag{2.100}$$

$$\left(\frac{R_3}{R_0} - 1 \right) (R + 2R_3) = -c\,U_0\,R_3 \tag{2.101}$$

$$\frac{2}{R_0} R_3^2 - 2 R_3 + \frac{R}{R_0} R_3 - R + c\, U_0\, R_3 = 0 \tag{2.102}$$

$$2 R_3^2 + R_3 (R + c\, U_0\, R_0 - 2\, R_0) - R\, R_0 = 0 \tag{2.103}$$

$$R_3^2 + \frac{R_3}{2} (R + c\, U_0\, R_0 - 2\, R_0) - \frac{R\, R_0}{2} = 0 \tag{2.104}$$

$$R_3 = -\frac{R + R_0(c\, U_0 - 2)}{4} \pm \sqrt{\frac{(R + R_0(c\, U_0 - 2))^2}{16} + \frac{R\, R_0}{2}} . \tag{2.105}$$

Der Ausdruck unter der Wurzel ist immer größer als der Term vor der Wurzel, somit gilt nur das positive Vorzeichen

$$R_3 = -\frac{R + R_0(c\, U_0 - 2)}{4} + \sqrt{\frac{(R + R_0(c\, U_0 - 2))^2}{16} + \frac{R\, R_0}{2}} . \tag{2.106}$$

2.4.1.4

Gesucht: Das Verhältnis der Spannung U_3/U_0 am Widerstand R_3 für die Werte $U_0 = 100\,\text{V}$ sowie $U_0 = 1000\,\text{V}$.

Gegeben: Widerstandswerte $R_1 = R_2 = R = 100\,\Omega$,
Ersatzspannungsquelle mit $U_q = U_0/2$ und $R_i = R/2 = 50\,\Omega$
Gleichung für R_3.

Ansatz: Nach der Spannungsteilerregel ist

$$\frac{U_3}{U_q} = \frac{R_3}{R_i + R_3} = \frac{2U_3}{U_0} \quad \Rightarrow \quad \frac{U_3}{U_0} = \frac{R_3}{2(R_i + R_3)} .$$

$U_0 = 100\,\text{V}$

$$R_3 = -\frac{100\,\Omega + 110\,\Omega \left(\frac{100\,\text{V}}{110\,\text{V}} - 2 \right)}{4}$$

$$+ \sqrt{\frac{\left(100\,\Omega + 110\,\Omega \left(\frac{100\,\text{V}}{110\,\text{V}} - 2 \right) \right)^2}{16} + \frac{100\,\Omega \cdot 110\,\Omega}{2}} ,$$

$$R_3 = 5\,\Omega + \sqrt{25 + 5500}\,\Omega \approx 79{,}33\,\Omega \quad \Rightarrow \quad \frac{U_3}{U_0} = \frac{79{,}33\,\Omega}{2(50\,\Omega + 79{,}33\,\Omega)} \approx 0{,}307 .$$

$U_0 = 1000\,\text{V}$

$$R_3 = -\frac{100\,\Omega + 110\,\Omega \left(\frac{1000\,\text{V}}{110\,\text{V}} - 2 \right)}{4}$$

$$+ \sqrt{\frac{\left(100\,\Omega + 110\,\Omega \left(\frac{1000\,\text{V}}{110\,\text{V}} - 2 \right) \right)^2}{16} + \frac{100\,\Omega \cdot 110\,\Omega}{2}} ,$$

$$R_3 = -220\,\Omega + \sqrt{220^2 + 5500^2}\ \Omega \approx 12{,}16\,\Omega \quad \Rightarrow$$

$$\frac{U_3}{U_0} = \frac{12{,}16\,\Omega}{2(50\,\Omega + 12{,}16\,\Omega)} \approx \underline{\underline{0{,}098}}\,.$$

Die errechneten Werte sind in Abbildung 2.8 durch schwarze Kreise gekennzeichnet.

Aufgabe 2.4.2

Gesucht: Leerlaufspannung U_q und Innenwiderstand R_i der Ersatzspannungsquelle.

Gegeben: Quellenspannung $U_{01} = 2\,V$, Diodenkennlinie, Widerstandswerte $R_2 = 6\,\Omega$, $R_3 = 14\,\Omega$, $R_4 = 13{,}3\,\Omega$.

Ansatz: Berechnung der Leerlaufspannung bzw. Quellenspannung U_q der Ersatzspannungsquelle: Nach Abbildung 2.10 links entfällt der Widerstand R_4, weil durch ihn im Leerlauf kein Strom fließt, es verbleibt ein einfacher Spannungsteiler aus R_2 und R_3

$$U_q = \frac{R_3}{R_2 + R_3}\, U_{01} = \frac{14\,\Omega}{6\,\Omega + 14\,\Omega} \cdot 2\,V = 1{,}4\,V\,. \tag{2.107}$$

Zur Bestimmung von R_i wird die Spannungsquelle U_{01} kurzgeschlossen, so dass auch der Widerstand R_1 entfällt (siehe Abbildung 2.10 rechts). Übrig bleibt als Ersatzschaltung nur noch die Reihenschaltung von R_4 mit der Parallelschaltung von R_2 und R_3

$$R_i = \frac{R_2\,R_3}{R_2 + R_3} + R_4 = \frac{6\,\Omega \cdot 14\,\Omega}{6\,\Omega + 14\,\Omega} + 13{,}3\,\Omega = 17{,}5\,\Omega\,. \tag{2.108}$$

Aus der Leerlaufspannung U_q und dem Innenwiderstand R_i berechnet sich der Kurzschlussstrom wie folgt:

$$I_k = \frac{U_q}{R_i} = \frac{1{,}4\,V}{17{,}5\,\Omega} = 80\,mA\,. \tag{2.109}$$

Die gesuchten Größen I_1 und U_{AB} können nun grafisch ermittelt werden (siehe Abbildung 2.11):

$$U_{AB} = 0{,}7\,V\,; \qquad I_1 = 40\,mA\,.$$

Aufgabe 2.4.3

Gesucht: Kurzschluss-Strom I_k und Innenwiderstand R_i der Ersatzstromquelle.

Ansatz: Der Kurzschluss-Strom I_k wird bei kurzgeschlossenen Klemmen a, b ermittelt (siehe Abbildung 2.12). Folgende Vorgehensweise vereinfacht die Rechnung:

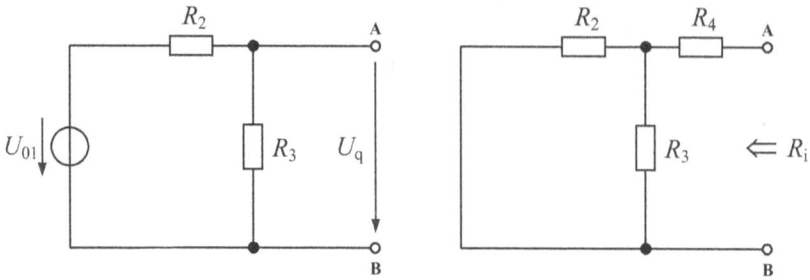

Abb. 2.10: Ersatzschaltbilder zur Bildung der Ersatzspannungsquelle.

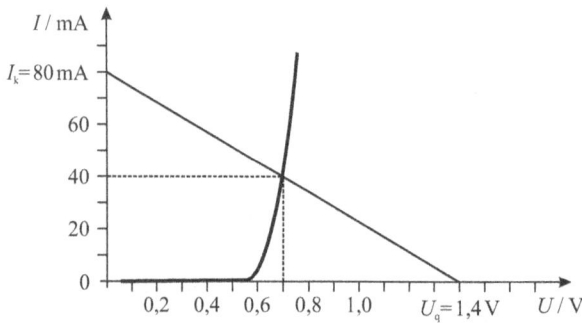

Abb. 2.11: Schnittpunkt der Diodenkennlinie mit der Arbeitsgeraden.

Die Stromquelle I_0 wird wie in Abbildung 2.12 rechts gezeigt, zunächst in eine Ersatzspannungsquelle mit der Leerlaufspannung $U_q = I_0 R_1$ und dem Innenwiderstand R_1 umgewandelt. Dann kann folgende Umlaufgleichung aufgestellt werden:

$$-I_0 R_1 - U_0 + I_k (R_1 + R_2) = 0 \,. \tag{2.110}$$

Hieraus errechnet sich der Kurzschlussstrom

$$I_k = \frac{U_0 + I_0 R_1}{R_1 + R_2} \,. \tag{2.111}$$

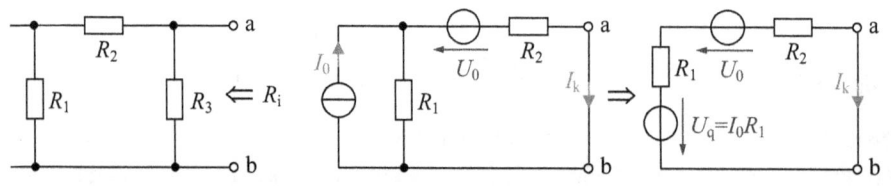

Abb. 2.12: Ersatzschaltbilder zur Bildung der Ersatzstromquelle.

Zur Bestimmung von R_i wird die Stromquelle I_0 offen gelassen und die Spannungsquelle U_0 kurzgeschlossen (siehe Abbildung 2.12 links)

$$R_i = \frac{(R_1 + R_2)\,R_3}{R_1 + R_2 + R_3}\,. \tag{2.112}$$

Aufgabe 2.4.4

Gesucht: Schaltungsvereinfachung durch konsequente Anwendung der Methode Ersatzquelle bis der Strom I_1 durch einen einfachen Umlauf bestimmt werden
kann.

Gegeben: Originalschaltung in Abbildung 2.13 mit allen Werten der Quellen und
Widerstände.

Ansatz: 1. Umwandlung der beiden äußeren Spannungsquellen (mit den Widerständen $2R$) in äquivalente Stromquellen (Abbildung 2.14a)

$$I_{q1} = \frac{U_{02}}{2R}\,, \qquad R_{i1} = 2R\,;$$
$$I_{q2} = \frac{U_{03}}{2R}\,, \qquad R_{i2} = 2R\,.$$

2. Zusammenfassen der parallelen Widerstände $2R$ und der beiden Stromquellen I_{q1} und I_0 (Abbildungen 2.14b und c)

3. Umwandeln der beiden Stromquellen mit Innenwiderstand R in äquivalente Spannungsquellen (Abbildung 2.14d)

$$U_{q1} = (I_0 + I_{q1})R\,, \qquad R_{i1} = R\,;$$
$$U_{q2} = I_{q2}R\,, \qquad R_{i2} = R\,.$$

4. Zusammenfassen der Spannungsquellen und Widerstände zur Schaltung in Abbildung 2.14e. Es entsteht ein einfacher Stromkreis der nur
noch aus einer Quelle und einem Widerstand besteht.

Der gesuchte Strom I_1 wird dann

$$I_1 = \frac{U_{01} + U_{q1} - U_{q2}}{3R} = \frac{U_{01} + \frac{U_{02}}{2R}R + I_0\,R - \frac{U_{03}}{2R}R}{3R} = \frac{U_0}{3R} + \frac{1}{3}I_0\,.$$

Aufgabe 2.4.5

2.4.5.1

Gesucht: Ersatzspannungsquelle mit Widerstand R_4 als Last.

Ansatz: Umzeichnen der Schaltung in Abbildung 2.17 auf Seite 14 wie in Abbildung 2.15 gezeigt, vereinfacht die Bildung der Ersatzspannungsquelle.

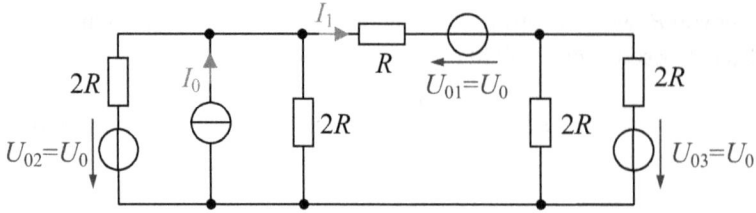

Abb. 2.13: Originalschaltung des linearen Netzwerkes mit Stromquelle und Spannungsquellen.

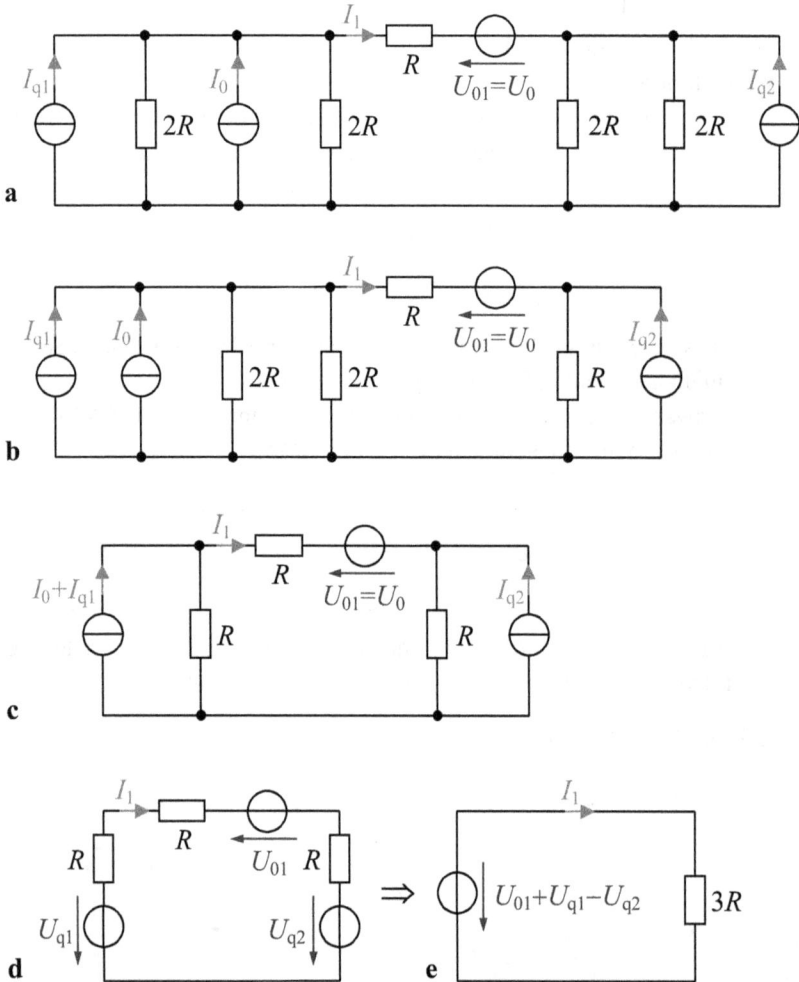

Abb. 2.14: Ersatzschaltbilder zur Schaltungsvereinfachung.

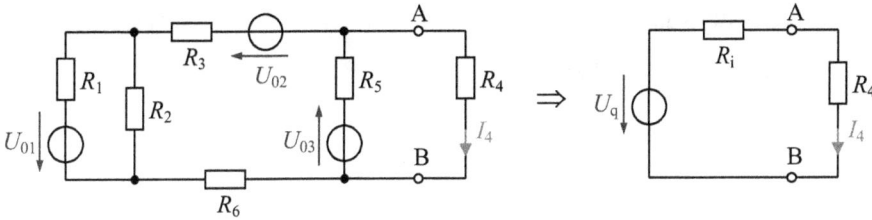

Abb. 2.15: Umgezeichnete Schaltung und Ersatzspannungsquelle.

Schritte zur Bildung der Ersatzspannungsquelle

1. Widerstand R_4 wie in Abbildung 2.16 gezeigt abtrennen.

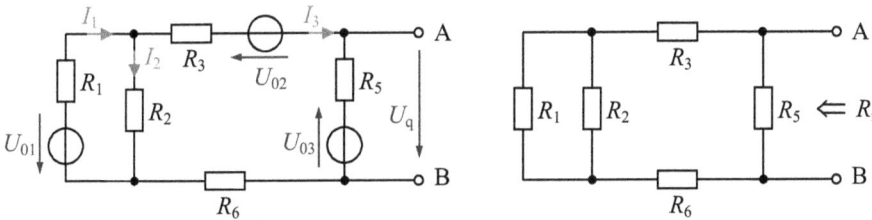

Abb. 2.16: Ersatzschaltungen zur Bestimmung der Ersatzspannungsquelle.

2. Gleichungen zur Bestimmung von U_q aufstellen

$$-U_{01} + I_1 R_1 + I_2 R_2 = 0 \,, \tag{2.113}$$

$$-I_2 R_2 - U_{02} + I_3 (R_3 + R_5 + R_6) - U_{03} = 0 \,, \tag{2.114}$$

$$I_1 - I_2 - I_3 = 0 \,. \tag{2.115}$$

3. Strom I_2 durch Knotengleichung ersetzen

$$I_2 = I_1 - I_3 \tag{2.116}$$

und in die Umlaufgleichungen einsetzen

$$-U_{01} + I_1 (R_1 + R_2) - I_3 R_2 = 0 \,, \tag{2.117}$$

$$-I_1 R_2 - U_{02} + I_3 (R_2 + R_3 + R_5 + R_6) - U_{03} = 0 \,. \tag{2.118}$$

4. Matrixgleichung aufstellen und gegebene Werte einsetzen:

$$\begin{bmatrix} R_1 + R_2 & -R_2 \\ -R_2 & R_2 + R_3 + R_5 + R_6 \end{bmatrix} \cdot \begin{bmatrix} I_1 \\ I_3 \end{bmatrix} = \begin{bmatrix} U_{01} \\ U_{02} + U_{03} \end{bmatrix} \tag{2.119}$$

$$\begin{bmatrix} 3R & -2R \\ -2R & 6R \end{bmatrix} \cdot \begin{bmatrix} I_1 \\ I_3 \end{bmatrix} = \begin{bmatrix} 2U_0 \\ 2U_0 \end{bmatrix} \,.$$

5. Matrixgleichung mit Hilfe der Cramer'schen Regel für den Strom I_3 lösen:

$$I_3 = \frac{\begin{vmatrix} 3R & 2U_0 \\ -2R & 2U_0 \end{vmatrix}}{\begin{vmatrix} 3R & -2R \\ -2R & 6R \end{vmatrix}} = \frac{3R \cdot 2U_0 - (-2R) \cdot 2U_0}{3R \cdot 6R - (2R)^2} = \frac{10U_0}{14R} = \frac{5U_0}{7R} .$$

6. Die Umlaufgleichung zur Bestimmung der Leerlaufspannung lautet

$$0 = U_q + U_{03} - I_3 R_5 . \tag{2.120}$$

Damit ergibt sich die Leerlaufspannung U_q zu

$$U_q = I_3 R_5 - U_{03} = \frac{5U_0}{7R} \cdot R - U_0 = \frac{5U_0 - 7U_0}{7} = -\frac{2}{7} U_0 .$$

7. Innenwiderstand der Ersatzspannungsquelle bestimmen. Hierzu alle Spannungs-quellen kurzschließen, so dass das rechte ESB in Abbildung 2.16 entsteht.
Zur Vereinfachung wird ein Ersatzwiderstand R_E eingeführt, der aus der Parallel-schaltung von R_1 und R_2 besteht

$$R_E = \frac{R_1 R_2}{R_1 + R_2} . \tag{2.121}$$

Der Innenwiderstand R_i ist dann

$$R_i = \frac{(R_E + R_3 + R_6) R_5}{R_E + R_3 + R_6 + R_5} = \frac{\left(\dfrac{R_1 R_2}{R_1 + R_2} + R_3 + R_6 \right) R_5}{\dfrac{R_1 R_2}{R_1 + R_2} + R_3 + R_6 + R_5} \tag{2.122}$$

$$R_i = \frac{R_1 R_2 R_5 + (R_1 + R_2)(R_3 + R_6) R_5}{R_1 R_2 + (R_3 + R_6 + R_5)(R_1 + R_2)} \tag{2.123}$$

$$R_i = \frac{R \cdot 2R \cdot R + (R + 2R)(R + 2R) \cdot R}{R \cdot 2R + (R + 2R + R) \cdot (R + 2R)} = \frac{2R^3 + 9R^3}{2R^2 + 4R \cdot 3R} = \underline{\underline{\frac{11}{14} R}} .$$

2.4.5.2

Gesucht: Der Strom I_4.

Gegeben: Spannung $U_q = -2/7 U_0$, Innenwiderstand $R_i = 11/14\, R$,
Widerstand $R_4 = 5/14\, R$.

Ansatz: Nach Abbildung 2.15 rechts ist

$$I_4 = \frac{U_q}{R_i + R_4} = \frac{-\dfrac{2}{7} U_0}{\dfrac{11}{14} R + \dfrac{5}{14} R} = \frac{-4U_0}{11R + 5R} = \underline{\underline{-\frac{U_0}{4R}}} . \tag{2.124}$$

2.4.5.3

Gesucht: Wert des Widerstands R_4, damit die Ersatzspannungsquelle die maximale Leistung an R_4 abgibt und die Leistung der Quelle P_q.

Gegeben: Spannung $U_q = -2/7\,U_0$, Innenwiderstand $R_i = 11/14\,R$.

Ansatz: Die Leistung der Ersatzspannungsquelle berechnet sich über die Quellenspannung U_q und den Strom I_4:

$$P_q = U_q\,I_4 \,. \tag{2.125}$$

Die maximale Leistung am Widerstand R_4 tritt bei Leistungsanpassung auf:

$$R_i = R_4 \quad \Rightarrow \quad \underline{\underline{R_4 = \frac{11}{14}R}} \,. \tag{2.126}$$

Von der Quelle wird dann die Leistung (Achtung: I_4 muss neu berechnet werden!)

$$P_q = U_q\,I_4 = U_q\frac{U_q}{R_i + R_4} = \frac{U_q^2}{2R_i} = \frac{\left(-\frac{2}{7}U_0\right)^2}{2\cdot\frac{11}{14}R} = \frac{14\cdot 4U_0^2}{49\cdot 22R} = \underline{\underline{\frac{4U_0^2}{77R}}}$$

abgegeben und an R_4 die Leistung (war nicht gefragt)

$$P_{\max} = U_q\frac{1}{2}\cdot\frac{U_q}{2R_i} = \frac{U_q^2}{4R_i} = \underline{\underline{\frac{2U_0^2}{77R}}} \,.$$

2.5 Stern-Dreieck-Transformation

Aufgabe 2.5.1

2.5.1.1

Gesucht: Das Widerstandsdreieck R_2, R_4 und R_5 ist in eine äquivalente Sternschaltung umzuwandeln.

Gegeben: Nicht abgeglichene Brückenschaltung.

Ansatz: Für die Umwandlung eines Dreiecks in einen Stern gilt:

$$\boxed{\text{Sternwiderstand} = \frac{\text{Produkt der Anliegerwiderstände}}{\text{Umfangswiderstand}}} . \qquad (2.127)$$

Anwendung der Regel auf das Widerstandsdreieck B, C, D in Abb. 2.17 ergibt:

$$R_b = \frac{R_2\,R_4}{R_2 + R_4 + R_5} , \qquad (2.128)$$

$$R_c = \frac{R_2\,R_5}{R_2 + R_4 + R_5} , \qquad (2.129)$$

$$R_d = \frac{R_4\,R_5}{R_2 + R_4 + R_5} . \qquad (2.130)$$

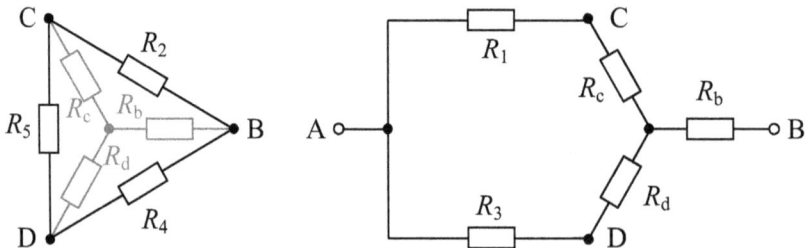

Abb. 2.17: Widerstandsdreieck R_2, R_4, R_5 und äquivalente Sternschaltung, Ersatzschaltbild der Brückenschaltung nach der Dreieck-Stern-Transformation.

2.5.1.2

Gesucht: Ersatzschaltbild der Brückenschaltung nach der Dreieck-Stern-Transformation und Berechnung des Gesamtwiderstands R_{ges} zwischen den Klemmen A, B in allgemeiner Form.

Gegeben: äquivalenter Widerstandsstern mit den transformierten Widerständen R_b, R_c und R_d.

Ansatz: Die Ersatzschaltung nach Umwandlung des Widerstandsdreiecks R_2, R_4, R_5 in eine äquivalente Sternschaltung zeigt Abbildung 2.17 rechts.

Basierend hierauf können die Teilwiderstände zum resultierenden Widerstand R_{ges} zusammengefasst werden.

$$R_{ges} = \cfrac{1}{\cfrac{1}{R_1 + R_c} + \cfrac{1}{R_3 + R_d}} + R_b \tag{2.131}$$

$$R_{ges} = \cfrac{1}{\cfrac{1}{R_1 + \cfrac{R_2\,R_5}{R_2 + R_4 + R_5}} + \cfrac{1}{R_3 + \cfrac{R_4\,R_5}{R_2 + R_4 + R_5}}} + \cfrac{R_2\,R_4}{R_2 + R_4 + R_5} \tag{2.132}$$

$$R_{ges} = \cfrac{1}{\cfrac{R_2 + R_4 + R_5}{R_1\,(R_2 + R_4 + R_5) + R_2\,R_5} + \cfrac{R_2 + R_4 + R_5}{R_3\,(R_2 + R_4 + R_5) + R_4\,R_5}}$$
$$+ \cfrac{R_2\,R_4}{R_2 + R_4 + R_5} \tag{2.133}$$

$$R_{ges} = \frac{\left[R_1\,(R_2 + R_4 + R_5) + R_2\,R_5\right]\left[R_3\,(R_2 + R_4 + R_5) + R_4\,R_5\right]}{(R_2 + R_4 + R_5)\left[(R_1 + R_3)(R_2 + R_4 + R_5) + (R_2 + R_4)\,R_5\right]}$$
$$+ \frac{R_2\,R_4}{R_2 + R_4 + R_5}\;. \tag{2.134}$$

2.5.1.3

Gesucht: R_{ges} zwischen den Klemmen A, B.

Gegeben: Widerstandswerte: $R_1 = R_4 = R_5 = 3R$; $\quad R_2 = R_3 = 2R$.

Die allgemeine Gleichung (2.133) zur Berechnung von R_{ges}.

Ansatz: Einsetzen der Werte in die allgemeine Formel für R_{ges}.

$$R_{ges} = \cfrac{1}{\cfrac{R_2 + R_4 + R_5}{R_1\,(R_2 + R_4 + R_5) + R_2\,R_5} + \cfrac{R_2 + R_4 + R_5}{R_3\,(R_2 + R_4 + R_5) + R_4\,R_5}}$$
$$+ \cfrac{R_2\,R_4}{R_2 + R_4 + R_5}$$

$$R_{ges} = \cfrac{1}{\cfrac{2R + 3R + 3R}{3R\,(2R + 3R + 3R) + 2R\,3R} + \cfrac{2R + 3R + 3R}{2R\,(2R + 3R + 3R) + 3R\,3R}}$$
$$+ \cfrac{2R\,3R}{2R + 3R + 3R}$$

$$R_{ges} = \cfrac{1}{\cfrac{8R}{24R^2 + 6R^2} + \cfrac{8R}{16R^2 + 9R^2}} + \cfrac{6R^2}{8R} = \cfrac{1}{\cfrac{4}{15R} + \cfrac{8}{25R}} + \cfrac{3R}{4}$$

$$R_{ges} = \frac{75R}{20 + 24} + \frac{3R}{4} = \frac{75R + 33R}{44} = \frac{108}{44}R = \underline{\underline{\frac{27}{11}}}R\;. \tag{2.135}$$

Aufgabe 2.5.2

2.5.2.1

Gesucht: Der Widerstandsstern R_1, R_2, R_5 ist in eine äquivalente Dreieckschaltung umzuwandeln.

Ansatz: Für die Umwandlung eines Sterns in ein Dreieck gilt:

$$\boxed{\text{Dreiecksleitwert} = \frac{\text{Produkt der Anliegerleitwerte}}{\text{Knotenleitwert}}} . \qquad (2.136)$$

Anwendung der Regel auf den Widerstandsstern zwischen den Knoten A, B, D in Abbildung 2.18 ergibt:

$$R_{ab} = \frac{R_1 R_2}{R_5} + R_1 + R_2 , \qquad G_{ab} = \frac{G_1 G_2}{G_1 + G_2 + G_5} , \qquad (2.137)$$

$$R_{bd} = \frac{R_2 R_5}{R_1} + R_2 + R_5 , \qquad G_{bd} = \frac{G_2 G_5}{G_1 + G_2 + G_5} , \qquad (2.138)$$

$$R_{da} = \frac{R_1 R_5}{R_2} + R_1 + R_5 , \qquad G_{da} = \frac{G_1 G_5}{G_1 + G_2 + G_5} . \qquad (2.139)$$

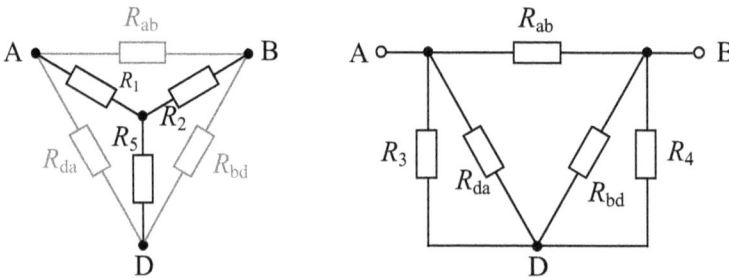

Abb. 2.18: Widerstandsstern R_1, R_2, R_5 und äquivalente Dreieckschaltung, Ersatzschaltbild der Brückenschaltung nach der Stern-Dreieck-Transformation.

2.5.2.2

Gesucht: Ersatzschaltbild der Brückenschaltung nach der Stern-Dreieck-Transformation und Berechnung des Leitwertes G_{ges} zwischen den Klemmen A, B in allgemeiner Form.

Gegeben: äquivalentes Widerstandsdreieck mit den transformierten Widerständen R_{ab}, R_{bd} und R_{da}.

Ansatz: Die Ersatzschaltung nach Umwandlung des Widerstandssterns R_1, R_2, R_5 in eine äquivalente Dreieckschaltung zeigt Abbildung 2.18 rechts. Basierend hierauf können die Teilwiderstände zum resultierenden Widerstand R_{ges} zusammengefasst werden.

$$G_{ges} = G_{ab} + \cfrac{1}{\cfrac{1}{G_3 + G_{da}} + \cfrac{1}{G_4 + G_{bd}}}$$

$$G_{ges} = G_{ab} + \underline{\underline{\frac{(G_3 + G_{da}) \cdot (G_4 + G_{bd})}{G_3 + G_{da} + G_4 + G_{bd}}}} \, . \qquad (2.140)$$

2.5.2.3

Gesucht: G_{ges} zwischen den Klemmen A, B.

Gegeben: Leitwerte: $G_1 = G_4 = G$; $\quad G_2 = G_3 = 5G$; $\quad G_5 = 4G$.

Ansatz: Einsetzen der Werte in die unter 2 berechneten allgemeinen Formeln für die Dreiecksleitwerte und den Gesamtleitwert G_{ges}.

$$G_{ab} = \frac{G_1 G_2}{G_1 + G_2 + G_5} = \frac{G \cdot 5G}{G + 5G + 4G} = \frac{5G^2}{10G} = \frac{1}{2}G \, , \qquad (2.141)$$

$$G_{bd} = \frac{G_2 G_5}{G_1 + G_2 + G_5} = \frac{5G \cdot 4G}{G + 5G + 4G} = \frac{20G^2}{10G} = 2G \, , \qquad (2.142)$$

$$G_{da} = \frac{G_1 G_5}{G_1 + G_2 + G_5} = \frac{G \cdot 4G}{G + 5G + 4G} = \frac{4G^2}{10G} = \frac{2}{5}G \, . \qquad (2.143)$$

Einsetzen der Werte in Gleichung (2.140)

$$G_{ges} = G_{ab} + \frac{(G_3 + G_{da}) \cdot (G_4 + G_{bd})}{G_3 + G_{da} + G_4 + G_{bd}} \, ,$$

$$G_{ges} = \frac{1}{2}G + \frac{\left(5G + \frac{2}{5}G\right) \cdot (G + 2G)}{5G + \frac{2}{5}G + G + 2G} = \frac{1}{2}G + \frac{\left(5G + \frac{2}{5}G\right) \cdot 3G}{\frac{2}{5}G + 8G} \, ,$$

$$G_{ges} = \frac{1}{2}G + \frac{(25G + 2G) \cdot 3G}{2G + 40G} = \frac{1}{2}G + \frac{27}{14}G = \frac{7 + 27}{14}G = \underline{\underline{\frac{17}{7}G}} \, . \qquad (2.144)$$

2.6 Umlauf- und Knotenanalyse

Aufgabe 2.6.1

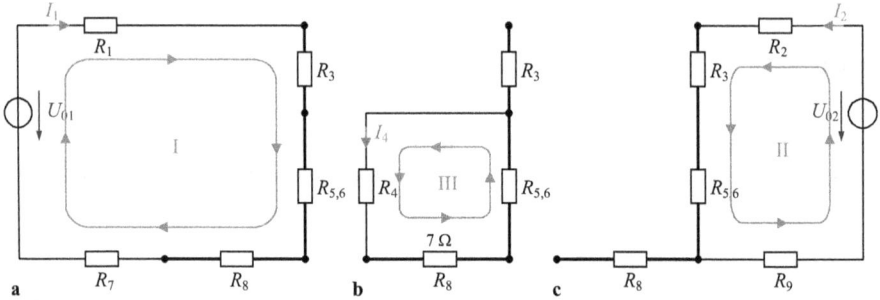

Abb. 2.19: Vollständiger Baum mit jeweils durch einen Verbindungszweig geschlossenen Umlauf. (a) für Strom I_1, (b) für Strom I_4 und (c) für Strom I_2.

Gesucht: Vollständiges Gleichungssystem zur Berechnung der Ströme I_1, I_2 und I_4 in allgemeiner Form, der Wert des Stroms I_4.

Ansatz: Eintragen des vollständigen Baums. Wahl der Baumzweige so, dass die Ströme I_1, I_2 und I_4 in Verbindungszweigen liegen und damit zu unabhängigen Strömen werden. Festlegen der Umläufe wie in Abbildung 2.19 gezeigt.

Aufstellen des Gleichungssystems mit Hilfe der Umlaufanalyse
(Abkürzungen: $R_{1,3,7} = R_1 + R_3 + R_7$, $R_{2,9} = R_2 + R_9$, $R_{5,6} = R_5 + R_6$):

$$\begin{bmatrix} R_{1,3,7} + R_{5,6} + R_8 & R_3 + R_{5,6} & -(R_{5,6} + R_8) \\ R_3 + R_{5,6} & R_{2,9} + R_3 + R_{5,6} & -R_{5,6} \\ -(R_{5,6} + R_8) & -R_{5,6} & R_4 + R_{5,6} + R_8 \end{bmatrix} \cdot \begin{bmatrix} I_1 \\ I_2 \\ I_4 \end{bmatrix} = \begin{bmatrix} U_{01} \\ U_{02} \\ 0 \end{bmatrix}.$$

Einsetzen der Werte:

$$\begin{bmatrix} 9\,\Omega & 3\,\Omega & -6\,\Omega \\ 3\,\Omega & 4\,\Omega & -2\,\Omega \\ -6\,\Omega & -2\,\Omega & 7\,\Omega \end{bmatrix} \cdot \begin{bmatrix} I_1 \\ I_2 \\ I_4 \end{bmatrix} = \begin{bmatrix} 1\,\text{V} \\ 2\,\text{V} \\ 0 \end{bmatrix}. \qquad (2.145)$$

Der Strom I_4 wird mit Hilfe der Cramer'schen Regel bestimmt:

$$I_4 = \frac{D_3}{D}.$$

Es sind die beiden Determinanten D_3 und D zu berechnen, Beispiel: Lösung mit dem Laplace'schen Entwicklungssatz:

Determinante D: Entwicklung nach 1. Spalte:

$$D = \begin{vmatrix} \boxed{9\,\Omega} & 3\,\Omega & -6\,\Omega \\ 3\,\Omega & 4\,\Omega & -2\,\Omega \\ -6\,\Omega & -2\,\Omega & 7\,\Omega \end{vmatrix} = \boxed{9\,\Omega^3} \cdot \begin{vmatrix} 4 & -2 \\ -2 & 7 \end{vmatrix} - 3\,\Omega^3 \cdot \begin{vmatrix} 3 & -6 \\ -2 & 7 \end{vmatrix} + (-6\,\Omega^3) \cdot \begin{vmatrix} 3 & -6 \\ 4 & -2 \end{vmatrix}$$

$$D = 9\,\Omega^3(28-4) - 3\,\Omega^3(21-12) - 6\,\Omega^3(-6+24) = 9(24-3-12)\,\Omega^3 = 81\,\Omega^3 \ .$$

Determinante D_3: Entwicklung nach 3. Spalte:

$$D_3 = \begin{vmatrix} 9\,\Omega & 3\,\Omega & \boxed{1\,V} \\ 3\,\Omega & 4\,\Omega & 2\,V \\ -6\,\Omega & -2\,\Omega & 0\,V \end{vmatrix} = \boxed{1\,V}\,\Omega^2 \cdot \begin{vmatrix} 3 & 4 \\ -6 & -2 \end{vmatrix} - 2\,V\,\Omega^2 \cdot \begin{vmatrix} 9 & 3 \\ -6 & -2 \end{vmatrix} + 0$$

$$D_3 = 1\,V\,\Omega^2(-6+24) - 2\,V\,\Omega^2(-18+18) = 18\,V\,\Omega^2 \ .$$

Damit wird

$$I_4 = \frac{D_3}{D} = \frac{18\,V\,\Omega^2}{81\,\Omega^3} = \frac{2}{9}\,A \approx \underline{\underline{0{,}222\,A}} \ .$$

Aufgabe 2.6.2

2.6.2.1

Gesucht: Vollständiges Gleichungssystem zur Berechnung der Ströme I_3 und I_6 in allgemeiner Form, der Wert der Ströme I_3 und I_6.

Ansatz: Die Stromquelle I_{02} darf nicht in eine äquivalente Spannungsquelle umgewandelt werden, da ihr kein Innenwiderstand zugeordnet werden kann ($R_i \to \infty$). Sie *muss* daher bei der Umlaufanalyse als unabhängiger Strom betrachtet werden und in einem Verbindungszweig liegen!

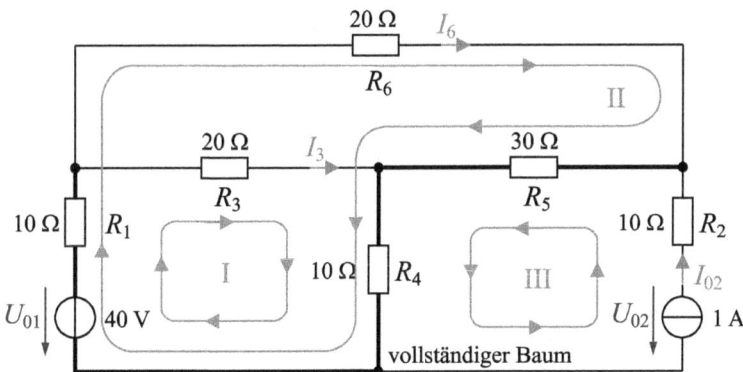

Abb. 2.20: Lineares Netzwerk mit vollständigem Baum und eingetragenen Umläufen.

Eintragen des vollständigen Baums. Zunächst werden die Zweige ausgewählt, in denen die Ströme I_3, I_6 und I_{02} fließen. Diese Zweige werden zu Verbindungszweigen. Alle anderen werden zu Baumzweigen.

Probe: Es gibt nur drei unabhängige Ströme, I_3, I_6 und I_{02}, daher auch nur drei Verbindungszweige, alle Knoten müssen durch die Baumstruktur einfach miteinander verbunden sein, Der Baum darf nicht geschlossen sein. Das Festlegen der Umläufe erfolgt jeweils in Richtung der unabhängigen Ströme. Siehe hierzu die Abbildungen 2.20 und 2.21.

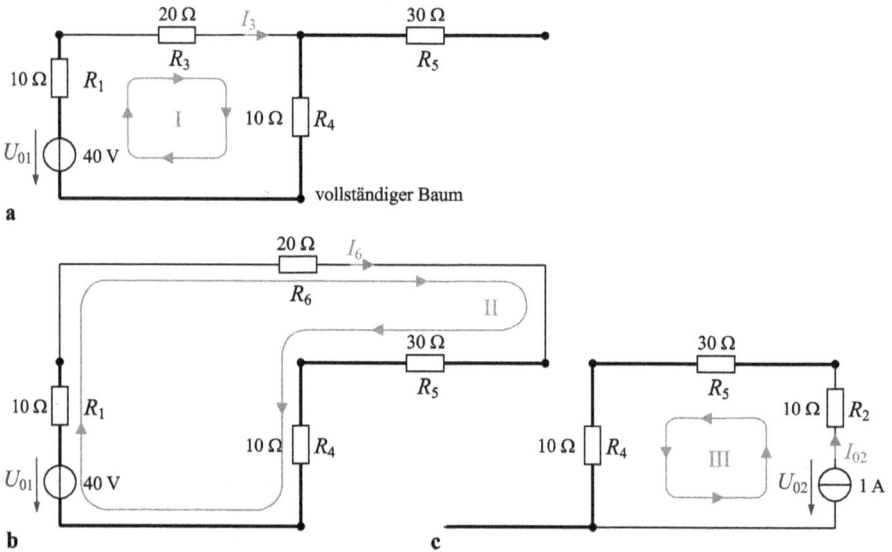

Abb. 2.21: Vollständiger Baum mit jeweils durch einen Verbindungszweig geschlossenen Umlauf. (a) für Strom I_3, (b) für Strom I_6 und (c) für Strom I_{02}.

Aufstellen des Gleichungssystems mit Hilfe der Umlaufanalyse:

$$\begin{bmatrix} R_1 + R_3 + R_4 & R_1 + R_4 & R_4 \\ R_1 + R_4 & R_1 + R_4 + R_5 + R_6 & R_4 + R_5 \\ R_4 & R_4 + R_5 & R_2 + R_4 + R_5 \end{bmatrix} \cdot \begin{bmatrix} I_3 \\ I_6 \\ I_{02} \end{bmatrix} = \begin{bmatrix} U_{01} \\ U_{01} \\ U_{02} \end{bmatrix} . \qquad (2.146)$$

Der Wert der Stromquelle I_{02} ist bekannt, daher kann Gleichung (2.146) wie folgt umgeformt werden:

$$\begin{bmatrix} R_1 + R_3 + R_4 & R_1 + R_4 \\ R_1 + R_4 & R_1 + R_4 + R_5 + R_6 \end{bmatrix} \cdot \begin{bmatrix} I_3 \\ I_6 \end{bmatrix} = \begin{bmatrix} U_{01} - I_{02}R_4 \\ U_{01} - I_{02}(R_4 + R_5) \end{bmatrix} . \qquad (2.147)$$

Einsetzen der Werte:

$$\begin{bmatrix} 40\,\Omega & 20\,\Omega \\ 20\,\Omega & 70\,\Omega \end{bmatrix} \cdot \begin{bmatrix} I_3 \\ I_6 \end{bmatrix} = \begin{bmatrix} 40\,V - 10\,V \\ 40\,V - 40\,V \end{bmatrix} = \begin{bmatrix} 30\,V \\ 0\,V \end{bmatrix} . \tag{2.148}$$

Zur Berechnung der gesuchten Ströme sind drei Determinanten zu bilden:

$$I_3 = \frac{D_1}{D} , \quad I_6 = \frac{D_2}{D} .$$

Determinante D:

$$D = \begin{vmatrix} 40\,\Omega & 20\,\Omega \\ 20\,\Omega & 70\,\Omega \end{vmatrix} = 40\,\Omega \cdot 70\,\Omega - (20\,\Omega)^2 = 2400\,\Omega^2 ;$$

Determinante D_1:

$$D_1 = \begin{vmatrix} 30\,V & 20\,\Omega \\ 0\,V & 70\,\Omega \end{vmatrix} = 30\,V \cdot 70\,\Omega - 0\,V \cdot 20\,\Omega = 2100\,V\,\Omega ;$$

Determinante D_2:

$$D_2 = \begin{vmatrix} 40\,\Omega & 30\,V \\ 20\,\Omega & 0\,V \end{vmatrix} = 40\,\Omega \cdot (0\,V) - 20\,\Omega \cdot 30\,V = -600\,V\,\Omega .$$

Damit werden

$$I_3 = \frac{D_1}{D} = \frac{2100\,V\,\Omega}{2400\,\Omega^2} = \frac{7}{8}\,A = \underline{\underline{0,875\,A}}$$

und

$$I_6 = \frac{D_2}{D} = \frac{-600\,V\,\Omega}{2400\,\Omega^2} = -\frac{1}{4}\,A = \underline{\underline{-0,25\,A}} .$$

2.6.2.2

Gesucht: Die Spannung U_{02} und die Leistung P_{02} der Stromquelle.

Gegeben: Die Ströme $I_{02} = 1\,A$, $I_3 = 0,3\,A$, $I_6 = -0,4\,A$ und alle Widerstände.

Ansatz: Betrachtung der 3. Zeile von Gleichung (2.146) ergibt:

$$R_4 I_3 + (R_4 + R_5) I_6 + (R_2 + R_4 + R_5) I_{02} = U_{02} .$$

Mit Werten:

$$U_{02} = 10\,\Omega \cdot 0,875\,A + 40\,\Omega \cdot (-0,25\,A) + 50\,\Omega \cdot 1\,A = \underline{\underline{48,75\,V}} .$$

Leistung P_{02} der Stromquelle:

$$P_{02} = U_{02}\,I_{02} = 48,75\,V \cdot 1\,A = \underline{\underline{48,75\,W}} .$$

Aufgabe 2.6.3

2.6.3.1

Gesucht: Spannungsquellen ersetzen durch Ersatzstromquellen, Ersatzschaltbild nach der Umformung.

Gegeben: Netzwerk mit Widerständen und zwei realen Spannungsquellen, alle Werte des Netzwerks.

Ansatz: Betrachtung der Spannungsquelle U_{01} (siehe Abbildung 2.22): Kurzschluss-Strom I_{q1} bestimmen durch Kurzschließen von U_{01} und R_2:

$$I_{q1} = U_{01}\, G_2 \ .$$

Bestimmung von R_i: Spannungsquelle kurzschließen und Stromquelle offenlassen

$$R_{i1} = R_2 \ .$$

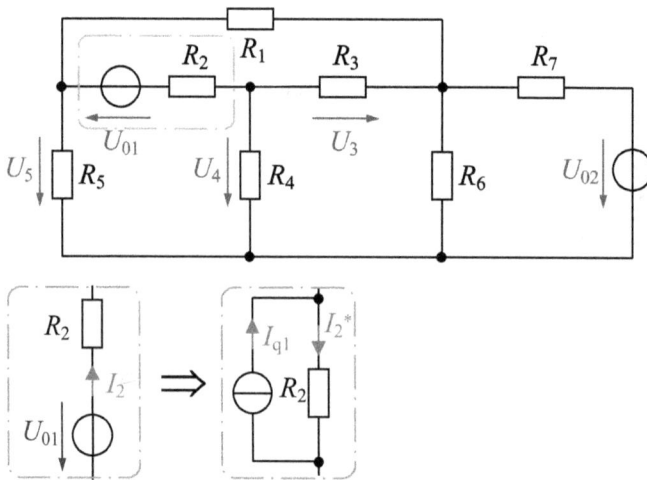

Abb. 2.22: Umwandlung der Spannungsquelle U_{01} in die Ersatzstromquelle I_{q1}.

Nach Einsetzen der Ersatzstromquelle ergibt sich die in Abbildung 2.23 dargestellte Ersatzschaltung.

2.6.3.2

Gesucht: (a) Bezugsknoten und vollständiger Baum zur Bestimmung der gesuchten Spannungen U_3, U_4 und U_5 unter der Randbedingung, dass die Stromquellen in den Verbindungszweigen liegen.

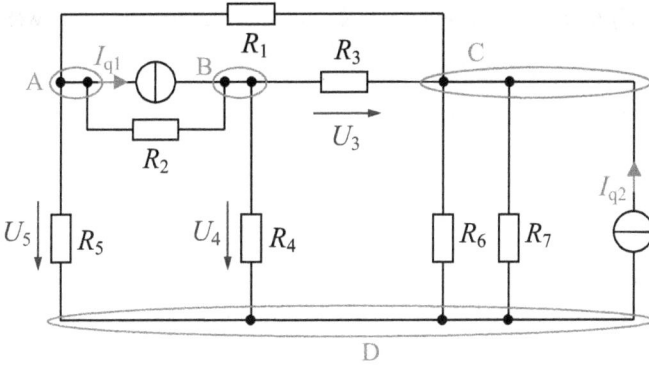

Abb. 2.23: Ersatzschaltung nach Umwandlung der Spannungsquellen in Ersatzstromquellen.

Ansatz: Der Knoten D wird als Bezugsknoten gewählt, und nach Anforderungen der Aufgabenstellung der vollständige Baum in Abbildung 2.24 so eingezeichnet, dass die gesuchten Spannungen möglichst mit den Knotenspannungen übereinstimmen.

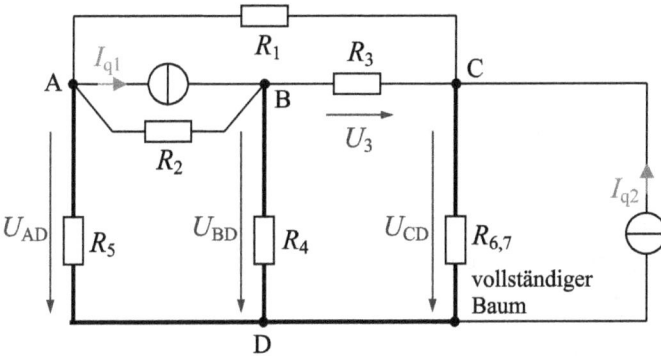

Abb. 2.24: Lineares Netzwerk nach Umzeichnen mit eingetragenem vollständigen Baum und Knotenspannungen.

Gesucht: (b) Beziehungen der unbekannten Knotenspannungen zu den gesuchten Spannungen, eintragen der Knotenspannungen in ESB.

Ansatz: Die Knotenspannungen werden von den anderen Knoten in Richtung des Bezugsknotens eingetragen, hier U_{AD}, U_{BD} und U_{CD} (Abbildung 2.24).

Die gesuchten Spannungen U_4 und U_5 sind identisch mit den Knotenspannungen:

$$U_4 = U_{BD}, \quad U_5 = U_{AD}. \tag{2.149}$$

Die gesuchte Spannung U_3 kann nicht direkt einer Knotenspannung zugeordnet werden. Für sie gilt

$$U_3 = U_{BD} - U_{CD} \, . \tag{2.150}$$

Gesucht: (c) Aufstellen des Gleichungssystems mit den Regeln der Knotenanalyse in Matrix-Schreibweise.

Gegeben: Vollständiger Baum, Bezugsknoten, Namen und Richtungen der unbekannten Knotenspannungen.

Ansatz: Das Gleichungssystem kann als Matrix-Gleichung in der Form

$$[G] \cdot [U] = [I]$$

geschrieben werden. Dabei ist $[G]$ die Leitwertmatrix, $[U]$ der Spannungsvektor mit den unbekannten Knotenspannungen und $[I]$ der Stromvektor mit den bekannten Quellenströmen.

Aufstellen des Spannungsvektors [U]

(gibt die Reihenfolge der Knoten beim Aufstellen der Leitwertmatrix vor) nach folgendem Schema:

$$\begin{matrix} \text{Knoten A:} \\ \text{Knoten B:} \\ \text{Knoten C:} \end{matrix} \begin{bmatrix} U_{AD} \\ U_{BD} \\ U_{CD} \end{bmatrix} \, .$$

Bilden der Leitwert-Matrix [G]

1. Der Knotenleitwert setzt sich zusammen aus der Summe aller Leitwerte, die mit dem betrachteten Knoten verbunden sind:

   Knoten A: $G_A = G_1 + G_2 + G_5$,
   Knoten B: $G_B = G_2 + G_3 + G_4$,
   Knoten C: $G_C = G_1 + G_3 + G_6 + G_7$.

2. Der Kopplungsleitwert (immer negativ) wird gebildet durch die Leitwerte, die benachbarte Knoten verbinden. Knoten, die nicht miteinander verbunden sind, erhalten als Kopplungsleitwert den Wert Null:

   Knoten A nach Knoten B: $G_{AB} = -G_2$,
   Knoten A nach Knoten C: $G_{AC} = -G_1$,
   Knoten B nach Knoten C: $G_{BC} = -G_3$.

   Die Kopplungsleitwerte sind symmetrisch: $G_{ij} = G_{ji}$.

3. Eintragen der Knoten- und Kopplungsleitwerte in die Leitwertmatrix nach folgendem Schema:

$$
\begin{array}{l}
\text{Knoten A:} \\
\text{Knoten B:} \\
\text{Knoten C:}
\end{array}
\begin{bmatrix}
G_A & G_{AB} & G_{AC} \\
G_{BA} & G_B & G_{BC} \\
G_{CA} & G_{CB} & G_C
\end{bmatrix} .
$$

Bilden des Stromvektors [I]
nach folgendem Schema: Ein Element des Vektors ist die Summe aller Quellenströme für den betrachteten Knoten: Dabei werden Ströme, die in den Knoten hineinfließen, positiv und Ströme, die aus dem Knoten fließen, negativ gezählt:

$$
\begin{array}{l}
\text{Knoten A:} \\
\text{Knoten B:} \\
\text{Knoten C:}
\end{array}
\begin{bmatrix}
-I_{q1} \\
I_{q1} \\
I_{q2}
\end{bmatrix} .
$$

Damit entsteht für das gegebene Beispiel in Abbildung 2.24 folgende Matrix-Gleichung

$$
\begin{bmatrix}
G_1 + G_2 + G_5 & -G_2 & -G_1 \\
-G_2 & G_2 + G_3 + G_4 & -G_3 \\
-G_1 & -G_3 & G_1 + G_3 + G_6 + G_7
\end{bmatrix}
\cdot
\begin{bmatrix}
U_{AD} \\
U_{BD} \\
U_{CD}
\end{bmatrix}
=
\begin{bmatrix}
-I_{q1} \\
I_{q1} \\
I_{q2}
\end{bmatrix} . \qquad (2.151)
$$

2.6.3.3
Gesucht: Lösung des zuvor aufgestellten Gleichungssystems mit den Werten

$$
G_1 \dots G_7 = G .
$$

Ansatz: Einsetzen der gegebenen Werte in die Matrix-Gleichung

$$
\begin{bmatrix}
3G & -G & -G \\
-G & 3G & -G \\
-G & -G & 4G
\end{bmatrix}
\cdot
\begin{bmatrix}
U_{AD} \\
U_{BD} \\
U_{CD}
\end{bmatrix}
=
\begin{bmatrix}
-I_{q1} \\
I_{q1} \\
I_{q2}
\end{bmatrix}
$$

und lösen des GLS. Hier beispielsweise mit dem Additionsverfahren. Abschließend werden die gesuchten Spannungen berechnet.

1. Schritt: U_{CD} eliminieren: 1. Zeile $\times (-1)$ plus 2. Zeile

$$
\begin{array}{rrr|r}
-3G & G & G & I_{q1} \\
+ \quad -G & 3G & -G & I_{q1} \\
\hline
= \quad -4G & 4G & 0 & 2I_{q1}
\end{array}
$$

2. Zeile ×4 plus 3. Zeile

$$
\begin{array}{rrr|r}
-4G & 12G & -4G & 4I_{q1} \\
+ \quad -G & -G & 4G & I_{q2} \\
\hline
= \quad -5G & 11G & 0 & 4I_{q1} + I_{q2}
\end{array}
$$

Neues Schema für U_{AD} und U_{BD}

$$
\begin{array}{cc|c}
U_{AD} & U_{BD} & \\
\hline
-4G & 4G & 2I_{q1} \\
-5G & 11G & 4I_{q1} + I_{q2}
\end{array}
$$

2. Schritt: U_{AD} eliminieren: 1. Zeile ×(−5) plus 2. Zeile ×4

$$
\begin{array}{rr|r}
20G & -20G & -10I_{q1} \\
+ \quad -20G & 44G & 16I_{q1} + 4I_{q2} \\
\hline
= \qquad 0 & 24G & 6I_{q1} + 4I_{q2}
\end{array}
\qquad \Rightarrow \qquad U_{BD} = \frac{3I_{q1} + 2I_{q2}}{12G} \; .
$$

3. Schritt: Bestimmen von U_{AD} mit 1. Zeile

$$
-4G\, U_{AD} + 4G \cdot \frac{3I_{q1} + 2I_{q2}}{12G} = 2I_{q1}
$$

$$
\Rightarrow \quad U_{AD} = \frac{6I_{q1} - (3I_{q1} + 2I_{q2})}{-12G} = \frac{-3I_{q1} + 2I_{q2}}{12G} \; .
$$

4. Schritt: Bestimmen von U_{CD} mit 3. Zeile des GLS

$$
-G \cdot \frac{-3I_{q1} + 2I_{q2}}{12G} - G \cdot \frac{3I_{q1} + 2I_{q2}}{12G} + 4G \cdot U_{CD} = I_{q2}
$$

$$
\frac{3I_{q1} - 2I_{q2} - 3I_{q1} - 2I_{q2} - 12I_{q2}}{12} = -4G \cdot U_{CD}
$$

$$
\Rightarrow \quad U_{CD} = \frac{-I_{q2} - 3\,I_{q2}}{-3 \cdot 4G} = \frac{4\,I_{q2}}{12G} = \frac{I_{q2}}{3G} \; .
$$

Werte mit Spannungen U_{01} und U_{02}:

$$
U_{AD} = \frac{-3I_{q1} + 2I_{q2}}{12G} = \frac{-3U_{01} \cdot G + 2U_{02} \cdot G}{12G} = \frac{-3U_{01} + 2U_{02}}{12} \; ,
$$

$$
U_{BD} = \frac{3I_{q1} + 2I_{q2}}{12G} = \frac{3U_{01} \cdot G + 2U_{02} \cdot G}{12G} = \frac{3U_{01} + 2U_{02}}{12} \; ,
$$

$$
U_{CD} = \frac{I_{q2}}{3G} = \frac{U_{02} \cdot G}{3G} = \frac{U_{02}}{3} \; .
$$

Gesuchte Spannungen:

$$U_4 = U_{BD} = \frac{3U_{01} + 2U_{02}}{12} \,,$$

$$U_5 = U_{AD} = \frac{-3U_{01} + 2U_{02}}{12} \,,$$

$$U_3 = U_{BD} - U_{CD} = \frac{3U_{01} + 2U_{02}}{12} - \frac{U_{02}}{3} = \frac{3U_{01} - 2U_{02}}{12} \,.$$

Aufgabe 2.6.4

2.6.4.1

Gesucht: Umlauf- und Knotengleichungen, Gleichungssystem zur Bestimmung der beiden gesuchten Ströme I_1 und I_3.

Gegeben: Alle Widerstände, Quellenströme, Quellenspannung.

Ansatz: Stromquellen schließen eigentlich keinen Stromkreis (Widerstand der idealen Stromquelle ist unendlich!). Sie können auch durch eingeprägte Ströme dargestellt werden, die in einen Großknoten hinein und wieder hinaus fließen. Die beiden theoretisch zusätzlich möglichen Umlaufgleichungen liefern zur Lösung der Aufgabe keine neuen Informationen.

Das Umzeichnen des Netzwerks ergibt die Schaltung in Abbildung 2.25. Zusätzlich sind die gewählten Umläufe eingetragen.

Es verbleiben damit zwei Umläufe

$$0 = I_1 R_1 - I_2 R_2 - I_3 R_3 + U_{01} \,, \tag{2.152}$$

$$0 = -U_{01} + I_3 R_3 - I_4 R_4 + I_5 R_5 \,. \tag{2.153}$$

Für das Aufstellen der Knotengleichungen werden die Knoten A, C und D betrachtet:

$$0 = I_1 - I_{01} + I_2 \,, \tag{2.154}$$

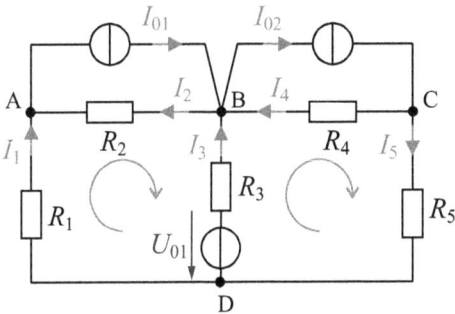

Abb. 2.25: Lineares Netzwerk nach Umzeichnen, mit eingetragenem Umlaufsinn.

$$0 = I_{02} - I_4 - I_5 \,, \tag{2.155}$$

$$0 = I_5 - I_3 - I_1 \,. \tag{2.156}$$

Es ergeben sich fünf Gleichungen für fünf unbekannte Ströme. Ziel: die oberen Gleichungen so umzuformen, dass zwei linear unabhängige Gleichungen übrig bleiben, mit denen die gesuchten Ströme I_1 und I_3 bestimmt werden können.

$\Rightarrow$ Ersetzen der Ströme I_2, I_4 und I_5 in den Umlaufgleichungen.

Mit (2.154):

$$I_2 = I_{01} - I_1 \tag{2.157}$$

in (2.152):

$$I_1 R_1 - (I_{01} - I_1) R_2 - I_3 R_3 + U_{01} = 0$$
$$I_1 (R_1 + R_2) - I_3 R_3 = I_{01} R_2 - U_{01} \tag{2.158}$$

Mit (2.155) und (2.156):

$$I_4 = I_{02} - I_5 \tag{2.159}$$

$$I_5 = I_1 + I_3 \quad \Rightarrow \quad I_4 = I_{02} - I_1 - I_3 \tag{2.160}$$

in (2.153):

$$I_3 R_3 - (I_{02} - I_1 - I_3) R_4 + (I_1 + I_3) R_5 - U_{01} = 0$$
$$I_1 (R_4 + R_5) + I_3 (R_3 + R_4 + R_5) = U_{01} + I_{02} R_4 \,. \tag{2.161}$$

Aus (2.158) und (2.161) kann ein zweidimensionales lineares Gleichungssystem gebildet werden

$$\begin{bmatrix} R_1 + R_2 & -R_3 \\ R_4 + R_5 & R_3 + R_4 + R_5 \end{bmatrix} \cdot \begin{bmatrix} I_1 \\ I_3 \end{bmatrix} = \begin{bmatrix} I_{01} R_2 - U_{01} \\ U_{01} + I_{02} R_4 \end{bmatrix} \,. \tag{2.162}$$

2.6.4.2

Gesucht: Stromquellen ersetzen durch Ersatzspannungsquellen.

Ansatz: Betrachtung der Stromquelle I_{01} (siehe Abbildung 2.26):

Leerlaufspannung U_{q1}:

$$U_{q1} = I_{01} R_2 \,.$$

Analog:

$$U_{q2} = I_{02} R_4 \,, \quad R_{i2} = R_4 \,.$$

Bestimmung von R_i: Stromquellen offen lassen, Spannungsquellen kurzschließen:

$$R_{i1} = R_2 \,.$$

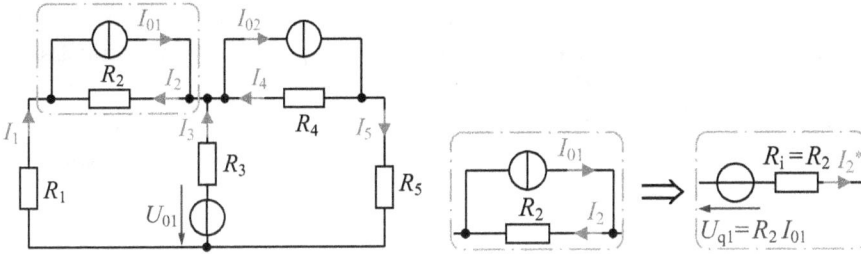

Abb. 2.26: Umwandlung der Stromquelle I_{01} in die Ersatzspannungsquelle U_{q1}.

Gesucht: Ersatzschaltbild mit Ersatzspannungsquellen mit vollständigem Baum derart, dass die gesuchten Ströme I_1 und I_3 unabhängige Ströme sind.

Ansatz: Es verbleibt eine Schaltung mit zwei Maschen (siehe Abbildung 2.27). Damit die Ströme I_1 und I_3 unabhängige Ströme sind, muss der vollständige Baum so gewählt werden, dass I_1 und I_3 in den Nebenzweigen liegen. Gleichzeitig bestimmen die Richtungen der unabhängigen Ströme den Umlaufsinn für das Aufstellen der Umlaufgleichungen.

Gesucht: Anwenden der Umlaufanalyse zum Aufstellen der Matrix-Gleichung für die Bestimmung von I_1 und I_3.

Ansatz: Die unabhängigen Ströme I_1 und I_3 zusammen mit dem in Abbildung 2.27 eingetragenen, vollständigen Baum bestimmen das Vorgehen bei der Umlaufanalyse.

Für jeden Umlauf gibt es einen sogenannten Umlaufwiderstand, der jeweils in die Hauptdiagonale eingetragen wird.

Der Strom I_1 fließt wie in Abbildung 2.27 eingezeichnet über die Widerstände R_1, R_2, R_4 und R_5. Die Summe dieser Widerstände bildet das erste Element der Hauptdiagonale in der Widerstandsmatrix. Der Strom I_3 fließt über die Widerstände R_3, R_4 und R_5; diese bilden das zweite Element der Hauptdiagonale.

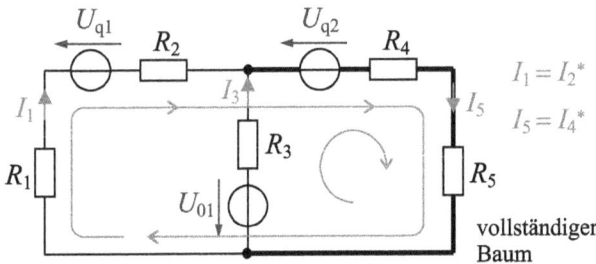

Abb. 2.27: ESB mit Ersatzspannungsquellen und vollständigem Baum.

Aufgrund des vorgegebenen vollständigen Baums liegen im Baumzweig die Kopplungs-widerstände R_4 und R_5. Sie bilden die Nebendiagonale der Widerstandsmatrix. Da die Kopplungswiderstände von beiden unabhängigen Strömen durchflossen werden, sind die Elemente der Nebendiagonalen symmetrisch zur Hauptdiagonalen angeordnet. Ist der Umlaufsinn beider Ströme in den Kopplungswiderständen gleich, bekommen sie ein positives Vorzeichen.

Die Quellenspannungen, die im jeweiligen Umlauf liegen, bilden den Spannungs-vektor des Gleichungssystems. Sie werden positiv eingetragen, wenn sie gegen den Umlaufsinn gerichtet sind und negativ, wenn sie die selbe Richtung haben.

Hiermit ergibt sich das Gleichungssssystem

$$\begin{bmatrix} R_1 + R_2 + R_4 + R_5 & R_4 + R_5 \\ R_4 + R_5 & R_3 + R_4 + R_5 \end{bmatrix} \cdot \begin{bmatrix} I_1 \\ I_3 \end{bmatrix} = \begin{bmatrix} U_{q1} + U_{q2} \\ U_{01} + U_{q2} \end{bmatrix} . \tag{2.163}$$

2.6.4.3

Gesucht: Ströme I_1 und I_3 fürdie gegebenen Werte.

Gegeben: $R_1 = R_2 = R_3 = R_4 = R_5 = R$; $U_{01} = I_0 R$; $I_{01} = I_0$; $I_{02} = 2\,I_0$.

Ansatz: Einsetzen der gegebenen Werte in die zuvor aufgestellte Matrixgleichung

$$\begin{bmatrix} 4R & 2R \\ 2R & 3R \end{bmatrix} \cdot \begin{bmatrix} I_1 \\ I_3 \end{bmatrix} = \begin{bmatrix} I_0 R + 2 I_0 R \\ I_0 R + 2 I_0 R \end{bmatrix} = \begin{bmatrix} 3 I_0 R \\ 3 I_0 R \end{bmatrix} .$$

$$I_1 = \frac{\begin{vmatrix} 3 I_0 R & 2R \\ 3 I_0 R & 3R \end{vmatrix}}{\begin{vmatrix} 4R & 2R \\ 2R & 3R \end{vmatrix}} = \frac{3 I_0 R \cdot 3R - 3 I_0 R \cdot 2R}{4R \cdot 3R - (2R)^2} = \frac{3 I_0 R^2}{8 R^2} = \underline{\underline{\frac{3}{8} I_0}} .$$

$$I_3 = \frac{\begin{vmatrix} 4R & 3 I_0 R \\ 2R & 3 I_0 R \end{vmatrix}}{\begin{vmatrix} 4R & 2R \\ 2R & 3R \end{vmatrix}} = \frac{3 I_0 R \cdot 4R - 3 I_0 R \cdot 2R}{4R \cdot 3R - (2R)^2} = \frac{6 I_0 R^2}{8 R^2} = \underline{\underline{\frac{3}{4} I_0}} .$$

Aufgabe 2.6.5

2.6.5.1

Gesucht: Spannungsquellen ersetzen durch Ersatzstromquellen, Ersatzschaltbild nach der Umformung.

Ansatz: Betrachtung von Spannungsquelle U_{01} und Widerstand R_1:
Kurzschluss-Strom I_{q1} bestimmen durch Kurzschließen von U_{01} und R_1:

$$I_{q1} = U_{01}\, G_1 .$$

Bestimmung von R_1: Spannungsquelle kurzschließen und Stromquelle offenlassen

$$R_{i1} = R_1 \ .$$

Analog:

$$R_{i2} = R_2 \ , \quad I_{q2} = U_{02}\, G_2 \ ,$$
$$R_{i3} = R_7 \ , \quad I_{q3} = U_{03}\, G_7 \ .$$

Zusammengefasst werden können die Leitwerte

$$G_{1,3} = G_1 + G_3 \ , \quad G_{2,4} = G_2 + G_4 \ , \quad G_{7-9} = G_7 + \frac{1}{R_8 + R_9} \ .$$

Nach einsetzen der drei Ersatzstromquellen ergibt sich die Ersatzschaltung in Abbildung 2.28.

Gesucht: Bezugsknoten und vollständiger Baum.

Ansatz: C wird als Bezugsknoten gewählt, die beiden gesuchten Spannungen U_3 und U_4 liegen in Baumzweigen. Um einen vollständigen Baum zu erstellen müssen zusätzlich zwei Verbindungsleitwerte mit dem Wert $G = 0$ eingetragen werden. Siehe hierzu Abbildung 2.28.

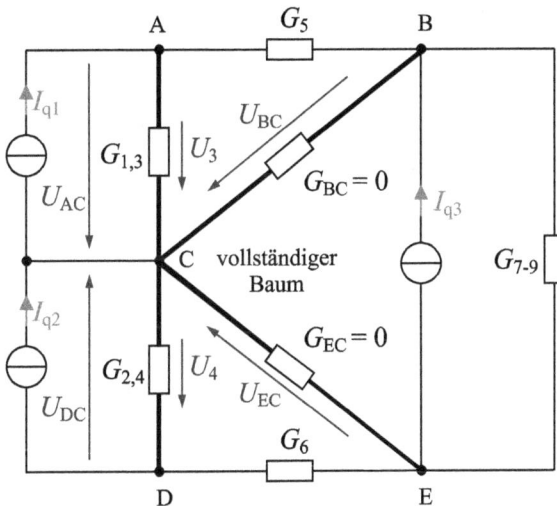

Abb. 2.28: Ersatzschaltung nach Umwandlung der Spannungsquellen in Ersatzstromquellen und Zusammenfassen von Leitwerten.

Gesucht: Beziehungen der unbekannten Knotenspannungen zu den gesuchten Spannungen, Eintragen der Knotenspannungen in das ESB.

Ansatz: Die Knotenspannungen werden von den anderen Knoten in Richtung des Bezugsknotens eingetragen, hier U_{AC}, U_{BC}, U_{DC} und U_{EC} (Abbildung 2.28).

Die gesuchten Spannungen U_3 und U_4 liegen in den Baumzweigen:

$$U_3 = U_{AC}, \quad U_4 = -U_{DC}. \tag{2.164}$$

Die gesuchte Spannung U_7 kann nicht direkt einer Knotenspannung zugeordnet werden. Sie taucht nach der Umwandlung von U_{03} in eine Ersatzstromquelle und dem Zusammenfassen der Leitwerte G_7, G_8 und G_9 nicht mehr auf. Für sie gilt nach Abbildung 2.23 auf Seite 19 und Abbildung 2.28

$$U_7 = U_{EC} - U_{BC} + U_{03}. \tag{2.165}$$

Gesucht: Aufstellen des Gleichungssystems mit den Regeln der Knotenanalyse in Matrix-Schreibweise.

Gegeben: Vollständiger Baum, Bezugsknoten, Namen und Richtungen der unbekannten Knotenspannungen.

Ansatz: Das Gleichungssystem kann als Matrix-Gleichung in der Form

$$[G] \cdot \{U\} = \{I_q\}$$

geschrieben werden. Dabei ist $[G]$ die Leitwertmatrix, $\{U\}$ der Spannungsvektor mit den unbekannten Knotenspannungen und $\{I_q\}$ der Stromvektor mit den bekannten Quellenströmen.

$$\begin{bmatrix} G_{1,3} + G_5 & -G_5 & 0 & 0 \\ -G_5 & G_5 + G_{7,9} & 0 & -G_{7-9} \\ 0 & 0 & G_{2,4} + G_6 & -G_6 \\ 0 & -G_{7-9} & -G_6 & G_6 + G_{7-9} \end{bmatrix} \cdot \begin{bmatrix} U_{AC} \\ U_{BC} \\ U_{DC} \\ U_{EC} \end{bmatrix} = \begin{bmatrix} I_{q1} \\ I_{q3} \\ -I_{q2} \\ -I_{q3} \end{bmatrix}. \tag{2.166}$$

2.6.5.2

Mit den gegebenen Werten lässt sich das folgende Schema aufstellen

U_{AC}	U_{BC}	U_{DC}	U_{EC}	
$\frac{3}{2}G$	$-G$	0	0	$U_0 G$
$-G$	$\frac{3}{2}G$	0	$-\frac{1}{2}G$	$\frac{1}{4}U_0 G$
0	0	$\frac{3}{2}G$	$-G$	$-\frac{1}{2}U_0 G$
0	$-\frac{1}{2}G$	$-G$	$\frac{3}{2}G$	$-\frac{1}{4}U_0 G$

(2.167)

1. Schritt: Elimination der Variable U_{AC}: 1. Zeile $\times$ 2 + 2. Zeile $\times$ 3

$$
\begin{array}{c}
 \quad 3G \quad -2G \quad 0 \qquad 0 \ \Big| \ 2U_0G \\
+ \quad -3G \quad \frac{9}{2}G \quad 0 \quad -\frac{3}{2}G \ \Big| \ \frac{3}{4}U_0G \\
\hline
= \qquad 0 \quad \ \ \frac{5}{2}G \quad 0 \quad -\frac{3}{2}G \ \Big| \ \frac{11}{4}U_0G
\end{array} \tag{2.168}
$$

2. Schritt: Elimination der Variable U_{BC}: Ergebnis von (2.168) + 4. Zeile von (2.167) $\times$ 5

$$
\begin{array}{c}
 \quad 0 \quad \ \frac{5}{2}G \qquad 0 \quad -\frac{3}{2}G \ \Big| \ \frac{11}{4}U_0G \\
+ \quad 0 \quad -\frac{5}{2}G \quad -5G \quad \frac{15}{2}G \ \Big| \ -\frac{5}{4}U_0G \\
\hline
= \quad 0 \qquad 0 \quad -5G \quad 6G \ \Big| \ \frac{3}{2}U_0G
\end{array} \tag{2.169}
$$

3. Schritt: Elimination der Variable U_{DC}: Ergebnis von (2.169)$\times$3 + 3. Zeile von (2.167)$\times$10

$$
\begin{array}{c}
 \quad 0 \quad 0 \quad -15G \quad 18G \ \Big| \ \frac{9}{2}U_0G \\
+ \quad 0 \quad 0 \quad \ \ 15G \quad -10G \ \Big| \ -\frac{10}{2}U_0G \\
\hline
= \quad 0 \quad 0 \qquad 0 \quad \ \ 8G \ \Big| \ -\frac{1}{2}U_0G
\end{array} \tag{2.170}
$$

Damit ergibt sich

$$
8G \cdot U_{EC} = -\frac{1}{2}U_0G \quad \Rightarrow \quad U_{EC} = -\frac{1}{16}U_0 \, .
$$

Unter Verwendung von (2.169)

$$
-5G \cdot U_{DC} + 6G \cdot \left(-\frac{1}{16}U_0\right) = \frac{3}{2}U_0G
$$

$$
\Rightarrow \quad U_{DC} = \left(\frac{3}{2} + \frac{3}{8}\right)U_0 \cdot \frac{-1}{5} = -\frac{3}{8}U_0 \, .
$$

Unter Verwendung von (2.168)

$$
\frac{5}{2}G \cdot U_{BC} - \frac{3}{2}G \cdot \left(-\frac{1}{16}U_0\right) = \frac{11}{4}U_0G
$$

$$
\Rightarrow \quad U_{BC} = \left(\frac{11}{4} - \frac{3}{32}\right)U_0 \cdot \frac{2}{5} = \frac{17}{16}U_0 \, .
$$

Unter Verwendung der 1. Zeile von (2.167)

$$
\frac{3}{2}G \cdot U_{AC} - G \cdot \frac{17}{16}U_0 = U_0G \quad \Rightarrow \quad U_{AC} = \left(1 + \frac{17}{16}\right)U_0 \cdot \frac{2}{3} = \frac{11}{8}U_0 \, .
$$

Aufgabe 2.6.6

Gesucht: Vollständiges Gleichungssystem zur Berechnung der Ströme I_1, I_2 und I_6 in allgemeiner Form, der Wert des Stroms I_6.

Ansatz: Eintragen des vollständigen Baums. Wahl der Baumzweige so, dass die Ströme I_1, I_2 und I_6 in Verbindungszweigen liegen und damit zu unabhängigen Strömen werden. Festlegen der Umläufe wie in Abbildung 2.29 gezeigt.

Aufstellen des Gleichungssystems mit Hilfe der Umlaufanalyse

(a) Abkürzungen: $R_{4-7} = R_4 + R_5 + R_6 + R_7$, $R_{4-6} = R_4 + R_5 + R_6$

$$
\begin{bmatrix}
R_2 + R_4 & 0 & R_4 & R_4 \\
0 & R_1 + R_3 & -R_1 & -R_1 \\
R_4 & -R_1 & R_1 + R_{4-7} & R_1 + R_{4-6} \\
R_4 & -R_1 & R_1 + R_{4-6} & R_1 + R_{4-6} + R_8 + R_9
\end{bmatrix}
\cdot
\begin{bmatrix}
I_2 \\
I_3 \\
I_7 \\
I_8
\end{bmatrix}
$$

$$
=
\begin{bmatrix}
U_{02} \\
U_{01} \\
-U_{01} + U_{03} \\
-U_{01}
\end{bmatrix}
. \quad (2.171)
$$

(b) Abkürzungen: $R_{4-6} = R_4 + R_5 + R_6$, $R_{7-9} = R_7 + R_8 + R_9$

$$
\begin{bmatrix}
R_2 + R_4 & 0 & -R_4 & 0 \\
0 & R_1 + R_3 & R_1 & 0 \\
-R_4 & R_1 & R_1 + R_{4-6} + R_8 + R_9 & R_8 + R_9 \\
0 & 0 & R_8 + R_9 & R_{7-9}
\end{bmatrix}
\cdot
\begin{bmatrix}
I_2 \\
I_3 \\
I_5 \\
I_7
\end{bmatrix}
=
\begin{bmatrix}
U_{02} \\
U_{01} \\
U_{01} \\
U_{03}
\end{bmatrix}
. \quad (2.172)
$$

Zusatzaufgabe

Mit den gegebenen Werten lässt sich für (a) folgendes Schema aufstellen

I_2	I_3	I_7	I_8	
$8R$	0	$4R$	$4R$	$2U_0$
0	$8R$	$-4R$	$-4R$	$4U_0$
$4R$	$-4R$	$14R$	$10R$	$-3U_0$
$4R$	$-4R$	$10R$	$14R$	$-4U_0$

(2.173)

1. Schritt: Elimination der Variable I_3: 2. Zeile + 3. Zeile + 4. Zeile

		0	$8R$	$-4R$	$-4R$	$4U_0$
+		$4R$	$-4R$	$14R$	$10R$	$-3U_0$
+		$4R$	$-4R$	$10R$	$14R$	$-4U_0$
=		$8R$	0	$20R$	$20R$	$-3U_0$

(2.174)

2. Schritt: Elimination der Variable I_2: 1. Zeile von (2.173) + (2.174) × (−1)

$$
\begin{array}{c}
\begin{array}{ccccc}
8R & 0 & 4R & 4R & 2U_0 \\
\end{array} \\
+ \begin{array}{ccccc}
-8R & 0 & -20R & -20R & 3U_0 \\
\end{array} \\
\hline
= \begin{array}{ccccc}
0 & 0 & -16R & -16R & 5U_0 \\
\end{array}
\end{array}
\tag{2.175}
$$

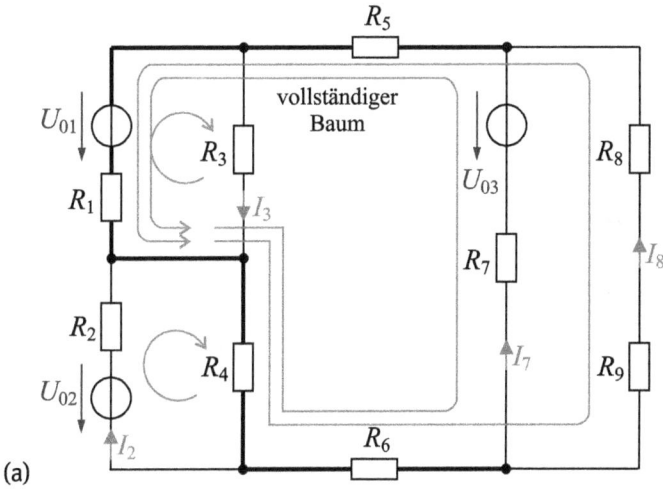

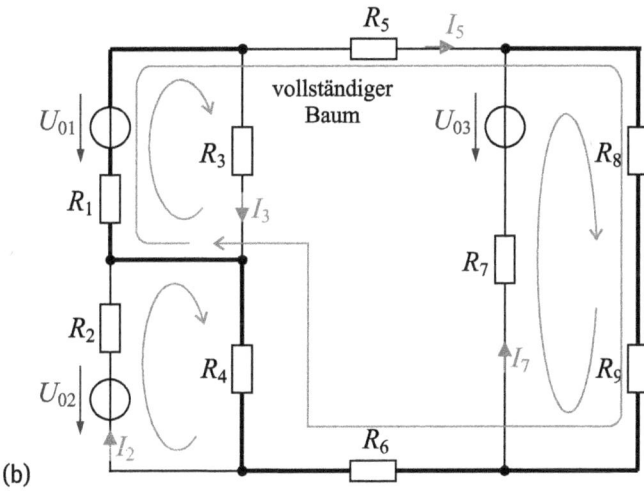

Abb. 2.29: Zwei Möglichkeiten für den vollständigen Baum und zugehörige Umläufe.

3. Zeile von (2.173) + 4. Zeile von (2.173) × (−1)

$$
\begin{array}{cccc|c}
4R & -4R & 14R & 10R & -3U_0 \\
+ \quad -4R & 4R & -10R & -14R & 4U_0 \\
\hline
= \quad 0 & 0 & 4R & -4R & U_0
\end{array}
\qquad (2.176)
$$

3. Schritt: Elimination der Variable I_7: (2.175) + (2.176) × 4

$$
\begin{array}{cccc|c}
0 & 0 & -16R & -16R & 5U_0 \\
+ \quad 0 & 0 & 16R & -16R & 4U_0 \\
\hline
= \quad 0 & 0 & 0 & -32R & 9U_0
\end{array}
\qquad (2.177)
$$

Damit ergibt sich

$$
-32R \cdot I_8 = 9U_0 \quad \Rightarrow \quad I_8 = -\frac{9U_0}{32R} .
$$

Unter Verwendung von (2.176)

$$
4R \cdot I_7 - 4R \cdot \left(-\frac{9U_0}{32R}\right) = U_0 \quad \Rightarrow \quad I_7 = \left(1 - \frac{9}{8}\right) U_0 \cdot \frac{1}{4R} = -\frac{1U_0}{32R} .
$$

Mit der 2. Zeile von (2.173) wird

$$
8R \cdot I_3 - 4R \cdot \left(-\frac{1U_0}{32R}\right) - 4R \cdot \left(-\frac{9U_0}{32R}\right) = 4U_0
$$

$$
\Rightarrow \quad I_3 = \left(4 - \frac{1}{8} - \frac{9}{8}\right) U_0 \cdot \frac{1}{8R} = \frac{11U_0}{32R}
$$

und mit der 1. Zeile von (2.173) wird

$$
8R \cdot I_2 + 4R \cdot \left(-\frac{1U_0}{32R}\right) + 4R \cdot \left(-\frac{9U_0}{32R}\right) = 2U_0
$$

$$
\Rightarrow \quad I_2 = \left(2 + \frac{1}{8} + \frac{9}{8}\right) U_0 \cdot \frac{1}{8R} = \frac{13U_0}{32R} .
$$

Mit den gegebenen Werten lässt sich für (b) das folgende Schema aufstellen

$$
\begin{array}{cccc|c}
I_2 & I_3 & I_5 & I_7 & \\
\hline
8R & 0 & -4R & 0 & 2U_0 \\
0 & 8R & 4R & 0 & 4U_0 \\
-4R & 4R & 14R & 4R & 4U_0 \\
0 & 0 & 4R & 8R & U_0
\end{array}
\qquad (2.178)
$$

1. Schritt: Elimination der Variable I_2: 1. Zeile + 3. Zeile

$$
\begin{array}{rrrrr|r}
 & 8R & 0 & -4R & 0 & 2U_0 \\
+ & -8R & 8R & 28R & 8R & 8U_0 \\
\hline
= & 0 & 8R & 24R & 8R & 10U_0
\end{array}
\tag{2.179}
$$

2. Schritt: Elimination der Variable I_3: 2. Zeile von (2.178) + (2.179) × (−1)

$$
\begin{array}{rrrrr|r}
 & 0 & 8R & 4R & 0 & 4U_0 \\
+ & 0 & -8R & -24R & -8R & -10U_0 \\
\hline
= & 0 & 0 & -20R & -8R & -6U_0
\end{array}
\tag{2.180}
$$

3. Schritt: Elimination der Variable I_7: 4. Zeile von (2.178) + Ergebnis von (2.180)

$$
\begin{array}{rrrrr|r}
 & 0 & 0 & 4R & 8R & U_0 \\
+ & 0 & 0 & -20R & -8R & -6U_0 \\
\hline
= & 0 & 0 & -16R & 0 & -5U_0
\end{array}
\tag{2.181}
$$

Damit ergibt sich

$$
-16R \cdot I_5 = -5U_0 \quad \Rightarrow \quad I_5 = \underline{\underline{\frac{5U_0}{16R}}} \, .
$$

Unter Verwendung der 4. Zeile von (2.178)

$$
4R \cdot \left(\frac{5U_0}{16R}\right) + 8R \cdot I_7 = U_0 \quad \Rightarrow \quad I_7 = \left(1 - \frac{5}{4}\right) U_0 \cdot \frac{1}{8R} = \underline{\underline{-\frac{1U_0}{32R}}} \, .
$$

Mit der 2. Zeile von (2.178) wird

$$
8R \cdot I_3 + 4R \cdot \left(\frac{5U_0}{16R}\right) = 4U_0 \quad \Rightarrow \quad I_3 = \left(4 - \frac{5}{4}\right) U_0 \cdot \frac{1}{8R} = \underline{\underline{\frac{11U_0}{32R}}}
$$

und mit der 1. Zeile von (2.178) wird

$$
8R \cdot I_2 - 4R \cdot \left(\frac{5U_0}{16R}\right) = 2U_0 \quad \Rightarrow \quad I_2 = \left(2 + \frac{5}{4}\right) U_0 \cdot \frac{1}{8R} = \underline{\underline{\frac{13U_0}{32R}}} \, .
$$

Aufgabe 2.6.7

2.6.7.1

Gesucht: Ersatzstromquelle als Ersatz der Spannungsquelle, sowie Ersatzschaltbild nach der Umformung.

Ansatz: Betrachtung der Spannungsquelle U_{01} (siehe Abbildung 2.30): Kurzschlussstrom I_{q1} bestimmen durch Kurzschließen der Reihenschaltung von U_{01} und R_3:

$$I_{q1} = U_{01} G_3 \ .$$

Bestimmung von R_i: Spannungsquelle kurzschließen und Stromquelle offenlassen

$$R_{i1} = R_3 \ .$$

Nach einsetzen der Ersatzstromquelle ergibt sich die in Abbildung 2.31 dargestellte Ersatzschaltung. Die Spannung U_3 an R_3 wurde ersetzt durch die Spannung U_3^*, gleiches gilt für den Strom I_3. Hierbei ist unbedingt zu beachten:

$$U_3 \neq U_3^* = I_3^* R_3 = U_{01} - U_3 \ , \quad I_3 \neq I_3^* = I_{q1} - I_3 \ ! \tag{2.182}$$

2.6.7.2

Gesucht: Bezugsknoten und vollständiger Baum derart, dass die gesuchten Spannungen U_2, U_3^* und U_4 sowie die Stromquellen in den Baumzweigen liegen.

Ansatz: Als Bezug wird Knoten B gewählt, und nach Anforderungen der Aufgabenstellung der vollständige Baum in Abbildung 2.32 so eingezeichnet, dass die gesuchten Spannungen bis auf ihre Richtung identisch mit den Knotenspannungen sind.

Gesucht: Beziehungen der unbekannten Knotenspannungen zu den gesuchten Spannungen, eintragen der Knotenspannungen in das ESB.

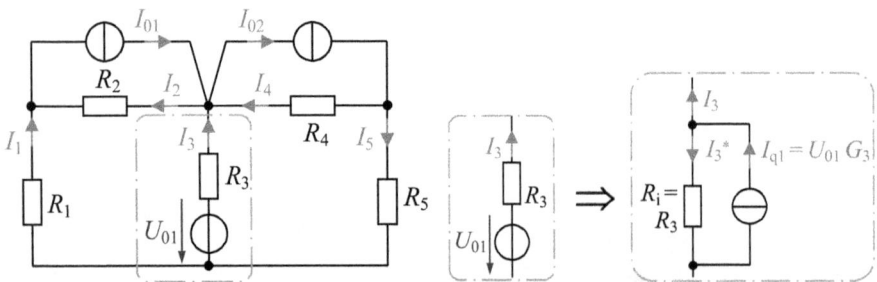

Abb. 2.30: Umwandlung der Spannungsquelle U_{01} in die Ersatzstromquelle I_{q1}.

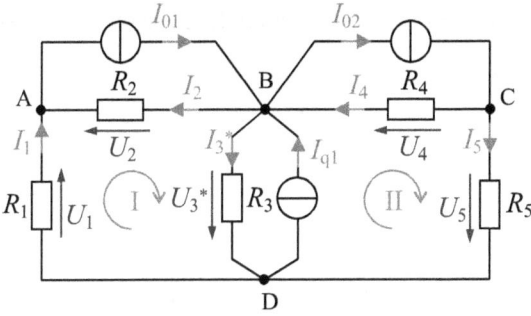

Abb. 2.31: Ersatzschaltung nach Umwandlung der Spannungsquelle U_{01} in die Ersatzstromquelle I_{q1}.

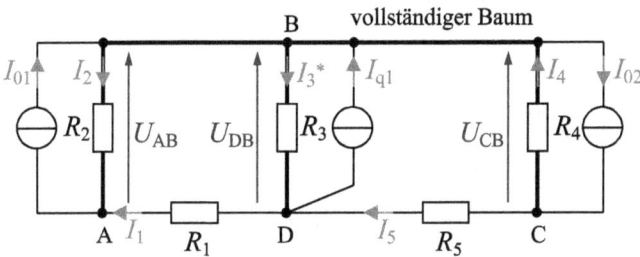

Abb. 2.32: Lineares Netzwerk mit eingetragenem vollständigen Baum und Knotenspannungen.

Ansatz: Die Knotenspannungen werden von den anderen Knoten in Richtung des Bezugsknotens eingetragen, hier U_{AB}, U_{DB} und U_{CB} (Abbildung 2.32).

Es gelten die folgenden Beziehungen zu den gesuchten Spannungen:

$$U_2 = -U_{AB}, \quad U_3^* = -U_{DB}, \quad U_4 = U_{CB}. \tag{2.183}$$

Gesucht: Aufstellen des Gleichungssystems mit den Regeln der Knotenanalyse in Matrix-Schreibweise.

Gegeben: Vollständiger Baum, Bezugsknoten, Namen und Richtungen der unbekannten Knotenspannungen.

Ansatz: Das Gleichungssystem kann als Matrix-Gleichung in der Form

$$[G] \cdot [U] = [I]$$

geschrieben werden. Dabei ist $[G]$ die Leitwertmatrix, $[U]$ der Spannungsvektor mit den unbekannten Knotenspannungen und $[I]$ der Stromvektor mit den bekannten Quellenströmen.

Für das Netzwerk in Abbildung 2.32 kann mit der Knotenanalyse folgende Matrix-Gleichung aufgestellt werden:

$$\begin{bmatrix} G_1 + G_2 & -G_1 & 0 \\ -G_1 & G_1 + G_3 + G_5 & -G_5 \\ 0 & -G_5 & G_4 + G_5 \end{bmatrix} \cdot \begin{bmatrix} U_{AB} \\ U_{DB} \\ U_{CB} \end{bmatrix} = \begin{bmatrix} -I_{01} \\ -I_{q1} \\ I_{02} \end{bmatrix} . \tag{2.184}$$

2.6.7.3

Gesucht: Lösung des zuvor aufgestellten Gleichungssystems für U_3^* mit den Werten

$$G_1 = G_2 = G_3 = G_4 = G_5 = G; \quad U_{01} = I_0\,R; \quad I_{01} = I_0; \quad I_{02} = 2\,I_0$$

durch Anwendung der Cramer'schen Regel zur Lösung von Gleichungssystemen.

Ansatz: Einsetzen der gegebenen Werte in die Matrix-Gleichung

$$\begin{bmatrix} 2G & -G & 0 \\ -G & 3G & -G \\ 0 & -G & 2G \end{bmatrix} \cdot \begin{bmatrix} U_{AB} \\ U_{DB} \\ U_{CB} \end{bmatrix} = \begin{bmatrix} -I_0 \\ -I_0 \\ 2I_0 \end{bmatrix}$$

und lösen des GLS mit Hilfe der Cramer'schen Regel. Dazu werden zunächst zwei Determinanten gebildet: Die Determinante der Leitwerte D und die Determinante D_2 zur Berechnung der Knotenspannung $U_{DB} = -U_3^*$. Es wird dann

$$U_{DB} = \frac{D_2}{D} .$$

Zum Schluss wird die gesuchte Spannung U_3^* berechnet.

Bildung der Determinanten und Anwendung des Laplace'schen Entwicklungssatzes: Entwicklung von D nach 1. Zeile:

$$D = \begin{vmatrix} 2G & -G & 0 \\ -G & 3G & -G \\ 0 & -G & 2G \end{vmatrix} = 2G \cdot \begin{vmatrix} 3G & -G \\ -G & 2G \end{vmatrix} - (-G) \begin{vmatrix} -G & -G \\ 0 & 2G \end{vmatrix} + 0$$

$$D = 2G \cdot (3G \cdot 2G - (-G)^2) + G \cdot (-G \cdot 2G) = 10G^3 - 2G^3 = 8G^3 .$$

Entwicklung von D_2 nach 1. Zeile:

$$D_2 = \begin{vmatrix} 2G & -I_0 & 0 \\ -G & -I_0 & -G \\ 0 & 2I_0 & 2G \end{vmatrix} = 2G \cdot \begin{vmatrix} -I_0 & -G \\ 2I_0 & 2G \end{vmatrix} - (-I_0) \begin{vmatrix} -G & -G \\ 0 & 2G \end{vmatrix} + 0$$

$$D_2 = 2G \cdot (-I_0 \cdot 2G - I_0 \cdot (-2G)) + I_0 \cdot (-G \cdot 2G - 0) = -2I_0 G^2 .$$

Damit ergibt sich die gesuchte Spannung zu

$$U_3^* = -U_{DB} = -\frac{D_2}{D} = -\frac{-2I_0 G^2}{8G^3} = \frac{2I_0}{8G} = \frac{1}{4} I_0 R .$$

2.6.7.4

Gesucht: Die Originalspannung U_3 aus Abbildung 2.24.

Gegeben: Die Spannung $U_3^* = 1/4\, I_0\, R$, der Quellenstrom $I_{q1} = I_0$, Widerstand $R_3 = R$.

Ansatz: Aus Aufgabenteil 2.6.7.1 ist bekannt

$$U_3^* = I_3^* R_3 = U_{01} - U_3 \,.$$

Umstellen des Ausdrucks nach U_3 und Einsetzen der Werte führt auf

$$U_3 = \underline{U_{01} - U_3^*} = I_0 R - \frac{1}{4} I_0 R = \underline{\underline{\frac{3}{4} I_0 R}} \,. \qquad (2.185)$$

2.7 Operationsverstärker

Aufgabe 2.7.1

2.7.1.1

Gesucht: Verstärkungsfaktor U_a/U_e der Schaltung in allgemeiner Form.

Ansatz: Umlaufgleichungen im Ein- und Ausgangsbereich liefern

$$0 = -U_e + I_e R_1 + u_{id} \qquad (2.186)$$

$$0 = U_a + I_g R_2 - u_{id} \qquad (2.187)$$

Beim idealen OP ist im linearen Verstärkungsbereich $u_{id} = 0$ und es wird

$$0 = -U_e + I_e R_1 \quad \Rightarrow \quad U_e = I_e R_1 \,, \qquad (2.188)$$

$$0 = U_a + I_g R_2 \quad \Rightarrow \quad U_a = -I_g R_2 \,. \qquad (2.189)$$

Hiermit ergibt sich gesuchte Verhältnis zu

$$\frac{U_a}{U_e} = \frac{-I_g R_2}{I_e R_1} \,. \qquad (2.190)$$

Beim idealen OP ist der Eingangsstrom I_e' null und es wird

$$0 = I_e - I_e' - I_g' \quad \Rightarrow \quad I_e = I_g \qquad (2.191)$$

und damit

$$\frac{U_a}{U_e} = \underline{\underline{-\frac{R_2}{R_1}}} \,. \qquad (2.192)$$

2.7.1.2

Gesucht: Verstärkungsfaktor für $R_1 = 0{,}01 R_2$.

Ansatz:

$$\frac{U_a}{U_e} = -\frac{R_2}{R_1} = -\frac{R_2}{0{,}01 R_2} = \underline{\underline{-100}} \,.$$

2.7.1.3

Gesucht: Die maximale Amplitude des Eingangssignals u_e bei der gegebenen Verstärkung.

Gegeben: Versorgungsspannung U_B des OP mit ± 15 V,
Verstärkungsfaktor $U_a/U_e = -100$.

Ansatz: Aus der Gleichung des Verstärkungsfaktors (2.192) ergibt sich

$$\frac{U_{a,max}}{U_{e,max}} = -\frac{R_2}{R_1} = -\frac{R_2}{0{,}01 R_2} = \underline{\underline{-100}} . \qquad (2.193)$$

Die Verstärkungskennlinie zeigt Abbildung 2.33. Da U_a nicht größer als die Versorgungsspannung werden kann, ist $U_{a,max} = U_B$.

Umgestellt nach $U_{e,max}$ wird dann

$$|U_{e,max}| = \frac{R_1\, U_{a,max}}{R_2} = \frac{15\text{ V}}{100} = \underline{\underline{150\text{ mV}}} .$$

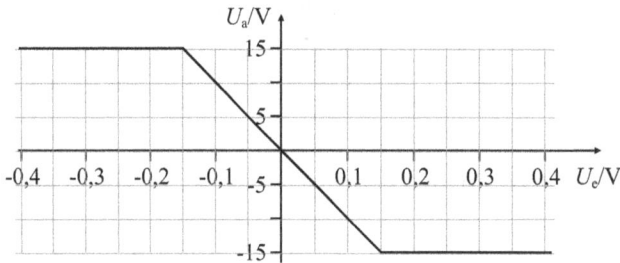

Abb. 2.33: Idealer Verlauf der Ausgangsspannung U_a abhängig von der Eingangsspannung U_e für $U_B = \pm 15$ V und $V = -100$.

Aufgabe 2.7.2

2.7.2.1

Gesucht: Verstärkungsfaktor U_a/U_e der Schaltung in allgemeiner Form.

Ansatz: Umlaufgleichungen im Ein- und Ausgangsbereich liefern

$$0 = -U_e + I_e R_3 + u_D + I_g R_4 , \qquad (2.194)$$

$$0 = -U_a + I_g (R_2 + R_4) . \qquad (2.195)$$

Beim idealen OP ist im linearen Verstärkungsbereich $u_{id} = 0$ und es wird

$$0 = -U_e + I_g R_4 \quad \Rightarrow \quad U_e = I_g R_4 , \qquad (2.196)$$

$$0 = -U_a + I_g (R_2 + R_4) \quad \Rightarrow \quad U_a = I_g (R_2 + R_4) . \qquad (2.197)$$

Hiermit ergibt sich das gesuchte Verhältnis zu

$$\frac{U_a}{U_e} = \frac{I_g(R_2 + R_4)}{I_g R_4} \, . \tag{2.198}$$

und damit

$$\frac{U_a}{U_e} = \underline{\underline{1 + \frac{R_2}{R_4}}} \, . \tag{2.199}$$

2.7.2.2

Gesucht: Verstärkungsfaktor für $R_2 = 9R_4$.

Ansatz: Einsetzen der gegebenen Widerstandswerte

$$\frac{U_a}{U_e} = 1 + \frac{R_2}{R_4} = 1 + \frac{9R_4}{R_4} = \underline{\underline{10}} \, .$$

2.7.2.3

Gesucht: Die maximale Amplitude des Eingangssignals u_e bei der gegebenen Verstärkung.

Gegeben: Versorgungsspannung U_B des OP mit ± 15 V,
Verstärkungsfaktor $U_a/U_e = 10$.

Ansatz: Aus der Gleichung des Verstärkungsfaktors (2.199) ergibt sich

$$\frac{U_{a,max}}{U_{e,max}} = 1 + \frac{R_2}{R_4} = \underline{\underline{10}} \, . \tag{2.200}$$

Die Verstärkungskennlinie zeigt Abbildung 2.34. Da U_a nicht größer als die Versorgungsspannung werden kann, ist $U_{a,max} = U_B$.

Umgestellt nach $U_{e,max}$ wird dann

$$|U_{e,max}| = \frac{15\,\text{V}}{10} = \underline{\underline{1,5\,\text{V}}} \, .$$

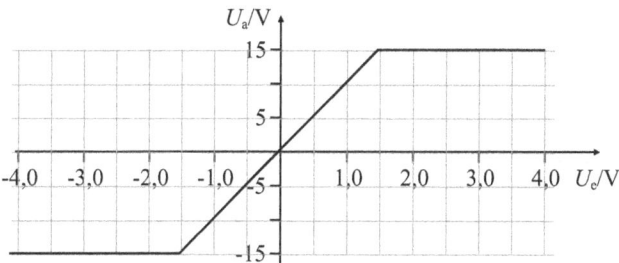

Abb. 2.34: Idealer Verlauf der Ausgangsspannung U_a abhängig von der Eingangsspannung U_e für $U_B = \pm 15$ V und $V = 10$.

Aufgabe 2.7.3

2.7.3.1

Gesucht: Die Verstärkungen $A_1 = U_a/U_{e1}$ und $A_2 = U_a/U_{e2}$ der beiden Eingänge.

Ansatz: Es handelt sich um eine invertierende Verstärkerschaltung. Für jeden Eingang ist die Verstärkung

$$A_1 = \frac{U_a}{U_{e1}} = -\frac{R_g}{R_{v1}} , \qquad A_2 = \frac{U_a}{U_{e2}} = -\frac{R_g}{R_{v2}} . \qquad (2.201)$$

2.7.3.2

Gesucht: Die Abhängigkeit der Ausgangsspannung U_a von den beiden Eingangsspannungen.

Gegeben: Die Einzelverstärkungen der beiden Eingänge.

Ansatz: Die Aufgabe ist mit Hilfe der Knotengleichung am virtuellen Massepunkt zu lösen

$$0 = I_1 + I_2 - I_g \quad \Rightarrow \quad I_g = I_1 + I_2 . \qquad (2.202)$$

Sowohl die beiden Eingangsspannungen als auch die Ausgangsspannung haben die virtuelle Masse als gemeinsamen Bezugspunkt ($U_D = 0$). Mit dem Ohm'schen Gesetz ergibt sich damit für die Knotengleichung

$$\frac{U_{e1}}{R_{v1}} + \frac{U_{e2}}{R_{v2}} = -\frac{U_a}{R_g} \quad \Rightarrow \quad U_a = -\frac{R_g}{R_{v1}} U_{e1} - \frac{R_g}{R_{v2}} U_{e2} . \qquad (2.203)$$

2.7.3.3

Gesucht: Welche Aufgabe erfüllt die Schaltung?

Gegeben: $R_{v1} = R_{v2} = R_g$, Gleichung für U_a.

Ansatz: Einsetzen der Werte in Gleichung (2.203) ergibt

$$U_a = -1 \cdot U_{e1} - 1 \cdot U_{e2} = -(U_{e1} + U_{e2}) . \qquad (2.204)$$

Die Schaltung arbeitet als invertierender Addierer.

2.7.3.4

Gesucht: Zeichnung der Ausgangsspannung U_a für die drei gegebenen Fälle a–c.

Gegeben: $R_{v2} = R_g = 2 R_{v1}$, Gleichung für U_a.

Ansatz a: Im Fall (a) ist $U_{e1} = -1\,\text{V}$ und $U_{e2} = 0\,\text{V}$. Damit wird die Gleichung (2.203)

$$U_a = -\frac{2 R_{v1}}{R_{v1}} \cdot (-1\,\text{V}) - \frac{R_g}{R_{v2}} \cdot 0\,\text{V} = 2\,\text{V} . \qquad (2.205)$$

Entsprechend ergibt sich der zeitliche Verlauf in Abbildung 2.35.

Ansatz b: Im Fall (b) sind $U_{e1} = 0\,V$ und $U_{e2} = -1\,V\sin(\omega t)$. Damit wird die Gleichung (2.203)

$$U_a = -2 \cdot (0\,V) - 1 \cdot (-1)\,V\sin(\omega t) = 1\,V\sin(\omega t)\,. \qquad (2.206)$$

Entsprechend ergibt sich der zeitliche Verlauf in Abbildung 2.36.

Ansatz c: Im Fall (c) sind $U_{e1} = -1\,V$ und $U_{e2} = -1\,V\sin(\omega t)$. Damit wird die Gleichung (2.203)

$$U_a = -2 \cdot (-1\,V) - 1 \cdot (-1)\,V\sin(\omega t) = 2\,V + 1\,V\sin(\omega t)\,. \qquad (2.207)$$

Entsprechend ergibt sich der zeitliche Verlauf in Abbildung 2.37.

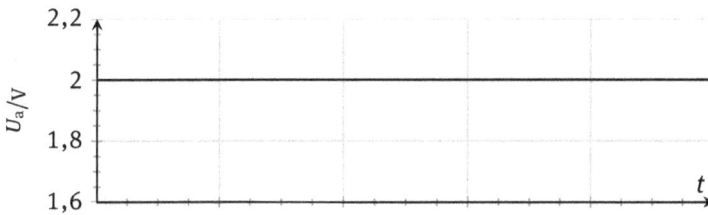

Abb. 2.35: Verlauf der Ausgangsspannung im Fall (a).

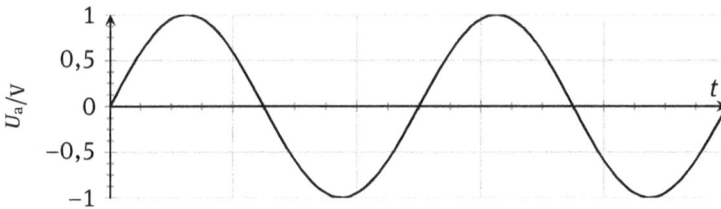

Abb. 2.36: Verlauf der Ausgangsspannung im Fall (b).

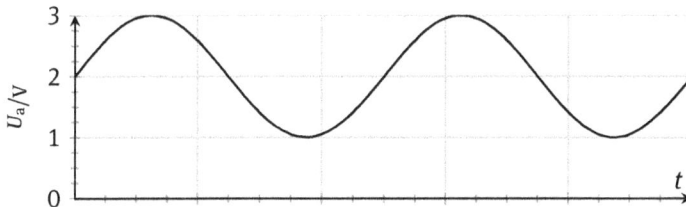

Abb. 2.37: Verlauf der Ausgangsspannung im Fall (c).

3 Elektrostatische Felder

3.1 Die elektrische Feldstärke

Aufgabe 3.1.1

Gesucht: Skizze der Kraft $\vec{F}$ auf die Punktladung Q_1 und Betrag dieser Kraft.

Gegeben: Ladungen $Q_1 = Q_2 = Q_3 = 1\,\text{nC}$, Gitterkoordinaten, Permittivität $\varepsilon = \varepsilon_0 = 8{,}854 \cdot 10^{-12}\,\text{As(Vm)}^{-1}$.

Ansatz: Positive Ladungen stoßen sich ab, die Kraft auf Ladung Q_1 muss so gerichtet sein, dass eine Abstoßung erfolgt (siehe Skizze in Abbildung 3.1). Das Coulomb'sche Gesetz bestimmt die Teilkräfte der Ladungen Q_2 und Q_3, die auf Q_1 ausgeübt werden. Anstelle der Probeladung q wird die Ladung Q_1 eingesetzt:

$$\boxed{\vec{F}_q = q\,\frac{Q}{4\pi\varepsilon}\,\frac{\vec{r}^{\,0}}{r^2}} \quad \Rightarrow \quad \vec{F}_{13} = Q_1\,\frac{Q_3}{4\pi\varepsilon}\,\frac{\vec{r}_3^{\,0}}{r_3^2}, \quad \vec{F}_{12} = Q_1\,\frac{Q_2}{4\pi\varepsilon}\,\frac{\vec{r}_2^{\,0}}{r_2^2}. \tag{3.1}$$

Die Richtung der Kraft auf Q_1 wird durch vektorielle Addition der beiden Teilkräfte bestimmt

$$\vec{F} = \vec{F}_{13} + \vec{F}_{12}\,.$$

Nach der Skizze in Abbildung 3.1 ist

$$\vec{r}_2^{\,0} = -\vec{e}_x \quad \text{und} \quad r_2 = \sqrt{x_2^2 + y_2^2} = x_2\,, \tag{3.2}$$

$$\vec{r}_3^{\,0} = -\vec{e}_y \quad \text{und} \quad r_3 = \sqrt{x_3^2 + y_3^2} = y_3\,. \tag{3.3}$$

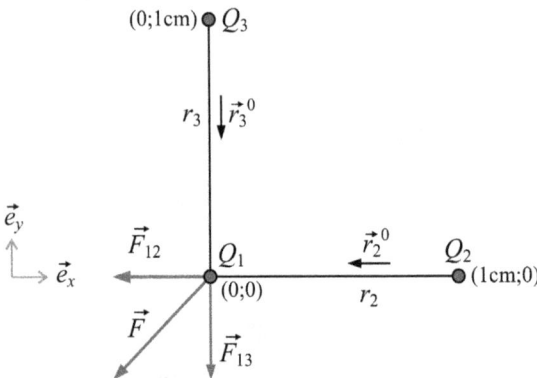

Abb. 3.1: Skizze der ausgeübten Kräfte auf die Punktladung Q_1.

https://doi.org/10.1515/9783110672510-009

Damit gilt für die Teilkräfte

$$\vec{F}_{12} = -\frac{Q_1 Q_2}{4\pi\varepsilon\, x_2^2}\, \vec{e}_x\,, \quad \vec{F}_{13} = -\frac{Q_1 Q_3}{4\pi\varepsilon\, y_3^2}\, \vec{e}_y\,. \tag{3.4}$$

Mit $Q_1 = Q_2 = Q_3 = Q$ und $x_2 = y_3 = r$ wird die Kraft auf Q_1

$$\vec{F} = \vec{F}_{12} + \vec{F}_{13} = -\frac{Q^2}{4\pi\varepsilon\, r^2}\,(\vec{e}_x + \vec{e}_y) \quad \Rightarrow \quad |\vec{F}| = \frac{Q^2}{4\pi\varepsilon\, r^2}\,\sqrt{2}\,. \tag{3.5}$$

Mit Werten:

$$|\vec{F}| = \frac{\sqrt{2}\cdot(1\,\mathrm{nC})^2 \cdot \mathrm{Vm}}{4\pi\cdot 8{,}854\cdot 10^{-12}\,\mathrm{As}\cdot(1\,\mathrm{cm})^2}$$

$$= \frac{\sqrt{2}\cdot 1\cdot 10^{-18}(\mathrm{As})^2 \cdot \mathrm{Vm}}{4\pi\cdot 8{,}854\cdot 10^{-12}\,\mathrm{As}\cdot 1\cdot 10^{-4}\,\mathrm{m}^2} \approx \underline{\underline{1{,}271\cdot 10^{-4}\,\mathrm{N}}}\,.$$

Anmerkung. $1\,\mathrm{VAs\,m^{-1}} = 1\,\mathrm{J\,m^{-1}} = 1\,\mathrm{Nm\,m^{-1}} = 1\,\mathrm{N}$.

Aufgabe 3.1.2

3.1.2.1
Gesucht: Skizze der Anordnung.

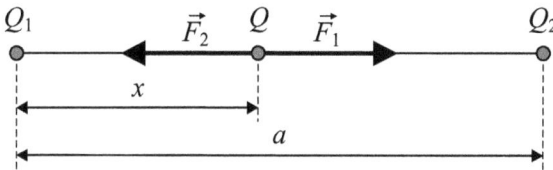

Abb. 3.2: Skizze der Anordnung mit Kräften und Koordinaten.

3.1.2.2
Gesucht: Allgemeine Ruhelage x, $0 \le x \le a$, der verschiebbaren Probeladung Q.
Ansatz: Die Ruhelage der Ladung Q ergibt sich aus dem Kräftegleichgewicht:

$$\boxed{\sum_i \vec{F}_i = \vec{0}} \quad \Rightarrow \quad \vec{F}_1 + \vec{F}_2 = \vec{0} \quad \Rightarrow \quad |\vec{F}_1| = |\vec{F}_2|\,. \tag{3.6}$$

Mit dem Coulomb'schen Gesetz

$$\vec{F} = \frac{q\,Q}{4\pi\varepsilon}\,\frac{\vec{r}^{\,0}}{r^2} \tag{3.7}$$

und $r_1 = x$, $r_2 = a - x$ (s. Abbildung 3.2) wird

$$F_1 = \frac{Q\,Q_1}{4\pi\varepsilon\,x^2}\,, \quad F_2 = \frac{Q\,Q_2}{4\pi\varepsilon\,(a-x)^2}\,. \tag{3.8}$$

Damit folgt dann

$$F_1 = F_2 = \frac{Q\,Q_1}{4\pi\varepsilon\,x^2} = \frac{Q\,Q_2}{4\pi\varepsilon\,(a-x)^2}$$

$$\Rightarrow \quad \frac{Q_1}{x^2} = \frac{Q_2}{(a-x)^2} \quad \Rightarrow \quad \frac{Q_1}{Q_2}(a-x)^2 = x^2 \tag{3.9}$$

und mit der Abkürzung $\beta = Q_1/Q_2$

$$\beta = \left(\frac{x}{a-x}\right)^2 \quad \Rightarrow \quad \pm\sqrt{\beta} = \frac{x}{a-x} \tag{3.10}$$

$$\pm\sqrt{\beta}\,(a-x) = x \quad \Rightarrow \quad x(1 \pm \sqrt{\beta}) = \pm a\sqrt{\beta} \tag{3.11}$$

$$x = \frac{\pm a\sqrt{\beta}}{1 \pm \sqrt{\beta}} = \frac{a\sqrt{\beta}}{\sqrt{\beta} \pm 1}\,. \tag{3.12}$$

Offensichtlich liefert die Gleichung zwei Lösungen:

$$1. \quad x_1 = \frac{a\sqrt{\beta}}{\sqrt{\beta}+1}\,, \quad 2. \quad x_2 = \frac{a\sqrt{\beta}}{\sqrt{\beta}-1}\,, \tag{3.13}$$

aber nur die 1. Gleichung liefert wegen $0 < x < a$ sinnvolle Lösungen.

3.1.2.3

Gesucht: Werte von x für $\beta = 1$ und $\beta = 2$.

Ansatz: Einsetzen der Werte von β in die zuvor hergeleitete Gleichung (3.13) zur Bestimmung von x.

$$\beta = 1: \quad x = \frac{a\sqrt{1}}{\sqrt{1}+1} \quad \Rightarrow \quad \underline{\underline{x = \frac{a}{2}}}\,.$$

$$\beta = 2: \quad x = \frac{a\sqrt{2}}{\sqrt{2}+1} \cdot \frac{\sqrt{2}-1}{\sqrt{2}-1} \quad \Rightarrow \quad \underline{\underline{x = a(2-\sqrt{2}) \approx 0,585\,a}}\,.$$

Aufgabe 3.1.3

Gesucht: Die elektrische Feldstärke $\vec{E}$ im Ursprung $(0;0)$.

Ansatz: Hilfreich ist eine Skizze der Anordnung, siehe hierzu das Beispiel in Abbildung 3.3.

Das elektrische Feld einer Punktladung Q wird beschrieben durch

$$\vec{E} = \frac{Q}{4\pi\varepsilon}\frac{\vec{r}^0}{r^2} \quad\Rightarrow\quad \vec{E}_1 = \frac{Q_1}{4\pi\varepsilon}\frac{\vec{r}_1^0}{r_1^2}, \quad \vec{E}_2 = \frac{Q_2}{4\pi\varepsilon}\frac{\vec{r}_2^0}{r_2^2}, \quad \vec{E}_3 = \frac{Q_3}{4\pi\varepsilon}\frac{\vec{r}_3^0}{r_3^2}. \tag{3.14}$$

Mit den bekannten Koordinaten können die Radius-Vektoren und die Richtungsvektoren nach der Regel

$$\vec{r} = \text{Aufpunktvektor} - \text{Quellpunktvektor} \tag{3.15}$$

berechnet werden:

$$\vec{r}_1 = \begin{pmatrix} 0 \\ 0 \end{pmatrix} - \begin{pmatrix} x_1 \\ y_1 \end{pmatrix} = -\begin{pmatrix} x_1 \\ y_1 \end{pmatrix} \quad\Rightarrow\quad r_1 = \sqrt{x_1^2 + y_1^2}, \quad \vec{r}_1^0 = \frac{\vec{r}_1}{r_1}$$

$$\vec{r}_2 = \begin{pmatrix} 0 \\ 0 \end{pmatrix} - \begin{pmatrix} x_2 \\ y_2 \end{pmatrix} = -\begin{pmatrix} x_2 \\ y_2 \end{pmatrix} \quad\Rightarrow\quad r_2 = \sqrt{x_2^2 + y_2^2}, \quad \vec{r}_2^0 = \frac{\vec{r}_2}{r_2}$$

$$\vec{r}_3 = \begin{pmatrix} 0 \\ 0 \end{pmatrix} - \begin{pmatrix} x_3 \\ y_3 \end{pmatrix} = -\begin{pmatrix} x_3 \\ y_3 \end{pmatrix} \quad\Rightarrow\quad r_3 = \sqrt{x_3^2 + y_3^2}, \quad \vec{r}_3^0 = \frac{\vec{r}_3}{r_3}.$$

Damit werden die Einzelfeldstärken:

$$\vec{E}_1(0,0) = \frac{Q_1}{4\pi\varepsilon}\frac{\vec{r}_1}{r_1^3} = \frac{Q_1}{4\pi\varepsilon}\frac{-x_1\vec{e}_x - y_1\vec{e}_y}{\sqrt{x_1^2 + y_1^2}^3},$$

$$\vec{E}_2(0,0) = \frac{Q_2}{4\pi\varepsilon}\frac{\vec{r}_2}{r_2^3} = \frac{Q_2}{4\pi\varepsilon}\frac{-x_2\vec{e}_x - y_2\vec{e}_y}{\sqrt{x_2^2 + y_2^2}^3},$$

$$\vec{E}_3(0,0) = \frac{Q_3}{4\pi\varepsilon}\frac{\vec{r}_3}{r_3^3} = \frac{Q_3}{4\pi\varepsilon}\frac{-x_3\vec{e}_x - y_3\vec{e}_y}{\sqrt{x_3^2 + y_3^2}^3}.$$

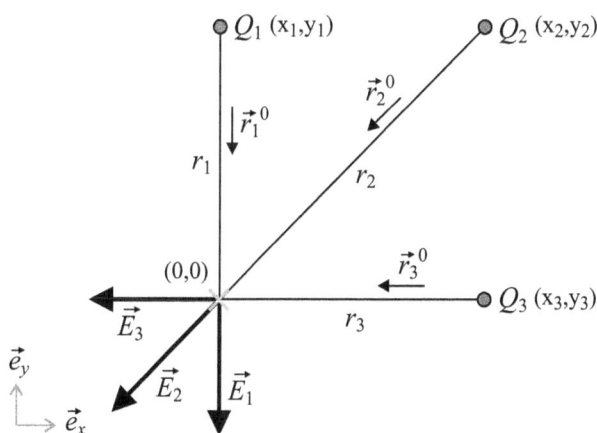

Abb. 3.3: Beispiel für die Anordnung der drei Punktladungen.

Die Gesamtfeldstärke ergibt sich dann zu

$$\vec{E}(0,0) = -\frac{1}{4\pi\varepsilon}\left(Q_1\,\frac{x_1\vec{e}_x + y_1\vec{e}_y}{\sqrt{x_1^2 + y_1^2}^3} + Q_2\,\frac{x_2\vec{e}_x + y_2\vec{e}_y}{\sqrt{x_2^2 + y_2^2}^3} + Q_3\,\frac{x_3\vec{e}_x + y_3\vec{e}_y}{\sqrt{x_3^2 + y_3^2}^3}\right).$$

3.2 Die Potenzialfunktion

Aufgabe 3.2.1

3.2.1.1
Gesucht: Die Funktionen der elektrischen Feldstärke der beiden Ladungen $\vec{E}_1(r_1)$ und $\vec{E}_2(r_2)$.

Gegeben: Punktladungen $Q_1 = 2Q$, $Q_2 = Q$, Koordinaten.

Ansatz: Die Funktion $\vec{E}_1(r_1)$ beschreibt die elektrische Feldstärke am Ort P_1, der den Abstand r_1 zur Punktladung Q_1 hat, gleiches gilt analog für $\vec{E}_2(r_2)$; siehe hierzu Abbildung 3.4.

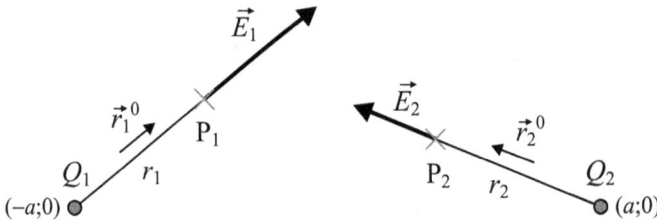

Abb. 3.4: Zwei Punktladungen und ihre elektrischen Feldstärken an den Orten P_1 bzw. P_2.

Die elektrische Feldstärke einer Punktladung ist gegeben durch

$$\vec{E}(r) = \frac{Q}{4\pi\varepsilon}\,\frac{\vec{r}^0}{r^2} \quad \Rightarrow \quad \vec{E}_1(r_1) = \frac{Q_1}{4\pi\varepsilon}\,\frac{\vec{r}_1^0}{r_1^2}\,, \quad \vec{E}_2(r_2) = \frac{Q_2}{4\pi\varepsilon}\,\frac{\vec{r}_2^0}{r_2^2}\,. \tag{3.16}$$

3.2.1.2
Gesucht: Die allgemeine Potenzialfunktion $\phi(x,y)$.

Gegeben: Die Punktladungen $Q_1 = 2Q$, $Q_2 = Q$, Koordinaten, elektrische Feldstärken $\vec{E}_1(r_1)$ und $\vec{E}_2(r_2)$.

Ansatz: Das Linienintegral über die elektrische Feldstärke entlang eines Weges s liefert die Spannung zwischen den beiden Punkten a und b bzw. die Potenzialdifferenz

$$U_{a,b} = \int_a^b \vec{E} \cdot d\vec{s} = \phi(a) - \phi(b) = - \int_a^b d\phi \, . \tag{3.17}$$

Die Variable ϕ heißt Potenzial. Die Potenzialfunktion erhält man durch Umstellen

$$\phi(b) = - \int_a^b \vec{E} \cdot d\vec{s} + \phi(a) \, . \tag{3.18}$$

Die allgemeine Potenzialfunktion $\phi(r)$ ergibt sich durch die Betrachtung des Potenzials $\phi(a)$ als willkürliche Konstante und durch unbestimmte Integration:

$$\phi(r) = - \int \vec{E} \cdot d\vec{s} + \phi_0 \, . \tag{3.19}$$

Angewendet auf die Punktladungen ergibt sich damit bei Integration entlang des Radius r ($d\vec{s} = dr\,\vec{r}^0$):

$$\phi(r_1) = - \int \frac{Q_1}{4\pi\varepsilon} \frac{\vec{r}_1^0}{r_1^2} \cdot dr_1 \vec{r}_1^0 + \phi_{01} = - \frac{Q_1}{4\pi\varepsilon} \int \frac{1}{r_1^2} dr_1 + \phi_{01}$$

$$\phi(r_1) = - \frac{Q_1}{4\pi\varepsilon} \left(- \frac{1}{r_1} \right) + \phi_{01} = \frac{Q_1}{4\pi\varepsilon\, r_1} + \phi_{01} \tag{3.20}$$

analog:

$$\phi(r_2) = - \int \frac{Q_2}{4\pi\varepsilon} \frac{\vec{r}_2^0}{r_2^2} \cdot dr_2 \vec{r}_2^0 + \phi_{02} = \frac{Q_2}{4\pi\varepsilon\, r_2} + \phi_{02} \, . \tag{3.21}$$

Die allgemeine Potenzialfunktion der beiden Punktladungen entsteht durch Überlagerung:

$$\phi(r) = \phi(r_1) + \phi(r_2) = \frac{Q_1}{4\pi\varepsilon\, r_1} + \phi_{01} + \frac{Q_2}{4\pi\varepsilon\, r_2} + \phi_{02} \tag{3.22}$$

mit $\phi_{01} + \phi_{02} = \phi_0$ und $Q_1 = 2Q$, $Q_2 = Q$

$$\phi(r) = \frac{Q}{4\pi\varepsilon} \left(\frac{2}{r_1} + \frac{1}{r_2} \right) + \phi_0 \, . \tag{3.23}$$

Die Konstante ϕ_0 wird durch vorgegebene Randbedingungen bestimmt. Hier wird beispielsweise das Potenzial im Ursprung als Bezugspunkt mit dem Potenzial Null gewählt.

Im Koordinatenursprung sind $r_1 = a$ und $r_2 = a$, so dass sich folgender Ansatz ergibt

$$\phi(0) = 0 = \frac{Q}{4\pi\varepsilon} \left(\frac{2}{a} + \frac{1}{a} \right) + \phi_0 \quad \Rightarrow \quad \phi_0 = - \frac{Q}{4\pi\varepsilon} \frac{3}{a}$$

$$\phi(r) = \frac{Q}{4\pi\varepsilon} \left(\frac{2}{r_1} + \frac{1}{r_2} - \frac{3}{a} \right) \, .$$

Jetzt müssen die beiden Variablen r_1 und r_2 noch in einem einheitlichen Koordinatensystem angegeben werden. Hierfür bietet sich die Darstellung in xy-Koordinaten an. Nach Abbildung 3.5 ergeben sich hierfür folgende Beziehungen:

$$r_1 = \sqrt{(a+x)^2 + y^2} \quad \text{und} \quad r_2 = \sqrt{(a-x)^2 + y^2} \ .$$

Damit wird

$$\phi(x,y) = \frac{Q}{4\pi\varepsilon} \left(\frac{2}{\sqrt{(a+x)^2 + y^2}} + \frac{1}{\sqrt{(a-x)^2 + y^2}} - \frac{3}{a} \right).$$

3.2.1.3
Gesucht: Das Potenzial im Punkt $P : (0;a)$.
Gegeben: Die allgemeine Potenzialfunktion $\phi(x,y)$.
Ansatz: Einsetzen der gegebenen Koordinaten $(x = 0, y = a)$ in die Potenzialfunktion:

$$\phi(0,a) = \frac{Q}{4\pi\varepsilon} \left(\frac{2}{\sqrt{(a+0)^2 + a^2}} + \frac{1}{\sqrt{(a-0)^2 + a^2}} - \frac{3}{a} \right).$$

$$\phi(0,a) = \frac{Q}{4\pi\varepsilon} \left(\frac{2}{\sqrt{2a^2}} + \frac{1}{\sqrt{2a^2}} - \frac{3}{a} \right) = \frac{Q}{4\pi\varepsilon} \frac{2+1-3\sqrt{2}}{\sqrt{2}\,a}$$

$$= \frac{Q}{4\pi\varepsilon} \frac{3\,(1-\sqrt{2})}{\sqrt{2}\,a} \ .$$

3.2.1.4
Gesucht: Die Funktion der elektrischen Feldstärke $\vec{E}(x,y)$.
Gegeben: Die allgemeine Potenzialfunktion $\phi(x,y)$.
Ansatz: Die Gleichung

$$\boxed{\vec{E} = -\operatorname{grad} \phi} \qquad (3.24)$$

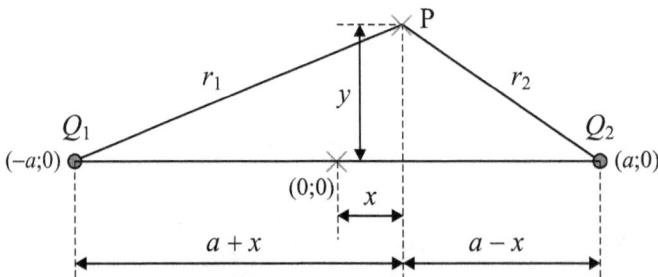

Abb. 3.5: Beschreibung von r_1 und r_2 in einheitlichen xy-Koordinaten.

stellt die Umkehrfunktion der Potenzialfunktion dar. Der Gradient ist das so genannte *vollständige Differenzial* und wird in kartesischen Koordinaten definiert durch

$$\text{grad } \phi = \vec{e}_x \frac{\partial \phi}{\partial x} + \vec{e}_y \frac{\partial \phi}{\partial y} + \vec{e}_z \frac{\partial \phi}{\partial z} \tag{3.25}$$

wobei hier die Ableitung nach z aufgrund der Aufgabenstellung entfällt.

$$\vec{E}(x,y) = -\frac{\partial}{\partial x} \left[\frac{Q}{4\pi\varepsilon} \left(\frac{2}{\sqrt{(a+x)^2 + y^2}} + \frac{1}{\sqrt{(a-x)^2 + y^2}} - \frac{3}{a} \right) \right] \vec{e}_x$$

$$- \frac{\partial}{\partial y} \left[\frac{Q}{4\pi\varepsilon} \left(\frac{2}{\sqrt{(a+x)^2 + y^2}} + \frac{1}{\sqrt{(a-x)^2 + y^2}} - \frac{3}{a} \right) \right] \vec{e}_y . \tag{3.26}$$

Nur die Nenner der Potenzialfunktion hängen von den Variablen x und y ab. Der Wurzelausdruck dieser Nenner kann auch geschrieben werden als

$$\left((a \pm x)^2 + y^2 \right)^{-1/2} ,$$

worauf sich die Kettenregel sehr einfach anwenden lässt:

$$\frac{\partial}{\partial x} \left((a \pm x)^2 + y^2 \right)^{-1/2} = -\frac{1}{2} \left((a \pm x)^2 + y^2 \right)^{-3/2} \cdot 2(a \pm x) \cdot (\pm 1)$$

$$= \mp \frac{(a \pm x)}{\left((a \pm x)^2 + y^2 \right)^{3/2}}$$

$$\frac{\partial}{\partial y} \left((a \pm x)^2 + y^2 \right)^{-1/2} = -\frac{1}{2} \left((a \pm x)^2 + y^2 \right)^{-3/2} \cdot 2y = -\frac{y}{\left((a \pm x)^2 + y^2 \right)^{3/2}} .$$

Damit ergibt sich die elektrische Feldstärke zu

$$\vec{E}(x,y) = \frac{Q}{4\pi\varepsilon} \left(\frac{2(a+x)}{\left((a+x)^2 + y^2 \right)^{3/2}} + \frac{-(a-x)}{\left((a-x)^2 + y^2 \right)^{3/2}} \right) \vec{e}_x$$

$$+ \frac{Q}{4\pi\varepsilon} \left(\frac{2y}{\left((a+x)^2 + y^2 \right)^{3/2}} + \frac{y}{\left((a-x)^2 + y^2 \right)^{3/2}} \right) \vec{e}_y .$$

3.2.1.5

Gesucht: Die elektrische Feldstärke im Punkt $P : (0;a)$.

Gegeben: Funktion der elektrischen Feldstärke $\vec{E}(x,y)$, Koordinaten.

Ansatz: Einsetzen der gegebenen Koordinaten ($x = 0$, $y = a$) in die Funktion der elektrischen Feldstärke

$$\vec{E}(0,a) = \frac{Q}{4\pi\varepsilon} \left(\frac{2(a+0)}{\left((a+0)^2 + a^2 \right)^{3/2}} - \frac{(a-0)}{\left((a-0)^2 + a^2 \right)^{3/2}} \right) \vec{e}_x$$

$$+ \frac{Q}{4\pi\varepsilon} \left(\frac{2a}{\left((a+0)^2 + a^2 \right)^{3/2}} + \frac{a}{\left((a-0)^2 + a^2 \right)^{3/2}} \right) \vec{e}_y .$$

$$\vec{E}(0,a) = \frac{Q}{4\pi\varepsilon}\left(\frac{2a}{(2a^2)^{3/2}} - \frac{a}{(2a^2)^{3/2}}\right)\vec{e}_x + \frac{Q}{4\pi\varepsilon}\left(\frac{2a}{(2a^2)^{3/2}} + \frac{a}{(2a^2)^{3/2}}\right)\vec{e}_y$$

$$\vec{E}(0,a) = \frac{Q}{4\pi\varepsilon}\left(\frac{a}{(2a^2)^{3/2}}\right)\vec{e}_x + \frac{Q}{4\pi\varepsilon}\left(\frac{3a}{(2a^2)^{3/2}}\right)\vec{e}_y = \frac{Q}{4\pi\varepsilon}\frac{a}{2\sqrt{2}\,a^3}\left(\vec{e}_x + 3\vec{e}_y\right)$$

$$\vec{E}(0,a) = \underline{\underline{\frac{Q}{8\sqrt{2}\,\pi\varepsilon\,a^2}\left(\vec{e}_x + 3\vec{e}_y\right)}}\,.$$

Aufgabe 3.2.2

3.2.2.1
Gesucht: Die elektrische Feldstärke $\vec{E}(x,y)$ allgemein.

Gegeben: Drei beliebig angeordnete Punktladungen im xy-Koordinatensystem.

Ansatz: Hilfreich ist eine Skizze der Anordnung, siehe hierzu das Beispiel in Abbildung 3.6.

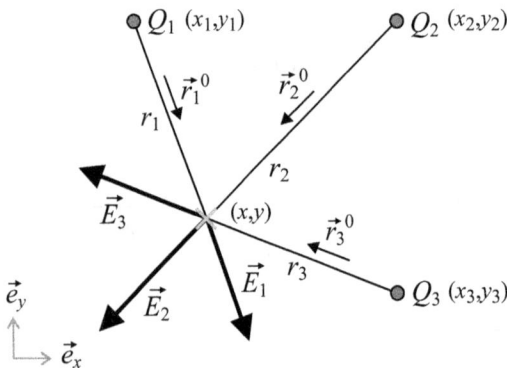

Abb. 3.6: Beispiel für die Anordnung der drei Punktladungen.

Das elektrische Feld einer Punktladung Q wird u. a. beschrieben durch

$$\vec{E} = \frac{Q}{4\pi\varepsilon}\frac{\vec{r}}{r^3} \quad \Rightarrow \quad \vec{E}_1 = \frac{Q_1}{4\pi\varepsilon}\frac{\vec{r}_1}{r_1^3}\,, \quad \vec{E}_2 = \frac{Q_2}{4\pi\varepsilon}\frac{\vec{r}_2}{r_2^3}\,, \quad \vec{E}_3 = \frac{Q_3}{4\pi\varepsilon}\frac{\vec{r}_3}{r_3^3}\,. \tag{3.27}$$

Mit den bekannten Koordinaten können die Abstandsvektoren $\vec{r}_i$, $i = 1,2,3$ berechnet werden (Abstandsvektor = Ortsvektor des Aufpunktes − Ortsvektor des Quellpunktes):

$$\vec{r}_1 = \begin{pmatrix} x \\ y \end{pmatrix} - \begin{pmatrix} x_1 \\ y_1 \end{pmatrix} = \begin{pmatrix} x - x_1 \\ y - y_1 \end{pmatrix} \quad \Rightarrow \quad r_1 = \sqrt{(x - x_1)^2 + (y - y_1)^2}\,,$$

$$\vec{r}_2 = \begin{pmatrix} x \\ y \end{pmatrix} - \begin{pmatrix} x_2 \\ y_2 \end{pmatrix} = \begin{pmatrix} x - x_2 \\ y - y_2 \end{pmatrix} \quad \Rightarrow \quad r_2 = \sqrt{(x - x_2)^2 + (y - y_2)^2}\,,$$

$$\vec{r}_3 = \begin{pmatrix} x \\ y \end{pmatrix} - \begin{pmatrix} x_3 \\ y_3 \end{pmatrix} = \begin{pmatrix} x - x_3 \\ y - y_3 \end{pmatrix} \quad \Rightarrow \quad r_3 = \sqrt{(x - x_3)^2 + (y - y_3)^2} \ .$$

Damit werden die Einzelfeldstärken:

$$\vec{E}_1(x,y) = \frac{Q_1}{4\pi\varepsilon} \frac{\vec{r}_1}{r_1^3} = \frac{Q_1}{4\pi\varepsilon} \frac{(x - x_1)\vec{e}_x + (y - y_1)\vec{e}_y}{\sqrt{(x - x_1)^2 + (y - y_1)^2}^3} \ ,$$

$$\vec{E}_2(x,y) = \frac{Q_2}{4\pi\varepsilon} \frac{\vec{r}_2}{r_2^3} = \frac{Q_2}{4\pi\varepsilon} \frac{(x - x_2)\vec{e}_x + (y - y_2)\vec{e}_y}{\sqrt{(x - x_2)^2 + (y - y_2)^2}^3} \ ,$$

$$\vec{E}_3(x,y) = \frac{Q_3}{4\pi\varepsilon} \frac{\vec{r}_3}{r_3^3} = \frac{Q_3}{4\pi\varepsilon} \frac{(x - x_3)\vec{e}_x + (y - y_3)\vec{e}_y}{\sqrt{(x - x_3)^2 + (y - y_3)^2}^3} \ .$$

Die Gesamtfeldstärke ergibt sich dann zu

$$\vec{E}(x,y) = \frac{1}{4\pi\varepsilon} \left(Q_1 \frac{(x - x_1)\vec{e}_x + (y - y_1)\vec{e}_y}{\sqrt{(x - x_1)^2 + (y - y_1)^2}^3} \right.$$
$$\left. + Q_2 \frac{(x - x_2)\vec{e}_x + (y - y_2)\vec{e}_y}{\sqrt{(x - x_2)^2 + (y - y_2)^2}^3} + Q_3 \frac{(x - x_3)\vec{e}_x + (y - y_3)\vec{e}_y}{\sqrt{(x - x_3)^2 + (y - y_3)^2}^3} \right) \ .$$

3.2.2.2

Gesucht: Die elektrische Feldstärke $\vec{E}(0,0)$ im Ursprung.

Gegeben: Die allgemeine Gleichung der elektrischen Feldstärke $\vec{E}$ aus Aufgabenteil 3.2.2.1.

Ansatz: Einsetzen der Koordinaten $x = 0$ und $y = 0$ in die allgemeine Gleichung.

$$\vec{E}(0,0) = -\frac{1}{4\pi\varepsilon} \left(Q_1 \frac{x_1\vec{e}_x + y_1\vec{e}_y}{\sqrt{x_1^2 + y_1^2}^3} + Q_2 \frac{x_2\vec{e}_x + y_2\vec{e}_y}{\sqrt{x_2^2 + y_2^2}^3} + Q_3 \frac{x_3\vec{e}_x + y_3\vec{e}_y}{\sqrt{x_3^2 + y_3^2}^3} \right) \ .$$

3.2.2.3

Gesucht: Die Potenzialfunktion $\phi(x,y)$.

Gegeben: Die Beschreibung der Abstandsvektoren aus Aufgabenteil 3.2.2.1.

Ansatz: Die Potenzialfunktion ist definiert als

$$\phi(b) = -\int_a^b \vec{E} \cdot d\vec{s} + \phi(a) \ . \tag{3.28}$$

Nach Festlegung der Randbedingungen verschwindet das Potenzial im Unendlichen, d. h. $\phi(a) = 0$ und $a \to \infty$

$$\phi(r) = -\int_\infty^r \vec{E} \cdot d\vec{s} \ . \tag{3.29}$$

Das Feld einer Punktladung ist ein Radialfeld, daher bietet sich für die Berechnung der Einzelpotentiale das Kugel-Koordinatensystem an. Für das vektorielle Linienelement gilt hier, wenn entlang einer Feldlinie integriert wird: $d\vec{s} = \vec{e}_r\, dr$. Mit der elektrischen Feldstärke in Kugelkoordinaten

$$\vec{E}(r) = \frac{Q}{4\pi\varepsilon}\frac{\vec{e}_r}{r^2} \tag{3.30}$$

wird dann

$$\phi(r) = -\int\limits_{\infty}^{r} \frac{Q}{4\pi\varepsilon}\frac{\vec{e}_r}{r^2}\cdot \vec{e}_r\, dr\ . \tag{3.31}$$

Es ergibt sich für die Punktladung Q_i, $i = 1,2,3$, das Einzelpotenzial

$$\phi_i(r_i) = -\frac{Q_i}{4\pi\varepsilon}\ (-)\frac{1}{r}\Big|_{\infty}^{r_i} = \frac{Q_i}{4\pi\varepsilon}\frac{1}{r_i}\ . \tag{3.32}$$

Durch die Überlagerung (Superposition) der Einzelpotenziale entsteht das Gesamtpotenzial

$$\phi(r) = \phi_1(r_1) + \phi_2(r_2) + \phi_3(r_3) = \frac{Q_1}{4\pi\varepsilon}\frac{1}{r_1} + \frac{Q_2}{4\pi\varepsilon}\frac{1}{r_2} + \frac{Q_3}{4\pi\varepsilon}\frac{1}{r_3}$$

$$= \frac{1}{4\pi\varepsilon}\left(\frac{Q_1}{r_1} + \frac{Q_2}{r_2} + \frac{Q_3}{r_3}\right)\ . \tag{3.33}$$

Einsetzen der Abstandsradien r_1, r_2, r_3 aus Aufgabenteil 3.2.2.1 ergibt die gesuchte Funktion in kartesischen Koordinaten

$$\phi(x,y) = \frac{1}{4\pi\varepsilon}\left(\frac{Q_1}{\sqrt{(x-x_1)^2 + (y-y_1)^2}} + \frac{Q_2}{\sqrt{(x-x_2)^2 + (y-y_2)^2}}\right.$$

$$\left. + \frac{Q_3}{\sqrt{(x-x_3)^2 + (y-y_3)^2}}\right)\ . \tag{3.34}$$

3.2.2.4

Gesucht: Die Energie, die nötig ist, um eine Probeladung q vom Unendlichen in den Ursprung zu transportieren.

Gegeben: Die allgemeine Gleichung des elektrischen Potenzials aus Aufgabent. 3.2.2.3.

Ansatz: Nach Aufgabenstellung ergibt sich für den Energieaufwand

$$W_{\text{mech}} = q\,\Delta U = q\,(\phi(x_a,y_a) - \phi(x_b,y_b))\ . \tag{3.35}$$

Einsetzen der Koordinaten $x_b = 0$ und $y_b = 0$ sowie $x_a = \infty$ und $y_a = \infty$ in die allgemeine Gleichung.

$$W = q\,(\phi(\infty,\infty) - \phi(0,0)) = q\,(0 - \phi(0,0)) \tag{3.36}$$

$$= -\frac{q}{4\pi\varepsilon}\left(\frac{Q_1}{\sqrt{x_1^2 + y_1^2}} + \frac{Q_2}{\sqrt{x_2^2 + y_2^2}} + \frac{Q_3}{\sqrt{x_3^2 + y_3^2}}\right)\ . \tag{3.37}$$

Haben alle Ladungen das gleiche Vorzeichen, wird Arbeit aufgewendet, also zugeführt, daher das negative Vorzeichen.

3.2.2.5
Gesucht: Die elektrische Feldstärke $\vec{E}(x,y)$ aus dem Potenzial $\phi(x,y)$.
Gegeben: Die allgemeine Gleichung des elektrischen Potenzials aus Aufgabent. 3.2.2.3.
Ansatz: Die elektrische Feldstärke wird berechnet durch

$$\boxed{\vec{E} = -\text{grad } \phi} \; . \tag{3.38}$$

In kartesischen Koordinaten (3.25) ergibt sich für die elektrische Feldstärke

$$\vec{E}(x,y) = -\left(\frac{\partial \phi(x,y)}{\partial x} \, \vec{e}_x + \frac{\partial \phi(x,y)}{\partial y} \, \vec{e}_y + \frac{\partial \phi(x,y)}{\partial z} \, \vec{e}_z \right) \tag{3.39}$$

wobei die Ableitung nach z aufgrund der Aufgabenstellung entfällt.

$$
\begin{aligned}
\vec{E}(x,y) = &-\frac{\partial}{\partial x} \left[\frac{1}{4\pi\varepsilon} \left(\frac{Q_1}{\sqrt{(x-x_1)^2 + (y-y_1)^2}} + \frac{Q_2}{\sqrt{(x-x_2)^2 + (y-y_2)^2}} \right. \right. \\
&\left. \left. + \frac{Q_3}{\sqrt{(x-x_3)^2 + (y-y_3)^2}} \right) \right] \vec{e}_x \\
&-\frac{\partial}{\partial y} \left[\frac{1}{4\pi\varepsilon} \left(\frac{Q_1}{\sqrt{(x-x_1)^2 + (y-y_1)^2}} + \frac{Q_2}{\sqrt{(x-x_2)^2 + (y-y_2)^2}} \right. \right. \\
&\left. \left. + \frac{Q_3}{\sqrt{(x-x_3)^2 + (y-y_3)^2}} \right) \right] \vec{e}_y \; .
\end{aligned}
\tag{3.40}
$$

Nur die Nenner der Potenzialfunktion hängen von den Variablen x und y ab. Der Wurzelausdruck dieser Nenner kann auch in den Zähler geschrieben werden als

$$\left((x - x_i)^2 + (y - y_i)^2 \right)^{-1/2} \; ,$$

worauf sich die Kettenregel sehr einfach anwenden lässt:

$$
\begin{aligned}
\frac{\partial}{\partial x} \left((x - x_i)^2 + (y - y_i)^2 \right)^{-1/2} &= -\frac{1}{2} \left((x - x_i)^2 + (y - y_i)^2 \right)^{-3/2} \cdot 2(x - x_i) \\
&= -\frac{(x - x_i)}{\left((x - x_i)^2 + (y - y_i)^2 \right)^{3/2}} \tag{3.41}
\end{aligned}
$$

$$
\begin{aligned}
\frac{\partial}{\partial y} \left((x - x_i)^2 + (y - y_i)^2 \right)^{-1/2} &= -\frac{1}{2} \left((x - x_i)^2 + (y - y_i)^2 \right)^{-3/2} \cdot 2(y - y_i) \\
&= -\frac{(y - y_i)}{\left((x - x_i)^2 + (y - y_i)^2 \right)^{3/2}} \; . \tag{3.42}
\end{aligned}
$$

Damit wird

$$\vec{E}(x,y) = +\frac{1}{4\pi\varepsilon}\left(\frac{Q_1(x-x_1)}{((x-x_1)^2+(y-y_1)^2)^{3/2}} + \frac{Q_2(x-x_2)}{((x-x_2)^2+(y-y_2)^2)^{3/2}}\right.$$
$$\left. + \frac{Q_3(x-x_3)}{((x-x_3)^2+(y-y_3)^2)^{3/2}}\right)\vec{e}_x$$
$$+ \frac{1}{4\pi\varepsilon}\left(\frac{Q_1(y-y_1)}{((x-x_1)^2+(y-y_1)^2)^{3/2}} + \frac{Q_2(y-y_2)}{((x-x_2)^2+(y-y_2)^2)^{3/2}}\right.$$
$$\left. + \frac{Q_3(y-y_3)}{((x-x_3)^2+(y-y_3)^2)^{3/2}}\right)\vec{e}_y \tag{3.43}$$

bzw. die Feldstärke im Ursprung

$$\vec{E}(0,0) = -\frac{1}{4\pi\varepsilon}\left(Q_1\frac{x_1\vec{e}_x+y_1\vec{e}_y}{\sqrt{x_1^2+y_1^2}^3} + Q_2\frac{x_2\vec{e}_x+y_2\vec{e}_y}{\sqrt{x_2^2+y_2^2}^3} + Q_3\frac{x_3\vec{e}_x+y_3\vec{e}_y}{\sqrt{x_3^2+y_3^2}^3}\right).$$

Der Vergleich mit den Aufgabenteilen 3.2.2.1 bzw. 3.2.2.2 ergibt, dass beide Funktionen jeweils identisch sind.

Aufgabe 3.2.3

Gesucht: Berechnen Sie explizit für beide Wege von A nach B das Linienintegral

$$\int_L \vec{E}\cdot\mathrm{d}\vec{s}\,.$$

Ansatz: Das elektrische Feld der Punktladung Q besitzt die Feldstärke

$$\vec{E}(r) = \frac{Q}{4\pi\varepsilon}\frac{\vec{r}^0}{r^2} = \frac{Q}{4\pi\varepsilon}\frac{\vec{r}}{r^3}\,. \tag{3.44}$$

Zur Lösung der Aufgabe muss für beide Wege jeweils eine mathematische Beschreibung für den Abstandsvektor $\vec{r}$ und das vektorielle Linienelement $\mathrm{d}\vec{s}$ gefunden werden.

Weg 1
Mit Hilfe der Verschiebung x_m kann der Abstand zum Kreismittelpunkt beschrieben werden. Nach Abbildung 3.7 ist

$$x_m = r_a + \rho\,. \tag{3.45}$$

Anschaulich ergibt sich der Abstandsvektor

$$\vec{r} = (x_m - \rho\cos y)\,\vec{e}_x + \rho\sin y\,\vec{e}_y\,, \quad 0 \le y \le \pi, \tag{3.46}$$

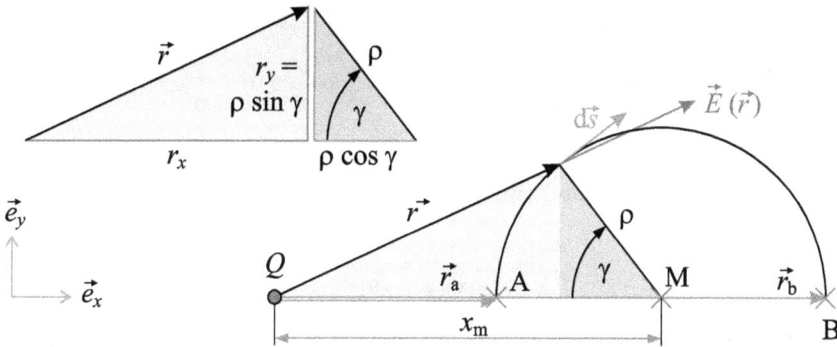

Abb. 3.7: Parametrisierung von Weg 1.

mit dem Betrag

$$r = \sqrt{(x_m - \rho \cos \gamma)^2 + (\rho \sin \gamma)^2}$$

$$= \sqrt{x_m^2 - 2x_m\rho \cos \gamma + \rho^2 \cos^2 \gamma + \rho^2 \sin^2 \gamma}$$

$$= \sqrt{x_m^2 - 2x_m\rho \cos \gamma + \rho^2} = \sqrt{x_m^2 + \rho^2 - 2x_m\rho \cos \gamma} \, . \tag{3.47}$$

Damit ergibt sich für die elektrische Feldstärke zu

$$\vec{E}(r) = \vec{E}(\gamma) = \frac{Q}{4\pi\varepsilon} \frac{[x_m - \rho \cos \gamma]\,\vec{e}_x + \rho \sin \gamma\,\vec{e}_y}{\sqrt{x_m^2 + \rho^2 - 2x_m\rho \cos \gamma}^3} \, . \tag{3.48}$$

Das vektorielle Linienelement in Abbildung 3.7 ist ein kleiner Ausschnitt aus dem Halbkreis, seine Richtung ist abhängig vom Winkel γ. Es ergibt sich durch

$$d\vec{s} = \frac{d\vec{r}(\gamma)}{d\gamma}\,d\gamma = \rho\,(\sin \gamma\,\vec{e}_x + \cos \gamma\,\vec{e}_y)\,d\gamma \, . \tag{3.49}$$

Abkürzend wird

$$\vec{r} \cdot d\vec{s} = [(x_m - \rho \cos \gamma)\,\vec{e}_x + \rho \sin \gamma\,\vec{e}_y] \cdot \rho\,(\sin \gamma\,\vec{e}_x + \cos \gamma\,\vec{e}_y)\,d\gamma$$

$$= (x_m - \rho \cos \gamma)\,\rho \sin \gamma\,d\gamma + \rho \sin \gamma\,\rho \cos \gamma\,d\gamma$$

$$= x_m\rho \sin \gamma\,d\gamma \, , \tag{3.50}$$

so dass sich das Linienintegral schreiben lässt als

$$\int_L \vec{E} \cdot d\vec{s} = \int_{\gamma=0}^{\pi} \frac{Q}{4\pi\varepsilon} \frac{x_m\rho \sin \gamma\,d\gamma}{\sqrt{x_m^2 + \rho^2 - 2x_m\rho \cos \gamma}^3}$$

$$= \frac{Q\,x_m\rho}{4\pi\varepsilon} \int_{\gamma=0}^{\pi} \frac{\sin \gamma\,d\gamma}{\sqrt{x_m^2 + \rho^2 - 2x_m\rho \cos \gamma}^3} \, . \tag{3.51}$$

Das Integral kann in der Form

$$\int_{y=0}^{\pi} \frac{\sin y \, dy}{(\alpha + \beta \cos y)^{3/2}} \, , \quad \alpha = x_m^2 + \rho^2 \, , \quad \beta = -2 x_m \rho \tag{3.52}$$

geschrieben werden und hat die Lösung

$$\frac{2}{\beta} \frac{1}{(\alpha + \beta \cos y)^{1/2}} \bigg|_{y=0}^{\pi} \, . \tag{3.53}$$

Damit wird mit den Beziehungen $x_m + \rho = r_b$ und $x_m - \rho = r_a$ (siehe Abbildung 3.7)

$$\int_L \vec{E} \cdot d\vec{s} = \frac{Q \, x_m \rho}{4\pi\varepsilon} \left[\frac{2}{-2 x_m \rho} \frac{1}{\sqrt{x_m^2 + \rho^2 - 2 x_m \rho \cos y}} \right]_{y=0}^{\pi} \tag{3.54}$$

$$\int_L \vec{E} \cdot d\vec{s} = \frac{-Q}{4\pi\varepsilon} \left[\frac{1}{\sqrt{x_m^2 + \rho^2 - 2 x_m \rho \cos \pi}} - \frac{1}{\sqrt{x_m^2 + \rho^2 - 2 x_m \rho \cos 0}} \right] \tag{3.55}$$

$$= \frac{-Q}{4\pi\varepsilon} \left[\frac{1}{\sqrt{x_m^2 + 2 x_m \rho + \rho^2}} - \frac{1}{\sqrt{x_m^2 - 2 x_m \rho + \rho^2}} \right] \tag{3.56}$$

$$= \frac{-Q}{4\pi\varepsilon} \left[\frac{1}{x_m + \rho} - \frac{1}{x_m - \rho} \right] = \frac{Q}{4\pi\varepsilon} \left[\frac{1}{r_a} - \frac{1}{r_b} \right] \, . \tag{3.57}$$

Weg 2

In Kugelkoordinaten zeigen der Abstandsvektor $\vec{r}$ und das vektorielle Linienelement in Abbildung 3.8 in Richtung der elektrischen Feldstärke

$$\vec{r} = r \, \vec{e}_r \, , \quad d\vec{s} = dr \, \vec{e}_r \, , \quad \vec{E}(r) = \frac{Q}{4\pi\varepsilon} \frac{\vec{e}_r}{r^2} \, , \quad r_a \le r \le r_b \, , \tag{3.58}$$

so dass sich das Linienintegral schreiben lässt als

$$\int_L \vec{E} \cdot d\vec{s} = \int_{r=r_a}^{r_b} \frac{Q}{4\pi\varepsilon} \frac{\vec{e}_r}{r^2} \cdot dr \, \vec{e}_r = \int_{r=r_a}^{r_b} \frac{Q}{4\pi\varepsilon} \frac{dr}{r^2} \, . \tag{3.59}$$

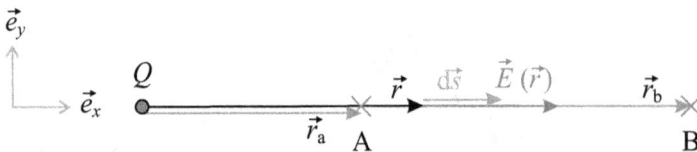

Abb. 3.8: Parametrisierung von Weg 2.

Das Integral besitzt die Lösung

$$\frac{Q}{4\pi\varepsilon} \int\limits_{r=r_a}^{r_b} \frac{dr}{r^2} = \frac{Q}{4\pi\varepsilon} \left[-\frac{1}{r} \right]_{r=r_a}^{r_b} = \frac{Q}{4\pi\varepsilon} \left[-\frac{1}{r_b} + \frac{1}{r_a} \right].$$ (3.60)

Hiermit ergibt sich dann

$$\int\limits_{L} \vec{E} \cdot d\vec{s} = \frac{Q}{4\pi\varepsilon} \left[\frac{1}{r_a} - \frac{1}{r_b} \right],$$ (3.61)

womit die Wegunabhängigkeit für diese zwei Wege gezeigt ist.

Anmerkung. *Dies ist im mathematischen Sinn kein echter Beweis, hier wurde nur exemplarisch anhand von zwei Wegen die Wegunabhängigkeit des Linienintegrals gezeigt.*

Dieses Beispiel zeigt auch, dass aufgrund der Wegunabhängigkeit möglichst immer ein Weg gesucht werden sollte, dessen Linienelement in Richtung der elektrischen Feldstärke zeigt. Das heißt, es sollte, wann immer dies möglich ist, entlang einer Feldlinie integriert werden.

Verallgemeinerte Betrachtung der Aufgabenstellung [1]

Sei $\vec{E} = c\vec{r}/r^3$ und der Weg $\vec{r} = \vec{r}(t)$, $t \in [t_A, t_B]$ und nach t differenzierbar. Dann ist

$$\int\limits_{A}^{B} \vec{E} \cdot d\vec{s} = \int\limits_{t_A}^{t_B} c \frac{\vec{r}}{r^3} \cdot \dot{\vec{r}} \, dt$$ (3.62)

mit der Substitution

$$u = (r(t))^2 = \vec{r}(t) \cdot \vec{r}(t), \quad t_A \mapsto u_A = (r(t_A))^2, \quad t_B \mapsto u_B = (r(t_B))^2$$ (3.63)

sowie

$$\frac{du}{dt} = \dot{\vec{r}} \cdot \vec{r} + \vec{r} \cdot \dot{\vec{r}} = 2\vec{r} \cdot \dot{\vec{r}} \quad \Rightarrow \quad du = 2\vec{r} \cdot \dot{\vec{r}} \, dt$$ (3.64)

ergibt sich

$$\int\limits_{A}^{B} \vec{E} \cdot d\vec{s} = \int\limits_{u_A}^{u_B} \frac{1}{2} \frac{c}{u^{3/2}} \, du = \left[-\frac{c}{u^{1/2}} \right]_{u_A}^{u_B} = \left[-\frac{c}{r(t)} \right]_{t_A}^{t_B} = c \left[\frac{1}{r_A} - \frac{1}{r_B} \right]$$ (3.65)

mit $r(t_A) = r_A$ und $r(t_B) = r_B$.

---

1 Quelle: Dr. Diana Fanghänel, Universität Kassel, Fachbereich Elektrotechnik/Informatik

3.3 Die Linienladung

Aufgabe 3.3.1

3.3.1.1

Gesucht: Die elektrische Feldstärke $\vec{E}_1(x,z)$ allgemein.

Gegeben: Position und Länge der Linienladung.

Ansatz: Nach Abbildung 3.9 wird angenommen, dass die Linienladung aus einer Aneinanderreihung von infinitesimalen Punktladungen dQ besteht. Hierfür ist die elektrische Feldstärke bekannt:

$$d\vec{E}(r) = \frac{dQ}{4\pi\varepsilon} \frac{\vec{r}^0}{r^2} \,.$$

Mit $dQ = \lambda\, ds$ ergibt sich für die gesamte elektrische Feldstärke der Linienladung

$$\vec{E}_1(r) = \int_{-a}^{a} \frac{\lambda\, ds}{4\pi\varepsilon} \frac{\vec{r}^0}{r^2} \,. \tag{3.66}$$

Anschaulich werden durch das Integral alle Teilfelder der infinitesimalen Punktladungen aufsummiert. Der Abstandsvektor $\vec{r}$ ist für den gesuchten Wert an der Stelle $(x; z)$ definiert durch

$$\vec{r} = \begin{pmatrix} x \\ z \end{pmatrix} - \begin{pmatrix} -a \\ s \end{pmatrix} = \begin{pmatrix} x+a \\ z-s \end{pmatrix} \quad \Rightarrow \quad r = \sqrt{(x+a)^2 + (z-s)^2} \,.$$

Eingesetzt in (3.66):

$$\vec{E}_1(r) = \int_{-a}^{a} \frac{\lambda}{4\pi\varepsilon} \frac{(x+a)\,\vec{e}_x + (z-s)\,\vec{e}_z}{\sqrt{(x+a)^2 + (z-s)^2}^3} \, ds \,. \tag{3.67}$$

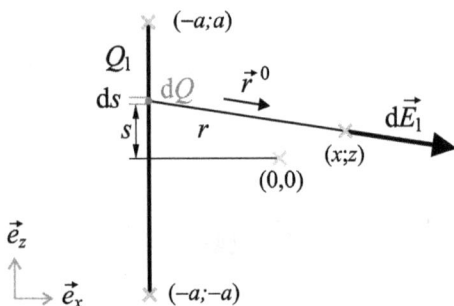

Abb. 3.9: Zur Herleitung der Feldstärke-Berechnung einer Linienladung mit Hilfe einer infinitesimalen Punktladung dQ.

Gleichung (3.67) zerfällt in zwei Teilintegrale

$$1.\ \frac{\lambda\,(x+a)\,\vec{e}_x}{4\pi\varepsilon}\int_{-a}^{a}\frac{ds}{\sqrt{(x+a)^2+(z-s)^2}^{\,3}}\ ,\quad 2.\ \frac{\lambda\,\vec{e}_z}{4\pi\varepsilon}\int_{-a}^{a}\frac{(z-s)\,ds}{\sqrt{(x+a)^2+(z-s)^2}^{\,3}}\ .$$

Mit den bereits vorgegebenen Stammfunktionen werden

$$\frac{\lambda\,(x+a)\,\vec{e}_x}{4\pi\varepsilon}\int_{-a}^{a}\frac{ds}{\sqrt{(x+a)^2+(z-s)^2}^{\,3}}$$

$$=\frac{\lambda\,(x+a)\,\vec{e}_x}{4\pi\varepsilon\,(x+a)^2}\,\frac{-(z-s)}{\sqrt{(x+a)^2+(z-s)^2}}\bigg|_{-a}^{a}$$

$$=\frac{\lambda\,\vec{e}_x}{4\pi\varepsilon\,(x+a)}\left(\frac{-(z-a)}{\sqrt{(x+a)^2+(z-a)^2}}-\frac{-(z+a)}{\sqrt{(x+a)^2+(z+a)^2}}\right)$$

und

$$\frac{\lambda\,\vec{e}_z}{4\pi\varepsilon}\int_{-a}^{a}\frac{(z-s)\,ds}{\sqrt{(x+a)^2+(z-s)^2}^{\,3}}$$

$$=\frac{\lambda\,\vec{e}_z}{4\pi\varepsilon}\,\frac{1}{\sqrt{(x+a)^2+(z-s)^2}}\bigg|_{-a}^{a}$$

$$=\frac{\lambda\,\vec{e}_z}{4\pi\varepsilon}\left(\frac{1}{\sqrt{(x+a)^2+(z-a)^2}}-\frac{1}{\sqrt{(x+a)^2+(z+a)^2}}\right)\ .$$

Damit hat die Feldstärke im Punkt $(x;z)$ den Wert

$$\vec{E}_1(x,z)=\frac{\lambda}{4\pi\varepsilon(x+a)}\left(\frac{-(z-a)}{\sqrt{(x+a)^2+(z-a)^2}}+\frac{(z+a)}{\sqrt{(x+a)^2+(z+a)^2}}\right)\vec{e}_x$$

$$+\frac{\lambda}{4\pi\varepsilon}\left(\frac{1}{\sqrt{(x+a)^2+(z-a)^2}}-\frac{1}{\sqrt{(x+a)^2+(z+a)^2}}\right)\vec{e}_z\ . \tag{3.68}$$

3.3.1.2

Gesucht: Das Potenzial der Linienladung entlang der x-Achse.

Gegeben: Position und Länge der Linienladung.

Ansatz: Analog zu Aufgabenteil 3.3.1.1 wird angenommen, dass die Linienladung aus einer Aneinanderreihung von infinitesimalen Punktladungen dQ besteht. Hierfür ist das elektrische Potenzial bekannt (die Konstante ist null, damit das Potenzial im Unendlichen verschwindet):

$$d\phi(r)=\frac{dQ}{4\pi\varepsilon}\frac{1}{r}\ .$$

Mit $dQ=\lambda\,ds$ ergibt sich für das gesamte Potenzial der Linienladung

$$\phi(r)=\int_{-a}^{a}\frac{\lambda\,ds}{4\pi\varepsilon}\frac{1}{r}\ . \tag{3.69}$$

Anschaulich werden durch das Integral alle Teilpotenziale der infinitesimalen Punktladungen aufsummiert. Der Abstand r ist für das gesuchte Potenzial entlang der x-Achse definiert durch

$$\vec{r} = \begin{pmatrix} x \\ 0 \end{pmatrix} - \begin{pmatrix} -a \\ s \end{pmatrix} = \begin{pmatrix} x + a \\ -s \end{pmatrix} \quad \Rightarrow \quad r = \sqrt{(x + a)^2 + s^2} \; .$$

Eingesetzt in (3.69):

$$\phi_1(x,0) = \int_{-a}^{a} \frac{\lambda}{4\pi\varepsilon} \frac{ds}{\sqrt{(x + a)^2 + s^2}} = \frac{\lambda}{4\pi\varepsilon} \int_{-a}^{a} \frac{ds}{\sqrt{(x + a)^2 + s^2}} \; . \tag{3.70}$$

Das Integral besitzt die Lösung

$$\int_{-a}^{a} \frac{ds}{\sqrt{(x + a)^2 + s^2}} = \ln\left(\frac{s}{x + a} + \sqrt{\left(\frac{s}{x + a}\right)^2 + 1} \right)\Bigg|_{-a}^{a} \; .$$

Damit lautet das gesuchte Potenzial

$$\phi_1(x,0) = \frac{\lambda}{4\pi\varepsilon} \left[\ln\left(a + \sqrt{a^2 + (x + a)^2} \right) - \ln\left(-a + \sqrt{(-a)^2 + (x + a)^2} \right) \right]$$

$$= \frac{\lambda}{4\pi\varepsilon} \ln \frac{a + \sqrt{a^2 + (x + a)^2}}{-a + \sqrt{a^2 + (x + a)^2}} = \frac{\lambda}{2\pi\varepsilon} \ln \frac{a + \sqrt{a^2 + (x + a)^2}}{x + a} \; . \tag{3.71}$$

Anmerkung. *In der Literatur wird als Lösung zu Gleichung (3.70) auch der Areasinus Hyperbolicus angegeben. Es gilt der Zusammenhang*

$$\operatorname{arsinh}(x) = \ln\left(x + \sqrt{x^2 + 1} \right) \; .$$

3.3.1.3

Gesucht: Die Ladungsdichte λ, damit die elektrische Feldstärke im Ursprung verschwindet.

Gegeben: Die elektrische Feldstärke der Linienladung aus Gl. (3.68)

$$\vec{E}_1(0,0) = \frac{\lambda}{4\pi\varepsilon(a)} \left(\frac{(a)}{\sqrt{(a)^2 + (a)^2}} + \frac{(a)}{\sqrt{(a)^2 + (a)^2}} \right) \vec{e}_x + 0\,\vec{e}_z$$

wird im Ursprung

$$\vec{E}_1(0,0) = \frac{\lambda}{4\pi\varepsilon} \left(\frac{1}{\sqrt{2a^2}} + \frac{1}{\sqrt{2a^2}} \right) \vec{e}_x = \frac{\sqrt{2}\,\lambda}{4\pi\varepsilon\,a} \vec{e}_x \; .$$

Ansatz: Nach hinzufügen der Punktladung überlagern sich beide Felder $\vec{E}_1$ und $\vec{E}_p$. Die Punktladung befindet sich im Abstand $2a$ zum Ursprung auf der x-Achse (siehe Abbildung 3.10) womit für den Abstandsvektor $\vec{r}_p$ gilt:

$$\vec{r}_p = \begin{pmatrix} 0 \\ 0 \end{pmatrix} - \begin{pmatrix} 2a \\ 0 \end{pmatrix} = \begin{pmatrix} -2a \\ 0 \end{pmatrix} \quad \Rightarrow \quad r_p = 2a \; .$$

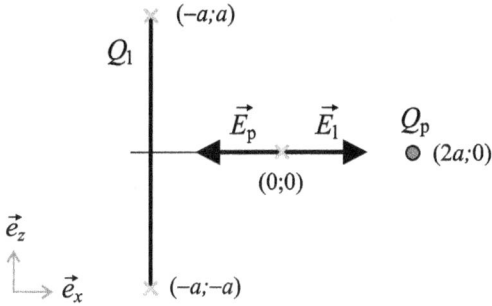

Abb. 3.10: Überlagerung der beiden Feldstärke-Vektoren von Linienladung und Punktladung im Ursprung.

Die elektrische Feldstärke der Punktladung im Ursprung wird dann

$$\vec{E}_p(0,0) = -\frac{Q}{4\pi\varepsilon}\frac{\vec{e}_x}{4a^2} \; .$$

Beide Feldstärken sollen sich zu null überlagern:

$$\vec{0} = \frac{\sqrt{2}\lambda}{4\pi\varepsilon\,a}\,\vec{e}_x - \frac{Q}{4\pi\varepsilon}\frac{\vec{e}_x}{4a^2}$$

$$\vec{0} = \left(\frac{\sqrt{2}\lambda}{4\pi\varepsilon\,a} - \frac{Q}{4\pi\varepsilon}\frac{1}{4a^2}\right)\vec{e}_x \quad \Rightarrow \quad 0 = \sqrt{2}\lambda - Q\frac{1}{4a} \quad \Rightarrow \quad \lambda = \underline{\underline{\frac{Q}{4\sqrt{2}\,a}}}\; .$$

Aufgabe 3.3.2

3.3.2.1
Gesucht: Die Ladung Q allgemein.
Gegeben: Position und Länge der Linienladung.
Ansatz: Die Linienladungsdichte λ einer Linienladung ist definiert als

$$\lambda = \frac{\mathrm{d}Q}{\mathrm{d}s} \quad \Rightarrow \quad \mathrm{d}Q = \lambda\,\mathrm{d}s \; . \tag{3.72}$$

Anschaulich, wie in Abbildung 3.11 gezeigt, kann dann die Linienladung als Aneinanderreihung infinitesimaler Ladungselemente $\mathrm{d}Q$ betrachtet werden. Die Überlagerung der Ladungselemente nach dem Superpositionsprinzip zur Gesamtladung Q entspricht einer Integration über die Länge der Linienladung. Die Integrationsvariable s gibt dabei immer die Position eines Ladungselementes an.
In der gegebenen Aufgabenstellung hat sie den Wertebereich $-a \le s \le a$:

$$Q = \int_{-a}^{a} \lambda\,\mathrm{d}s \; . \tag{3.73}$$

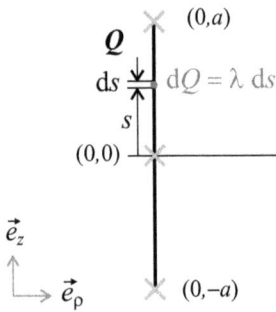

Abb. 3.11: Zur Berechnung der Linienladung mit dem Superpositionsprinzip.

Ist die Linienladungsdichte λ konstant, also homogen über die Länge verteilt, kann sie vor das Integral gezogen werden und es ergibt sich

$$Q = \lambda \int_{-a}^{a} ds = \lambda[a - (-a)] = \underline{\underline{2\lambda a}} \,. \tag{3.74}$$

3.3.2.2
Gesucht: Die Linienladungsdichte λ.
Gegeben: $a = 50\,\text{cm}$ und $Q = 2\,\text{nC}$.
Ansatz: Wie bereits hergeleitet ist

$$Q = 2\lambda a \quad \Rightarrow \quad \lambda = \frac{Q}{2a} \,.$$

Mit gegebenen Werten:

$$\lambda = \frac{2\,\text{nC}}{2 \cdot 0{,}5\,\text{m}} = \underline{\underline{2 \cdot 10^{-9}\,\text{As}\,\text{m}^{-1}}} \,.$$

3.4 Die Kapazität

Aufgabe 3.4.1

3.4.1.1

Gesucht: Skizze der Feldlinien von $\vec{D}$ und $\vec{E}$ sowie der Äquipotenziallinien für beide Kondensatoren.

Ansatz: Auf ideal leitenden Flächen stehen die elektrischen Feldlinien immer senkrecht. Es ergeben sich in beiden Fällen radialsymmetrische Felder, wie sie Abbildung 3.12 zeigt. Die Äquipotenziallinien verlaufen auf Mantel- bzw. Kugeloberflächen.

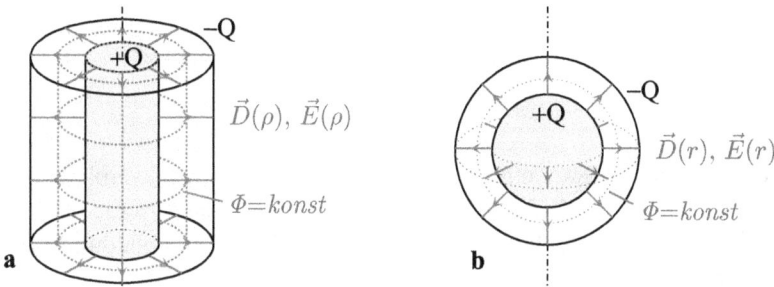

Abb. 3.12: Verlauf der Feldlinien von $\vec{D}$ und $\vec{E}$ sowie der Äquipotenziallinien $\Phi = konst$, (a) Zylinder- und (b) Kugelkondensator.

3.4.1.2

Gesucht: Die elektrische Flussdichte $\vec{D}$ und die elektrische Feldstärke $\vec{E}$ für beide Kondensatoren abhängig vom Radius.

Gegeben: Die Feldverläufe von Zylinder- und Kugelkondensator.

Ansatz: Durch Anwendung des Gauß'schen Satzes der Elektrostatik

$$Q = \oint_A \vec{D} \cdot d\vec{A} \qquad (3.75)$$

kann bei bekannter Ladung und Geometrie die elektrische Flussdichte $\vec{D}$ bestimmt werden. über die Materialgleichung

$$\vec{D} = \varepsilon \vec{E} \qquad (3.76)$$

ergibt sich dann die elektrische Feldstärke $\vec{E}$.

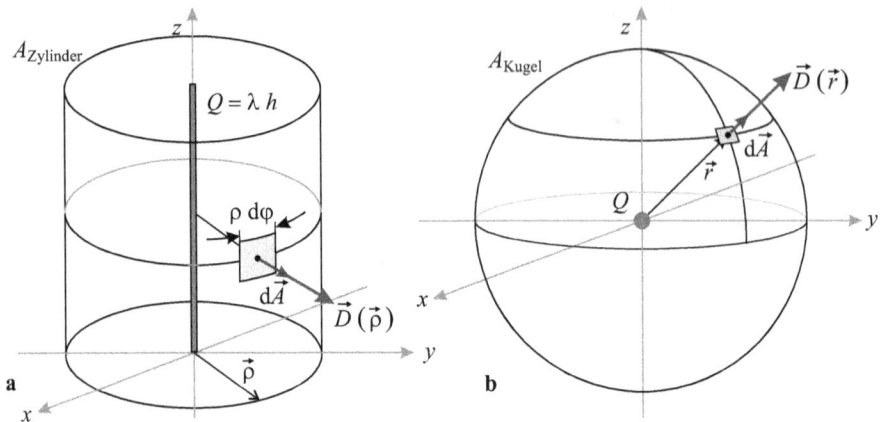

Abb. 3.13: Veranschaulichung des Gauß'schen Satzes der Elektrostatik: Hüllfläche A, vektorielles Flächenelement $\mathrm{d}\vec{A}$, Ladung Q und elektrische Flussdichte $\vec{D}$ für (a) Zylinder, (b) Kugel.

Zylinderkondensator

Unter Vernachlässigung der Randeffekte an Boden- und Deckelfläche verbleibt der Zylindermantel als Teil der Hüllfläche A des Integrals und die Ladung Q kann als Linienladung λ verteilt über die Zylinderhöhe h betrachtet werden. Nach Abbildung 3.13a zeigen vektorielles Flächenelement $\mathrm{d}\vec{A}$ und elektrische Flussdichte $\vec{D} = D(\rho)\vec{e}_\rho$ in die gleiche Richtung:

$$Q = \lambda h = \int_{z=0}^{h} \int_{\varphi=0}^{2\pi} D(\rho)\,\rho\,\mathrm{d}\varphi\,\mathrm{d}z\,. \tag{3.77}$$

Die Lösung des Integrals liefert

$$Q = D(\rho)\,\rho\int_{z=0}^{h} \big[\varphi\big]_{\varphi=0}^{2\pi}\,\mathrm{d}z = 2\pi\,\rho\,D(\rho)\big[z\big]_{z=0}^{h} = h\,2\pi\,\rho\,D(\rho) \tag{3.78}$$

$$\Rightarrow \vec{D}(\rho) = \frac{Q}{2\pi\,\rho\,h}\vec{e}_\rho \quad \text{bzw.} \quad \vec{D}(\rho) = \frac{\lambda}{2\pi\,\rho}\vec{e}_\rho\,. \tag{3.79}$$

Mit Gleichung (3.76) ergibt sich die elektrische Feldstärke

$$\vec{E}(\rho) = \frac{Q}{2\pi\varepsilon\,\rho\,h}\vec{e}_\rho \quad \text{bzw.} \quad \vec{E}(\rho) = \frac{\lambda}{2\pi\varepsilon\,\rho}\vec{e}_\rho\,. \tag{3.80}$$

Kugelkondensator

Die Hüllfläche A des Integrals ist die Oberfläche der Kugel und umhüllt die Ladung Q. Nach Abbildung 3.13b zeigen vektorielles Flächenelement $\mathrm{d}\vec{A}$ und elektrische Flussdichte $\vec{D} = D(r)\vec{e}_r$ in die gleiche Richtung:

$$Q = \int\limits_{\vartheta=0}^{\pi} \int\limits_{\varphi=0}^{2\pi} D(r)\, r^2 \sin(\vartheta)\, d\varphi\, d\vartheta . \qquad (3.81)$$

Die Lösung des Integrals liefert

$$Q = D(r)\, r^2 \int\limits_{\vartheta=0}^{\pi} \sin(\vartheta) \Big[\varphi\Big]_{\varphi=0}^{2\pi}\, d\vartheta = 2\pi r^2 D(r)\Big[-\cos(\vartheta)\Big]_{\vartheta=0}^{\pi} = 4\pi r^2 D(r)$$

$$\Rightarrow \quad \underline{\underline{\vec{D}(r) = \frac{Q}{4\pi r^2}\vec{e}_r}} . \qquad (3.82)$$

Mit Gleichung (3.76) ergibt sich die elektrische Feldstärke

$$\underline{\underline{\vec{E}(r) = \frac{Q}{4\pi\varepsilon r^2}\vec{e}_r}} . \qquad (3.83)$$

3.4.1.3
Gesucht: Das Verhältnis der Kugelschalenradien r_a/r_i, bei gegebenem Verhältnis der Zylinderradien $\rho_a/\rho_i = e^2$.

Gegeben: Die Gleichungen der elektrischen Feldstärke von Zylinder- und Kugelkondensator.

Ansatz: Berechnung der Kapazitäten durch

$$C = \frac{Q}{U} \quad \text{mit} \quad U = \int\limits_{L} \vec{E}\cdot d\vec{s} . \qquad (3.84)$$

Es ist also für beide Kondensatoren jeweils die Spannung U auszurechnen. Anschließend muss gelten

$$C_{\text{zyl}} = C_{\text{kgl}} . \qquad (3.85)$$

Zylinderkondensator
Für das vektorielle Wegelement $d\vec{s}$ gilt bei Integration entlang einer Feldlinie der Feldstärke $\vec{E} = E(\rho)\,\vec{e}_\rho$

$$d\vec{s} = d\rho\,\vec{e}_\rho , \quad \rho_i \le \rho \le \rho_a . \qquad (3.86)$$

Somit ergibt sich für die Kapazität

$$C_{\text{zyl}} = \frac{Q}{\int\limits_{\rho_i}^{\rho_a} \frac{Q}{2\pi\varepsilon\rho h}\, d\rho} = \frac{2\pi\varepsilon h}{\int\limits_{\rho_i}^{\rho_a} \frac{1}{\rho}\, d\rho} = \frac{2\pi\varepsilon h}{\Big[\ln\rho\Big]_{\rho_i}^{\rho_a}} \quad \Rightarrow \quad \underline{\underline{C_{\text{zyl}} = \frac{2\pi\varepsilon h}{\ln\frac{\rho_a}{\rho_i}}}} . \qquad (3.87)$$

Kugelkondensator

Für das vektorielle Wegelement $d\vec{s}$ gilt bei Integration entlang einer Feldlinie der Feldstärke $\vec{E} = E(r)\,\vec{e}_r$

$$d\vec{s} = dr\,\vec{e}_r\,, \quad r_i \le r \le r_a\,. \tag{3.88}$$

Somit ergibt sich für die Kapazität

$$C_{kgl} = \frac{Q}{\displaystyle\int_{r_i}^{r_a} \frac{Q}{4\pi\varepsilon\,r^2}\,dr} = \frac{4\pi\varepsilon}{\displaystyle\int_{r_i}^{r_a} \frac{1}{r^2}\,dr} = \frac{4\pi\varepsilon}{\left[-\frac{1}{r}\right]_{r_i}^{r_a}} \quad \Rightarrow \quad C_{kgl} = \frac{4\pi\varepsilon}{\dfrac{1}{r_i} - \dfrac{1}{r_a}}\,. \tag{3.89}$$

Gleichsetzen der beiden Kapazitäten und bilden des Verhältnisses r_a/r_i führt bei gleicher Höhe ($h = 2\,r_a$) auf

$$\frac{4\pi\varepsilon\,r_a}{\ln\frac{\rho_a}{\rho_i}} = \frac{4\pi\varepsilon\,r_a}{\frac{r_a}{r_i} - 1} \quad \Rightarrow \quad \ln\frac{\rho_a}{\rho_i} = \frac{r_a}{r_i} - 1 \quad \Rightarrow \quad \frac{r_a}{r_i} = 1 + \ln\frac{\rho_a}{\rho_i}\,. \tag{3.90}$$

Mit gegebenen Werten:

$$\frac{r_a}{r_i} = 1 + \ln e^2 = \underline{\underline{3}}\,.$$

Aufgabe 3.4.2

Gesucht: Die Gesamtkapazität C_{AB} zwischen den Klemmen A und B.

Ansatz: Umzeichnen wie in Abbildung 3.14 gezeigt.

Auflösen der Parallelschaltungen:

$$C_{1,2,3} = C_1 + C_2 + C_3 = 3C_0\,, \quad C_{7,8} = C_7 + C_8 = 2C_0\,. \tag{3.91}$$

Auflösen der Reihenschaltung $C_{1,2,3}$, C_4:

$$C_{1\dots4} = \frac{C_{1,2,3} \cdot C_4}{C_{1,2,3} + C_4} = \frac{3C_0 \cdot C_0}{3C_0 + C_0} = \frac{3}{4}C_0\,. \tag{3.92}$$

Auflösen der Parallelschaltung $C_{1\dots4}$, C_5

$$C_{1\dots5} = C_{1\dots4} + C_5 = \frac{3}{4}C_0 + C_0 = \frac{7}{4}C_0\,. \tag{3.93}$$

Auflösen der Reihenschaltung $C_{1\dots5}$, $C_{7,8}$:

$$C_{1\dots5,7,8} = \frac{C_{1\dots5} \cdot C_{7,8}}{C_{1\dots5} + C_{7,8}} = \frac{\frac{7}{4}C_0 \cdot 2C_0}{\frac{7}{4}C_0 + 2C_0} = \frac{14}{15}C_0\,. \tag{3.94}$$

Auflösen der Parallelschaltung mit C_6 ergibt

$$C_{AB} = C_{1\dots5,7,8} + C_6 = \frac{14}{15}C_0 + C_0 = \underline{\underline{\frac{29}{15}C_0}}\,. \tag{3.95}$$

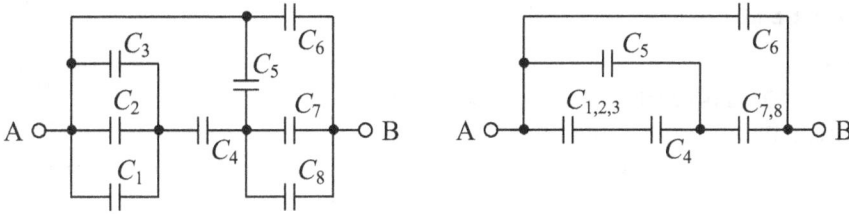

Abb. 3.14: Umgezeichnetes Kondensatornetzwerk.

Aufgabe 3.4.3

Gesucht: Die elektrische Spannung U, die elektrische Flussdichte D, die Ladung Q und die Kapazität C des Plattenkondensators.

Ansatz: Vernachlässigung der Randeffekte reduziert den Rechenaufwand, da vereinfacht mit homogenen Feldern gerechnet werden darf.

Über das Linienintegral

$$U_{AB} = \int_A^B \vec{E} \cdot d\vec{s} \tag{3.96}$$

ergibt sich aufgrund des homogenen Felds im Plattenkondensator (elektrisches Feld und Linienelement sind gleichgerichtet) bei einer angelegten Spannung

$$U = \int_0^d E\,ds = E\,d \quad \Rightarrow \quad E = \frac{U}{d} = \frac{1\,\text{kV}}{5\,\text{mm}} = \underline{200\,\text{kV}\,\text{m}^{-1}}\,.$$

Entsprechend wird

$$D = \varepsilon\,E = 8{,}854 \cdot 10^{-12}\,\text{As}\,(\text{Vm})^{-1} \cdot 200\,\text{kV}\,\text{m}^{-1} \approx \underline{1{,}77 \cdot 10^{-6}\,\text{As}\,\text{m}^{-2}}\,.$$

Der Gaußsche Satz der Elektrostatik ergibt angewendet auf den Plattenkondensator aufgrund seines homogenen Feldes ($dA = r\,d\varphi\,dr$)

$$Q = \oint_A \vec{D} \cdot d\vec{A} = D \int_0^r \int_0^{2\pi} r\,d\varphi\,dr = D \int_0^r 2\pi r\,dr = D\,\pi r^2 \tag{3.97}$$

$$Q = 1{,}77 \cdot 10^{-6}\,\text{As}\,\text{m}^{-2} \cdot \pi \cdot (12{,}5\,\text{cm})^2 \approx \underline{8{,}68 \cdot 10^{-8}\,\text{As}}\,.$$

Mit

$$C = \frac{Q}{U} \quad \text{oder} \quad C = \frac{\varepsilon\,A}{d} \tag{3.98}$$

ergibt sich die Kapazität zu

$$C = \frac{\varepsilon_0 \cdot \pi \cdot r^2}{d} = \frac{8{,}854 \cdot 10^{-12}\,\text{F}\,\text{m}^{-1} \cdot \pi \cdot (12{,}5\,\text{cm})^2}{5\,\text{mm}} \approx \underline{86{,}9 \cdot 10^{-12}\,\text{F} = 86{,}9\,\text{pF}}\,.$$

Aufgabe 3.4.4

3.4.4.1

Gesucht: Das Ersatzschaltbild des Kondensators.

Gegeben: Plattenkondensator in Abbildung 3.4, S. 27.

Ansatz: Die Ersatzschaltung besteht aus einer Parallelschaltung zweier Kapazitäten mit unterschiedlichen Dielektrika. Einer bildet den inneren, mit Luft gefüllten Teil (C_1 mit ε_0), der andere den Isolierring (C_2 mit ε_1) nach.

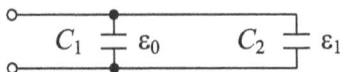

Abb. 3.15: Ersatzschaltbild mit zwei parallel geschalteten Kapazitäten.

3.4.4.2

Gesucht: Kapazität C, wenn das Dielektrikum zwischen den Platten vollständig durch das Material mit der Permittivität ε_1 ausgefüllt ist.

Ansatz: Für die Kapazität des Plattenkondensators mit kreisförmiger Fläche gilt

$$C = \frac{\varepsilon_0 \varepsilon_r A}{d} , \quad A = \pi r_a^2 , \quad \Rightarrow \quad C = \frac{\varepsilon_1 \pi r_a^2}{d} . \tag{3.99}$$

3.4.4.3

Gesucht: Kapazität C, wenn das Dielektrikum wie in Abbildung 3.4 auf Seite 27 geschichtet ist.

Ansatz: Nach dem ESB (Abbildung 3.15) sind zwei Kondensatoren zu berechnen. Einer repräsentiert den inneren, mit Luft gefüllten Teil, der andere den Isolierring mit der Ringfläche

$$A_{\text{Ring}} = \int_0^{2\pi} \int_{r_i}^{r_a} r \, dr \, d\varphi = \pi \left(r_a^2 - r_i^2 \right) ; \tag{3.100}$$

$$C_1 = \frac{\varepsilon_0 A_{\text{Luft}}}{d} = \frac{\varepsilon_0 \pi r_i^2}{d} , \tag{3.101}$$

$$C_2 = \frac{\varepsilon_1 A_{\text{Ring}}}{d} = \frac{\varepsilon_0 \varepsilon_{r1} \pi \left(r_a^2 - r_i^2 \right)}{d} . \tag{3.102}$$

Resultierend ergibt sich als Gesamtkapazität

$$C_{\text{ges}} = C_1 + C_2 , \quad C_{\text{ges}} = \frac{\varepsilon_0 \pi}{d} \left(r_i^2 + \varepsilon_{r1} \left(r_a^2 - r_i^2 \right) \right) . \tag{3.103}$$

3.4.4.4

Gesucht: Spannung, die zwischen den Platten gemessen werden kann.

Ansatz: Aufgrund der gegebenen Ladung Q_0 ist die folgende Beziehung zu wählen

$$Q = C\,U \quad \Rightarrow \quad U = \frac{Q}{C}\,. \tag{3.104}$$

Eingesetzt mit Werten wird dann

$$U = \frac{Q_0}{\frac{\varepsilon_0\pi}{d}\left(r_{\mathrm{i}}^2 + \varepsilon_{\mathrm{r1}}\left(r_{\mathrm{a}}^2 - r_{\mathrm{i}}^2\right)\right)} \tag{3.105}$$

$$= \frac{Q_0 \cdot 0,1\,r_{\mathrm{i}}}{\varepsilon_0\pi\left(r_{\mathrm{i}}^2 + 3\left(49\,r_{\mathrm{i}}^2 - r_{\mathrm{i}}^2\right)\right)} = \underline{\underline{\frac{Q_0}{\varepsilon_0\pi\,r_{\mathrm{i}} \cdot 1450}}}\,.$$

Aufgabe 3.4.5

3.4.5.1

Gesucht: Anzahl von Kondensatoren, die in Reihe geschaltet werden müssen und die Kapazität C_{zw} dieser Reihenschaltung.

Ansatz: Nach Vorgabe der Betriebsspannung von 600 V sind mindestens zwei Kondensatoren in Reihe zu schalten. Damit wird

$$C_{\mathrm{zw}} = \frac{C_1\,C_2}{C_1 + C_2} = \frac{1}{2}\,C_0 = \underline{\underline{50\,\mu\mathrm{F}}}\,. \tag{3.106}$$

3.4.5.2

Gesucht: Anzahl der parallelen Zweige der in Reihe geschalteten Kondensatoren.

Ansatz: Nach Aufgabenstellung soll eine Gesamtkapazität von 200 μF erreicht werden. Somit wird

$$C_{\mathrm{ges}} = n \cdot C_{\mathrm{zw}} \quad \Rightarrow \quad n = \frac{C_{\mathrm{ges}}}{C_{\mathrm{zw}}} = \underline{\underline{4}}\,. \tag{3.107}$$

3.4.5.3

Gesucht: Zeichnung des Kondensatornetzwerks.

Ansatz: Nach den Lösungen der Aufgabenteile 3.4.5.1 und 3.4.5.2 sind vier Zweige aus zwei in Reihe geschalteten Kondensatoren aufzubauen, so dass sich das Netzwerk in Abbildung 3.16 aus insgesamt acht Kondensatoren zusammensetzt.

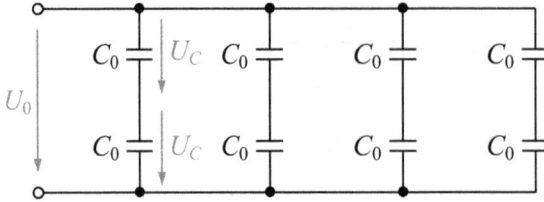

Abb. 3.16: Kondensatornetzwerk mit vier parallelen Zweigen.

3.4.5.4

Gesucht: Spannung, die an einem Kondensator C_0 abfällt.

Ansatz: Für zwei in Reihe geschaltete Kapazitäten gilt

$$Q_1 = Q_2 = Q_{ges} \quad \text{mit} \quad Q = C\,U \quad \Rightarrow \quad C_n U_n = C_{zw} U_0 \tag{3.108}$$

und umgestellt nach U_n

$$U_n = \frac{C_{zw}}{C_n} U_0 = \frac{50\,\mu\text{F}}{100\,\mu\text{F}} \cdot 600\,\text{V} = \underline{\underline{300\,\text{V}}}. \tag{3.109}$$

Oder wegen Symmetrie: $U_n = U_0/2 = 300\,\text{V}$.

3.4.5.5

Gesucht: (a) Neue Kapazität C_{ges} des Netzwerkes.

(b) Neue Spannungsaufteilung der Kondensatoren im geänderten Zweig.

Gegeben: In einem Zweig verändere sich ein Kondensator um $-20\,\%$.

Ansatz a: Neue Zweigkapazität im veränderten Zweig (siehe auch Abbildung 3.17)

$$C_{zwn} = \frac{C_0\,C_0(1-\Delta)}{C_0 + C_0(1-\Delta)} = \frac{C_0(1-\Delta)}{2-\Delta} = \frac{0{,}8}{1{,}8} C_0 = \frac{4}{9} C_0.$$

Damit wird C_{ges} jetzt

$$C_{ges} = \frac{4}{9} C_0 + \frac{3}{2} C_0 = \frac{8+27}{18} C_0 = \frac{35}{18} C_0 \approx \underline{\underline{194{,}444\,\mu\text{F}}}.$$

Ansatz b: Berechnet werden die Spannungen U_{C1} und U_{C2} entsprechend ihrer Definition in Abbildung 3.17. Nach Gleichung (3.109) werden jetzt

$$U_{C1} = \frac{C_{zwn}}{C_1} U_0 = \frac{\frac{4}{9} C_0}{C_0} U_0 = \frac{4}{9} \cdot 600\,\text{V} = \underline{\underline{\frac{800\,\text{V}}{3}}} \approx 266{,}667\,\text{V},$$

$$U_{C2} = U_0 - U_{C1} = 600\,\text{V} - \frac{800\,\text{V}}{3} = \underline{\underline{\frac{1000\,\text{V}}{3}}} \approx 333{,}333\,\text{V}.$$

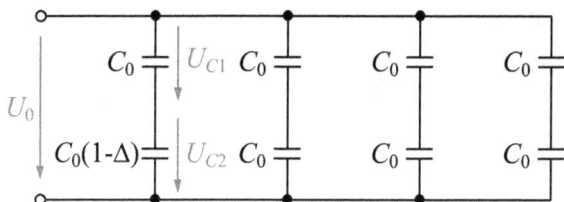

Abb. 3.17: Kondensatornetzwerk mit geänderter Zweigkapazität.

Aufgabe 3.4.6

3.4.6.1
Gesucht: Anzahl der Schichten des Kondensators und Schichtdicke d.
Ansatz: Es gibt insgesamt fünf Elektroden (zwei innere und drei äußere, siehe Abb. 3.5 auf Seite 28). Zwischen jedem der vier Elektrodenpaare gibt es eine Isolierschicht plus zwei Außenflächen

$$n_{\text{ges}} = 2 + 3 + 4 + 2 = \underline{\underline{11}}. \tag{3.110}$$

Hieraus ergibt sich die Schichtdicke

$$d = \frac{w}{n_{\text{ges}}} = \frac{w}{\underline{\underline{11}}}. \tag{3.111}$$

3.4.6.2
Gesucht: Die Kapazität zwischen zwei Elektroden.
Ansatz: Allgemein gilt für die Kapazität eines Plattenkondensators

$$\boxed{C = \frac{\varepsilon A}{d}}. \tag{3.112}$$

Nach der Zeichnung in Abbildung 3.5 auf Seite 28 berechnet sich die Plattenfläche zu

$$A = b\,h. \tag{3.113}$$

Mit dem gegebenen Plattenabstand d aus Aufgabe 3.4.6.1 wird

$$C = \underline{\underline{\frac{11\,\varepsilon\,b\,h}{w}}}. \tag{3.114}$$

3.4.6.3
Gesucht: Die elektrische Flussdichte D zwischen zwei Elektroden mit Hilfe des Gauß'schen Satzes der Elektrostatik.

Ansatz: Der Gauß'sche Satz der Elektrostatik lautet

$$\boxed{Q = \oint_A \vec{D} \cdot d\vec{A}} \, . \tag{3.115}$$

Im idealen Plattenkondensator ist das elektrische Feld homogen, d.h.

$$\vec{D}(x,y) = D\vec{e}_z \, . \tag{3.116}$$

Wenn zwei einfache Platten betrachtet werden, ist unter Vernachlässigung der Randeffekte nur die einfache Plattenfläche $A = b\,h$ relevant mit der Parametrisierung

$$d\vec{A} = dx\,dy\,\vec{e}_z \, , \quad 0 \le x \le b \, , \quad 0 \le y \le h \, . \tag{3.117}$$

Das Integral über die geschlossene Oberfläche darf dann vereinfacht werden zu

$$Q = \int_{x=0}^{b} \int_{y=0}^{h} D\vec{e}_z \cdot dx\,dy\,\vec{e}_z \, . \tag{3.118}$$

Mit der Lösung des Integrals kann dann die elektrische Flussdichte D bestimmt werden

$$Q = D \int_{x=0}^{b} \int_{y=0}^{h} dx\,dy = b\,h\,D \quad \Rightarrow \quad D = \underline{\underline{\frac{Q}{b\,h}}} \, . \tag{3.119}$$

3.4.6.4

Gesucht: Ersatzschaltbild des Vielschichtkondensators mit diskreten Kapazitäten.

Ansatz: Nach Abbildung 3.18a kann die Elektrodenanordnung durch vier Elektrodengruppen, also vier diskrete Kapazitäten dargestellt werden. Alle Kapazitäten sind parallel geschaltet, so dass sich das Ersatzschaltbild in Abbildung 3.18b ergibt.

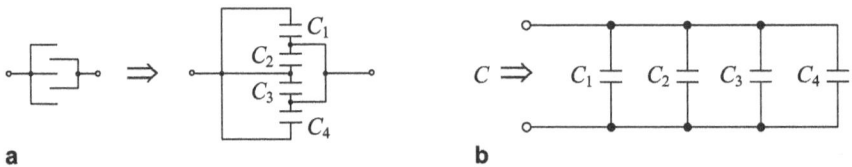

a   b

Abb. 3.18: (a) Elektrodenanordnung und Darstellung der vier Elektrodenpaare mit diskreten Kapazitäten, (b) Elektrisches ESB des Vielschichtkondensators.

3.4.6.5

Gesucht: Die Gesamtkapazität C.

Ansatz: Nach Abbildung 3.18b kommt die in Aufgabenteil 3.4.6.2 errechnete Einzel-kapazität viermal vor, so dass die Gesamtkapazität lautet

$$C = 4 \cdot \frac{11\,\varepsilon\,b\,h}{w} = \underline{\underline{\frac{44\,\varepsilon\,b\,h}{w}}}\,.$$

3.4.6.6

Gesucht: Gleichung zur Berechnung der Kapazität dieses Vielschichtkondensator-Typs mit n inneren Elektroden.

Ansatz: Es entstehen $2n$ einzelne Kondensatoren. Die Anzahl der Schichten ist dann

$$n_{\text{ges}} = 2(n + n + 1) + 1 = 4n + 3 \qquad (3.120)$$

woraus sich eine Schichtdicke

$$d = \frac{w}{4n + 3} \qquad (3.121)$$

ergibt.

Damit werden

$$C_n = \frac{\varepsilon\,b\,h(4n + 3)}{w} \quad \text{und} \qquad (3.122)$$

$$C_{\text{ges}} = 2n\,C_n = \frac{2n\,\varepsilon\,b\,h(4n + 3)}{w} = \underline{\underline{\frac{\varepsilon\,b\,h(8n^2 + 6n)}{w}}}\,. \qquad (3.123)$$

Aufgabe 3.4.7

3.4.7.1

Gesucht: Die elektrische Flussdichte $\vec{D}$ und die Feldstärke $\vec{E}$ zwischen den beiden Platten.

Ansatz: Zunächst wird durch die Anwendung des Gauß'schen Satzes der Elektro-statik die elektrische Flussdichte bestimmt:

$$\boxed{Q = \oint_A \vec{D} \cdot d\vec{A}}\,. \qquad (3.124)$$

Dazu wird als einhüllende Fläche ein Quader um Platte A gelegt, siehe Abbildung 3.19a–c. Die vordere und hintere Seitenfläche (A_5, A_6) sind aus Gründen der Vereinfachung in den Abbildungen b und c nicht eingezeich-net.

Das Oberflächenintegral wird entsprechend den sechs Teilflächen des ein-hüllenden Quaders in sechs Teilintegrale aufgeteilt.

$$Q = \int_{A_1} \vec{D}_1 \cdot d\vec{A}_1 + \int_{A_2} \vec{D}_2 \cdot d\vec{A}_2 + \int_{A_3} \vec{D}_3 \cdot d\vec{A}_3 + \cdots + \int_{A_6} \vec{D}_6 \cdot d\vec{A}_6\,. \qquad (3.125)$$

Teilfläche A_1

Aus der Teilfläche A_1 tritt der elektrische Fluss Ψ_{e1}. Für die elektrische Flussdichte gilt in diesem Abschnitt $\vec{D}_1 = \vec{D} = D\,\vec{n}_1$, mit dem Oberflächenelement $d\vec{A}_1 = \vec{n}_1\,dA_1$

$$\Psi_{e1} = \int\limits_{A_1} D\,\vec{n}_1 \cdot \vec{n}_1\,dA_1 = \int\limits_{A_1} D\,dA_1 = D\,A_1\ .$$

Teilflächen A_2, A_4, A_5, A_6

Aus der Teilfläche A_2 tritt der elektrische Fluss Ψ_{e2}, analoges gilt für die anderen Flächen. Das Skalarprodukt von $\vec{D}$ mit dem jeweiligen Flächenelement ist null, da alle Flächenelemente senkrecht zu $\vec{D} = D\,\vec{n}_1$ gerichtet sind:

$$\vec{n}_1 \cdot \vec{n}_2 = \vec{n}_1 \cdot \vec{n}_4 = \vec{n}_1 \cdot \vec{n}_5 = \vec{n}_1 \cdot \vec{n}_6 = 0$$

$$\Rightarrow\quad \Psi_{e2} = \Psi_{e4} = \Psi_{e5} = \Psi_{e6} = 0\ .$$

Teilfläche A_3

Aus der Teilfläche A_3 tritt der elektrische Fluss Ψ_{e3}. Die parallel zur Flächennormale $\vec{n}_3$ gerichtete Flussdichte $\vec{D}_3$ ist null:

$$\Rightarrow\quad \Psi_{e3} = 0\ .$$

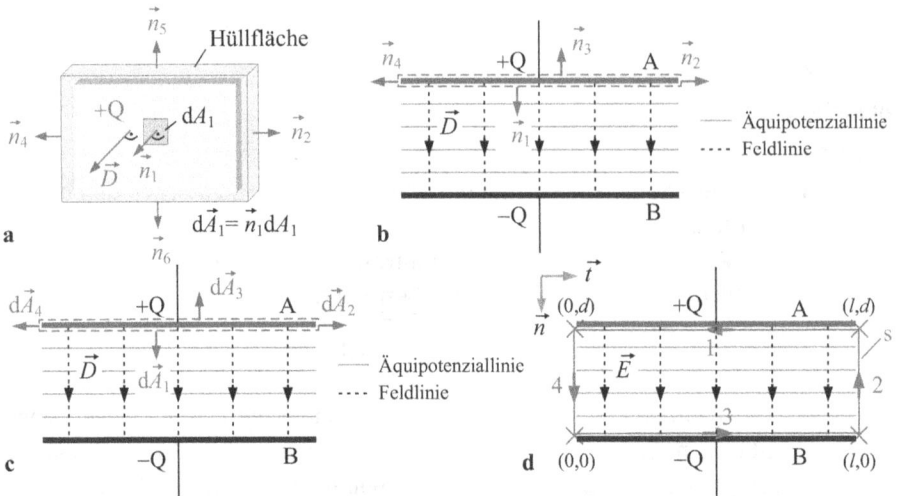

Abb. 3.19: Einhüllende Oberfläche mit Flächenelementen dA_l zur Berechnung der elektrischen Flussdichte $\vec{D}$ zwischen den Platten sowie Integrationsweg s zur Ermittlung der Wirbelfreiheit des elektrischen Feldes.

Damit ergibt sich als Lösung für den Gauß'schen Satz

$$Q = \oint_A \vec{D} \cdot \mathrm{d}\vec{A} = \sum_{i=1}^{6} \int_{A_i} \vec{D}_i \cdot \mathrm{d}\vec{A}_i = \sum_{i=1}^{6} \Psi_{e,i} = \Psi_{e1} \,.$$

Mit $A_1 = A$ wird die gesamte Ladung

$$Q = \oint_A \vec{D} \cdot \mathrm{d}\vec{A} = \Psi_{e1} = D\,A \qquad (3.126)$$

und umgestellt nach der elektrischen Flussdichte unter Berücksichtigung der Feldrichtung $\vec{n} = \vec{n}_1$

$$\vec{D} = \frac{Q}{A}\,\vec{n} \quad \text{und} \quad \vec{E} = \frac{Q}{\varepsilon_0\,A}\,\vec{n} \,. \qquad (3.127)$$

3.4.7.2

Gesucht: Zeigen Sie, dass das elektrische Feld wirbelfrei ist.

Gegeben: Die elektrische Feldstärke

$$\vec{E} = \frac{Q}{\varepsilon_0\,A}\,\vec{n} \,.$$

Ansatz: Wenn ein elektrisches Feld wirbelfrei ist, gilt für das Linienintegral über einen beliebigen geschlossenen Weg L

$$\boxed{\oint_L \vec{E} \cdot \mathrm{d}\vec{s} = 0} \,. \qquad (3.128)$$

Zur Lösung wird das Integral in vier Teilintegrale zerlegt, die jeweils einen Kurvenabschnitt aus Abbildung 3.19d beschreiben:

$$0 = \int_{s_1} \vec{E} \cdot \mathrm{d}\vec{s}_1 + \int_{s_2} \vec{E} \cdot \mathrm{d}\vec{s}_2 + \int_{s_3} \vec{E} \cdot \mathrm{d}\vec{s}_3 + \int_{s_4} \vec{E} \cdot \mathrm{d}\vec{s}_4 \,.$$

Abschnitt 1

Integrationsweg s_1 verläuft senkrecht zu den Feldlinien und parallel zu den Äquipotenziallinien. Linienelement $\mathrm{d}\vec{s}_1 = \vec{t}\,\mathrm{d}s_1,\ 0 \le s_1 \le l$:

$$\int_{s_1} \vec{E} \cdot \mathrm{d}\vec{s}_1 = \int_0^l \frac{Q}{\varepsilon_0\,A}\,\vec{n} \cdot \vec{t}\,\mathrm{d}s_1 = 0, \quad \text{da} \quad \vec{n} \cdot \vec{t} = |\vec{n}|\,|\vec{t}|\cos\!\left(\tfrac{\pi}{2}\right) = 0 \,.$$

Anmerkung. $\phi(0,d) - \phi(l,d) = 0$, *die Integration erfolgt auf einer Äquipotenziallinie!*

Abschnitt 2

Integrationsweg s_2 verläuft parallel zu den Feldlinien und senkrecht zu den Äquipotenziallinien. Linienelement $d\vec{s}_2 = \vec{n}\, ds_2, 0 \le s_2 \le d$:

$$\int_{s_2} \vec{E} \cdot d\vec{s}_2 = \int_0^d \frac{Q}{\varepsilon_0 A}\, \vec{n} \cdot \vec{n}\, ds_2 = \int_0^d \frac{Q}{\varepsilon_0 A}\, ds_2 = \frac{Q s_2}{\varepsilon_0 A}\Big|_0^d = \frac{Q d}{\varepsilon_0 A}\,.$$

Abschnitt 3

Wie Abschnitt 1: Integrationsweg s_3 verläuft senkrecht zu den Feldlinien und parallel zu den Äquipotenziallinien. Linienelement $d\vec{s}_3 = -\vec{t}\, ds_3, 0 \le s_3 \le l$:

$$\int_{s_3} \vec{E} \cdot d\vec{s}_1 = \int_0^l \frac{Q}{\varepsilon_0 A}\, \vec{n} \cdot \vec{t}\, ds_3 = 0\,.$$

Abschnitt 4

Integrationsweg s_4 verläuft antiparallel zu den Feldlinien und senkrecht zu den Äquipotenziallinien. Linienelement $d\vec{s}_4 = -\vec{n}\, ds_4, 0 \le s_4 \le d$:

$$\int_{s_4} \vec{E} \cdot d\vec{s}_4 = \int_0^d \frac{Q}{\varepsilon_0 A}\, \vec{n} \cdot (-)\vec{n}\, ds_4 = -\int_0^d \frac{Q}{\varepsilon_0 A}\, ds_4 = -\frac{Q s_4}{\varepsilon_0 A}\Big|_0^d = -\frac{Q d}{\varepsilon_0 A}\,.$$

Fazit: Aus der Summe der Teilintegrale zeigt sich, dass das Feld wirbelfrei ist:

$$\oint_s \vec{E} \cdot d\vec{s} = 0 + \frac{Q d}{\varepsilon_0 A} + 0 - \frac{Q d}{\varepsilon_0 A} = 0\,.$$

Aufgabe 3.4.8

3.4.8.1

Gesucht: Verlauf der Feldlinien der Feldstärke $\vec{E}$ zwischen den Kugelschalen.

Gegeben: Die Zeichnung des Halbkugel-Kondensators in Abbildung 3.6 auf Seite 29.

Ansatz: Die ideal leitenden Halbkugelschalen sind Äquipotenzialflächen, auf ihnen stehen die Feldlinien senkrecht. Die Feldlinien verlaufen vom positiven zum negativen Potenzial. Unter Vernachlässigung der Randeffekte ergibt sich die Lösung in Abbildung 3.20.

3.4.8.2

Gesucht: Verlauf der elektrischen Feldstärke E abhängig vom Radius r für $0 \le r < \infty$.

Gegeben: Das Feldbild in Abbildung 3.20.

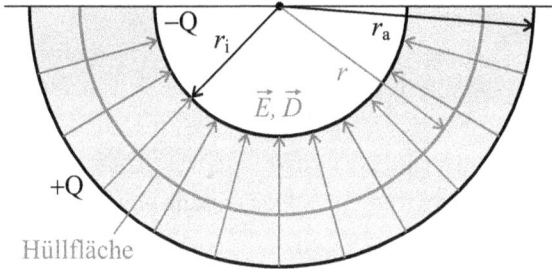

Abb. 3.20: Feldlinienverlauf der elektrischen Feldstärke zwischen den ideal leitenden Halbkugel-schalen bei Vernachlässigung der Randeffekte.

Ansatz: Das elektrostatische Feld existiert nur innerhalb des Halbkugel-Kondensa-tors, außerhalb hat es den Wert null. Ausgehend von einer Punktladung $-Q$ im Zentrum der inneren Halbkugel ergibt sich für das E-Feld

$$E(r) = \begin{cases} k\,\dfrac{1}{r^2} & \text{für } r_i \leq r \leq r_a \,, \\ 0 & \text{sonst.} \end{cases} \tag{3.129}$$

Die qualitative Lösung zeigt Abbildung 3.21.

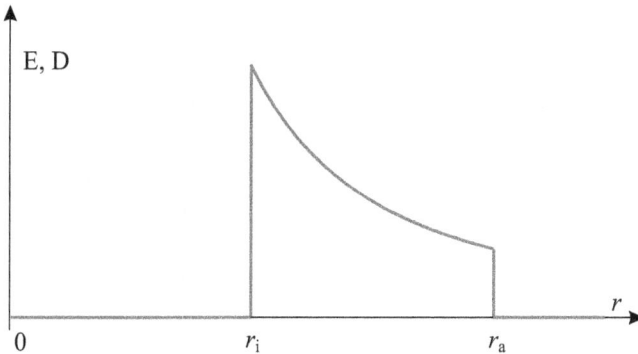

Abb. 3.21: Betrag der elektrischen Feldstärke abhängig vom Radius r.

3.4.8.3

Gesucht: Die elektrische Flussdichte $\vec{D}$, die elektrische Feldstärke $\vec{E}$, die Ladung Q einer Halbschale sowie die Kapazität C der Anordnung.

Gegeben: Die Spannung U.

Ansatz: Ausgehend von der noch unbekannten Ladung Q_- auf der inneren Halb-schale kann mit dem Gauß'schen Satz der Elektrostatik die elektrische

Flussdichte $\vec{D}$ bestimmt werden

$$Q = \oint_A \vec{D} \cdot d\vec{A}$$

(3.130)

und damit auch die elektrische Feldstärke $\vec{E}$.

Durch Integration über die elektrische Feldstärke entlang einer Feldlinie kann die Spannung

$$U = \int_L \vec{E} \cdot d\vec{s}$$

(3.131)

bestimmt werden. Da die Spannung U bereits gegeben ist, kann hiermit die Ladung Q ausgerechnet werden.

Sind Spannung U und Ladung Q bekannt, ergibt sich die Kapazität der Anordnung

$$C = \frac{Q}{U}.$$

(3.132)

Anschließend wird Q in die Gleichungen von $\vec{D}$ und $\vec{E}$ eingesetzt.

Elektrische Flussdichte $\vec{D}$

Als Hüllfläche wird eine Halbkugel mit dem Radius r ausgewählt, dabei wird die Deckelfläche nicht betrachtet, da der durch Sie hindurch tretende elektrische Fluss $\Psi_e = 0$ ist. Die Flächennormale zeigt in Richtung des Radiusvektors $\vec{r} = r\,\vec{e}_r$ entgegen der elektrischen Flussdichte $\vec{D} = -D\,\vec{e}_r$, siehe Abbildung 3.20. Das Flächenelement der Kugeloberfläche ist

$$d\vec{A} = r^2 \sin\vartheta \; d\varphi \; d\vartheta \, \vec{e}_r \,, \quad \frac{\pi}{2} \le \vartheta \le \pi \,, \; 0 \le \varphi \le 2\pi \,.$$

(3.133)

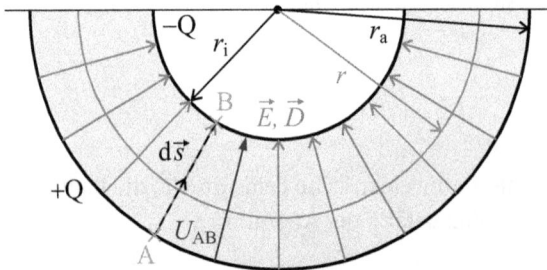

Abb. 3.22: Integrationsweg zur Berechnung der Spannung U_{AB} entlang einer Feldlinie.

$$Q_- = \int\limits_{\vartheta=\pi/2}^{\pi} \int\limits_{\varphi=0}^{2\pi} -D\,\vec{e}_r \cdot r^2 \sin\vartheta\,d\varphi\,d\vartheta\,\vec{e}_r = -D\,r^2 \int\limits_{\vartheta=\pi/2}^{\pi} \int\limits_{\varphi=0}^{2\pi} \sin\vartheta\,d\varphi\,d\vartheta$$

$$= -D\,r^2\,2\pi \int\limits_{\vartheta=\pi/2}^{\pi} \sin\vartheta\,d\vartheta = -D\,r^2\,2\pi\left[-\cos\vartheta\right]_{\pi/2}^{\pi} \tag{3.134}$$

$$-Q = -D\,r^2\,2\pi \quad \Rightarrow \quad Q = D\,r^2\,2\pi \quad \Rightarrow \quad \underline{\underline{\vec{D} = \frac{Q}{2\pi r^2}(-\vec{e}_r)}}. \tag{3.135}$$

Elektrische Feldstärke $\vec{E}$

$$\vec{E} = \frac{\vec{D}}{\varepsilon} \quad \Rightarrow \quad \underline{\underline{\vec{E} = \frac{Q}{2\pi\varepsilon\,r^2}(-\vec{e}_r)}}. \tag{3.136}$$

Ladung Q

Der Weg s von A nach B in Abbildung 3.22 lässt sich am einfachsten beschreiben durch folgende Überlegungen:

Punkt A: $s_1 = 0$, Punkt B: $s_2 = r_a - r_i$ $\Rightarrow$ $0 \le s \le r_a - r_i$.

Für den Betrag des Abstandsvektors gilt dann

$$r(s) = r_a - s \quad \text{Punkt A: } r(s_1) = r_a, \quad \text{Punkt B: } r(s_2) = r_i. \tag{3.137}$$

Bei Integration entlang einer Feldlinie gilt für das Linienelement (siehe Abbildung 3.22)

$$d\vec{s} = ds\,(-\vec{e}_r).$$

Hiermit kann die Spannung U_{AB} zwischen den Punkten A und B berechnet werden und unter Berücksichtigung der Substitution $r_a - s = r$, $ds = -dr$ ergibt sich

$$U_{AB} = \int\limits_{A}^{B} \vec{E} \cdot d\vec{s} = \int\limits_{s=0}^{r_a-r_i} \frac{Q\,(-\vec{e}_r)}{2\pi\varepsilon\,(r_a-s)^2} \cdot ds(-\vec{e}_r) = \int\limits_{s=0}^{r_a-r_i} \frac{Q\,ds}{2\pi\varepsilon\,(r_a-s)^2} \tag{3.138}$$

$$\overset{\text{Subst.}}{=} \int\limits_{r=r_a}^{r_i} \frac{Q(-dr)}{2\pi\varepsilon\,r^2} = \frac{Q}{2\pi\varepsilon} \int\limits_{r_i}^{r_a} \frac{dr}{r^2} = \frac{Q}{2\pi\varepsilon}\left[-\frac{1}{r}\right]_{r_i}^{r_a} \tag{3.139}$$

$$= \frac{Q}{2\pi\varepsilon}\left[-\frac{1}{r_a} + \frac{1}{r_i}\right] = \frac{Q\,(r_a-r_i)}{2\pi\varepsilon\,r_i\,r_a} \quad \Rightarrow \quad \underline{\underline{Q = \frac{2\pi\varepsilon\,U\,r_i\,r_a}{r_a-r_i}}}. \tag{3.140}$$

Einsetzen von Q in die Gleichungen von $\vec{D}$ und $\vec{E}$:

$$D = Q\frac{1}{2\pi r^2} = \frac{2\pi\varepsilon\,U\,r_i\,r_a}{r_a-r_i}\frac{1}{2\pi r^2} \quad \Rightarrow \quad \underline{\underline{\vec{D} = \frac{\varepsilon\,U\,r_i\,r_a}{r^2\,(r_a-r_i)}(-\vec{e}_r)}} \tag{3.141}$$

$$\vec{E} = \frac{\vec{D}}{\varepsilon} \quad \Rightarrow \quad \underline{\underline{\vec{E} = \frac{U\,r_i\,r_a}{r^2\,(r_a-r_i)}(-\vec{e}_r)}}. \tag{3.142}$$

Kapazität C

$$C = \frac{Q}{U} \quad \Rightarrow \quad C = \frac{2\pi\varepsilon\, r_i\, r_a}{r_a - r_i}\,. \tag{3.143}$$

Aufgabe 3.4.9

3.4.9.1

Gesucht: Die Kapazität der Anordnung allgemein.

Ansatz: Das Potenzial einer einzelnen Kugel kann über das Prinzip der Materialisierung bestimmt werden. Ausgehend von dem Potenzial einer Punktladung Q ergibt sich für den Kugelradius R_0 als Äquipotenzialfläche gerade die leitende Kugeloberfläche und somit als Potenzial der Kugel

$$\phi_0 = \frac{Q}{4\pi\varepsilon R_0} + c\,. \tag{3.144}$$

Nach der Konvention, dass das Potenzial im Unendlichen verschwindet, kann die Konstante c entfallen. Also ergeben sich die ungestörten Potenziale auf den Kugeloberflächen zu

$$\phi_{01} = \frac{Q}{4\pi\varepsilon_0 R_{01}} \quad \text{und} \quad \phi_{02} = \frac{-Q}{4\pi\varepsilon_0 R_{02}}\,.$$

Unter der Voraussetzung $a \gg R_{01}, R_{02}$ dürfen diese Potenziale jetzt zu den tatsächlichen Potenzialen ϕ_1 auf Kugel 1 und ϕ_2 auf Kugel 2 überlagert werden.

Wenn die Potenziale ϕ_1 und ϕ_2 bekannt sind, kann die gesuchte Kapazität mit der Beziehung $U = \phi_1 - \phi_2$ durch

$$C = \frac{Q}{\phi_1 - \phi_2} \tag{3.145}$$

bestimmt werden.

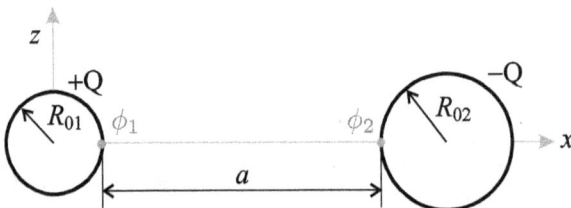

Abb. 3.23: Kondensator aus zwei Metallkugeln.

Potenzial ϕ_1 auf der Oberfläche von Kugel 1

$$\phi_1(r_2) = \phi_{01}(R_{01}) + \phi_{02}(r_2), \quad \text{mit} \quad r_2 = a + R_{02} \tag{3.146}$$

$$= \frac{Q}{4\pi\varepsilon_0 R_{01}} + \frac{-Q}{4\pi\varepsilon_0 (a + R_{02})} = \frac{Q}{4\pi\varepsilon_0} \left(\frac{1}{R_{01}} - \frac{1}{a + R_{02}} \right).$$

Potenzial ϕ_2 auf der Oberfläche von Kugel 2

$$\phi_2(r_1) = \phi_{01}(r_1) + \phi_{02}(R_{02}), \quad \text{mit} \quad r_1 = R_{01} + a \tag{3.147}$$

$$= \frac{Q}{4\pi\varepsilon_0 (R_{01} + a)} + \frac{-Q}{4\pi\varepsilon_0 (R_{02})} = \frac{Q}{4\pi\varepsilon_0} \left(\frac{1}{R_{01} + a} - \frac{1}{R_{02}} \right).$$

Potenzialdifferenz $\phi_1 - \phi_2$

$$\phi_1 - \phi_2 = \frac{Q}{4\pi\varepsilon_0} \left(\frac{1}{R_{01}} - \frac{1}{a + R_{02}} \right) - \frac{Q}{4\pi\varepsilon_0} \left(\frac{1}{R_{01} + a} - \frac{1}{R_{02}} \right)$$

$$= \frac{Q}{4\pi\varepsilon_0} \left(\frac{1}{R_{01}} - \frac{1}{a + R_{02}} - \frac{1}{R_{01} + a} + \frac{1}{R_{02}} \right). \tag{3.148}$$

Gesuchte Kapazität C

$$C = \frac{Q}{\dfrac{Q}{4\pi\varepsilon_0} \left(\dfrac{1}{R_{01}} - \dfrac{1}{a + R_{02}} - \dfrac{1}{R_{01} + a} + \dfrac{1}{R_{02}} \right)}$$

$$C = \frac{4\pi\varepsilon_0}{\dfrac{1}{R_{01}} - \dfrac{1}{a + R_{02}} - \dfrac{1}{R_{01} + a} + \dfrac{1}{R_{02}}}. \tag{3.149}$$

3.4.9.2

Gesucht: Die Kapazität für $R_{01} = R_{02}$.

Ansatz: Einsetzen der gegebenen Werte in die allgemeine Gleichung (3.149) von C aus Aufgabenteil 3.4.9.1.

$$C = \frac{4\pi\varepsilon_0}{\dfrac{1}{R_0} - \dfrac{1}{a + R_0} - \dfrac{1}{R_0 + a} + \dfrac{1}{R_0}} = \frac{4\pi\varepsilon_0}{\dfrac{2}{R_0} - \dfrac{2}{a + R_0}} = \frac{4\pi\varepsilon_0 R_0 (R_0 + a)}{2(R_0 + a) - 2R_0}$$

$$C = 2\pi\varepsilon_0 R_0 \left(1 + \frac{R_0}{a} \right) \approx 2\pi\varepsilon_0 R_0.$$

(wegen der Voraussetzung $a \gg R_0$.)

3.4.9.3

Gesucht: Die Kapazität für $a \to \infty$.

Gegeben: Die allgemeine Gleichung der Kapazität C.

Ansatz: Einsetzen der gegebenen Werte in die allgemeine Gleichung (3.149) zur Bestimmung von C aus Aufgabenteil 3.4.9.1.

$$C = \lim_{a \to \infty} \frac{4\pi\varepsilon_0}{\dfrac{1}{R_{01}} - \dfrac{1}{a + R_{02}} - \dfrac{1}{R_{01} + a} + \dfrac{1}{R_{02}}} = \frac{4\pi\varepsilon_0}{\dfrac{1}{R_{01}} + \dfrac{1}{R_{02}}} = \frac{4\pi\varepsilon_0 \, R_{01} \, R_{02}}{R_{01} + R_{02}} \,.$$

Anmerkung. *Für $R_{01} = R_{02} = R_0$ ergibt sich wieder*

$$C = 2\pi\varepsilon_0 \, R_0 \,,$$

also die selbe Lösung wie unter 3.4.9.2 mit der Näherung $a \gg R_0$.

Aufgabe 3.4.10

3.4.10.1

Gesucht: Die elektrische Feldstärke $\vec{E}$ in den beiden Dielektrika (ε_m, ε_0).

Gegeben: Ein Plattenkondensator mit geschichtetem Dielektrikum gemäß Abbildung 3.8 auf Seite 30 und einer beweglichen Platte.

Ansatz: Im idealen Plattenkondensator ist die elektrische Feldstärke $\vec{E}$ konstant und nur abhängig von der Ladung, der Plattenfläche und dem Material des Dielektrikums

$$\vec{E}(s) = \begin{cases} \dfrac{Q}{\varepsilon_m A} \vec{e}_x & \text{für} \quad 0 \le s < x_0 \,, \\[2ex] \dfrac{Q}{\varepsilon_0 A} \vec{e}_x & \text{für} \quad x_0 \le s < x_0 + x \,. \end{cases} \tag{3.150}$$

3.4.10.2

Gesucht: Die am Kondensator anliegende Spannung $U(x)$.

Gegeben: Die mathematische Beschreibung (3.150) der elektrischen Feldstärke.

Ansatz: Die elektrische Spannung U ergibt sich allgemein über das Linienintegral

$$\boxed{U = \int_L \vec{E} \cdot \mathrm{d}\vec{s}} \,. \tag{3.151}$$

Gemäß Aufgabenstellung zerfällt das Integral in zwei Teile, da die beiden Abschnitte getrennt betrachtet werden müssen. Also gilt über den Integrationsweg $L(s)$

$$U = \int_{L_1} \vec{E}(s) \cdot \mathrm{d}\vec{s}_1 + \int_{L_2} \vec{E}(s) \cdot \mathrm{d}\vec{s}_2 \,. \tag{3.152}$$

Als vektorielles Linienelement kann jeweils $d\vec{s} = ds\,\vec{e}_x$ gewählt werden, das in die gleiche Richtung wie die elektrische Feldstärke zeigt (siehe Gleichung (3.150))

$$U = \int\limits_{s=0}^{x_0} \vec{E}(s) \cdot ds\,\vec{e}_x + \int\limits_{s=x_0}^{x_0+x} \vec{E}(s) \cdot ds\,\vec{e}_x . \tag{3.153}$$

Damit wird mit Gl. (3.150) und $\varepsilon_m = \varepsilon_0 \varepsilon_r$

$$U(x) = \frac{Q}{\varepsilon_0 \varepsilon_r A} \int\limits_{s=0}^{x_0} ds + \frac{Q}{\varepsilon_0 A} \int\limits_{s=x_0}^{x_0+x} ds = \underline{\underline{\frac{Q}{\varepsilon_0 A} \left(\frac{x_0}{\varepsilon_r} + x \right)}} . \tag{3.154}$$

3.4.10.3
Gesucht: Die im Kondensator gespeicherte Energie $W(x)$.
Gegeben: Die Gleichung (3.154) der elektrischen Spannung $U(x)$.
Ansatz: Für den Plattenkondensator gilt

$$\boxed{W = \frac{1}{2} C\,U^2}\,, \quad \boxed{Q = C\,U}\,, \quad \Rightarrow \quad W = \frac{1}{2} Q\,U . \tag{3.155}$$

Mit Gleichung (3.154) wird dann

$$W(x) = \frac{1}{2} Q \frac{Q}{\varepsilon_0 A} \left(\frac{x_0}{\varepsilon_r} + x \right) = \underline{\underline{\frac{Q^2}{2\varepsilon_0 A} \left(\frac{x_0}{\varepsilon_r} + x \right)}} . \tag{3.156}$$

3.4.10.4
Gesucht: Die Kraft $F(x)$, die auf die Platten wirkt.
Ansatz: Nach dem Prinzip der virtuellen Verschiebung um einen kleinen Weg $d\xi$ gilt allgemein

$$\boxed{F(\xi) = -\frac{d\,W(\xi)}{d\xi}} . \tag{3.157}$$

Betrachtung der beiden Kondensatorabschnitte als zwei Kapazitäten, die in Reihe geschaltet sind

$$C_{ers} = \frac{C_0\,C_x}{C_0 + C_x} \quad \text{mit} \quad C_0 = \frac{\varepsilon_0 \varepsilon_r\,A}{x_0}\,, \quad C_x = \frac{\varepsilon_0\,A}{x - \xi} . \tag{3.158}$$

Eingesetzt wird

$$C_{ers} = \frac{\dfrac{\varepsilon_0 \varepsilon_r\,A}{x_0} \cdot \dfrac{\varepsilon_0\,A}{x - \xi}}{\dfrac{\varepsilon_0 \varepsilon_r\,A}{x_0} + \dfrac{\varepsilon_0\,A}{x - \xi}} = \frac{\varepsilon_0 \varepsilon_r\,A}{\varepsilon_r(x - \xi) + x_0} .$$

Für die Energie ergibt sich damit

$$W(x,\xi) = \frac{Q^2}{2C_{ers}} = \frac{Q^2}{2\varepsilon_0\varepsilon_r A}\left(\varepsilon_r x - \varepsilon_r \xi + x_0\right)$$

was für $\xi = 0$ identisch mit dem Ergebnis aus Gleichung (3.156) ist.

Damit gilt für die gesuchte Kraft

$$F(x,\xi) = -\frac{dW(x,\xi)}{d\xi} = \frac{1}{2}\frac{Q^2}{\varepsilon_0 A}\;.$$

Das heißt, die Kraft auf die Platten ist unabhängig von x.

4 Stationäre elektrische Strömungsfelder

4.1 Methoden zur Berechnung von Widerständen

Aufgabe 4.1.1

Gesucht: Elektrisches Ersatzschaltbild der Körper, Gesamtwiderstand in der angegebenen Stromfluss-Richtung.

Gegeben: Zwei elektrisch leitfähige Körper mit unterschiedlichen leitfähigen Schichten in Abbildung 4.1 auf Seite 31.

Ansatz: Über die ideal leitende Stirnfläche breitet sich das Strömungsfeld gleichmäßig im Körper aus. Die stromführende Fläche von Körper a teilt sich in zwei Teilflächen auf. Ein Teil des Stromes fließt durch Medium 1, der andere durch Medium 2. Die Ersatzschaltung wird also durch zwei Widerstände repräsentiert, die parallel geschaltet sind (Abbildung 4.1a). Durch Körper b tritt die Stromdichte $\vec{J}$ über die gesamte Fläche in ein homogenes Material ein, durchquert aber insgesamt zwei unterschiedliche Medien mit den Leitwerten γ_1, γ_2. Die Ersatzschaltung besteht daher aus zwei in Reihe geschalteten Widerständen (Abbildung 4.1b).

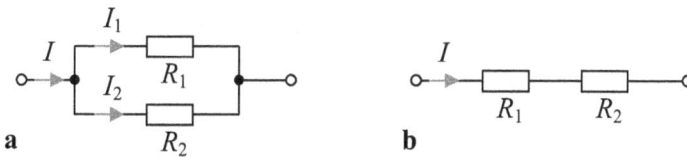

Abb. 4.1: Ersatzschaltbilder der Körper a und b.

Allgemein gilt für die Berechnung des Widerstandes bzw. Leitwertes aus den geometrischen Abmessungen bei homogen durchströmten Körpern

$$R = \frac{l}{\gamma A}, \quad \text{bzw.} \quad G = \frac{\gamma A}{l}. \tag{4.1}$$

Körper a

$$G_{\text{ges}} = G_1 + G_2 = \frac{\gamma_1 A_1}{l} + \frac{\gamma_2 A_2}{l}, \qquad A_1 = b\, h_1, \quad A_2 = b\, h_2$$

$$= \frac{\gamma_1\, b\, h_1 + \gamma_2\, b\, h_2}{l} = \frac{b}{l}\, (\gamma_1\, h_1 + \gamma_2\, h_2) \quad \Rightarrow \quad R_{\text{ges}} = \frac{l}{b}\, \frac{1}{\gamma_1\, h_1 + \gamma_2\, h_2}.$$

https://doi.org/10.1515/9783110672510-010

Körper b

$$R_{ges} = R_1 + R_2 = \frac{l_1}{\gamma_1 A} + \frac{l_2}{\gamma_2 A}, \qquad A = b\,h$$

$$\underline{\underline{R_{ges} = \frac{1}{b\,h}\left(\frac{l_1}{\gamma_1} + \frac{l_2}{\gamma_2}\right).}}$$

Aufgabe 4.1.2

4.1.2.1

Gesucht: Das elektrische Ersatzschaltbild des dargestellten Körpers mit allen Teilleitwerten, Strömen und Spannungen.

Gegeben: Der elektrisch leitfähige Körper in Abbildung 4.2 auf Seite 32.

Ansatz: Die beiden Bereiche 1 und 2 liegen parallel zueinander. Durch diese fließt
jeweils ein Teilstrom I_k, d. h. der Leitwert G_1 liegt parallel zu G_2, siehe
hierzu Abbildung 4.2.

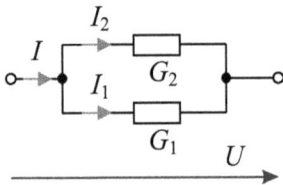

Abb. **4.2:** Ersatzschaltbild mit allen Teilleitwerten, Strömen und
Spannungen.

4.1.2.2

Gesucht: Die Stromdichten $\vec{J}_k(\varrho)$ und die elektrischen Feldstärken $\vec{E}_k(\varrho)$ der einzelnen Abschnitte.

Gegeben: Das elektrische Ersatzschaltbild in Abbildung 4.2.

Ansatz: Der Teilstrom durch die Stirnfläche wird berechnet durch

$$\boxed{I_k = \int_{A_k} \vec{J}_k \cdot \mathrm{d}\vec{A}}\,. \qquad (4.2)$$

Die Teilfläche A_k wird parametrisiert durch

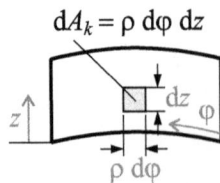

$$\mathrm{d}A_k = \rho\,\mathrm{d}\varphi\,\mathrm{d}z$$

$$0 \le z \le h, \quad \text{und} \quad 0 \le \varphi \le \alpha_k\,.$$

In Zylinderkoordinaten ist $\vec{J}_k(\varrho,\varphi) = J_k(\varrho)\,\vec{e}_\varrho(\varphi)$ und das Flächenelement aus der Stirnfläche $d\vec{A}_k = \varrho\,d\varphi\,dz\,\vec{e}_\varrho(\varphi)$. Damit gilt für den Strom I_k

$$I_k = \int\limits_{z=0}^{h}\int\limits_{\varphi=0}^{\alpha_k} J_k(\varrho)\,\vec{e}_\varrho(\varphi)\cdot\varrho\,d\varphi\,dz\,\vec{e}_\varrho(\varphi) = \int\limits_{z=0}^{h} J_k(\varrho)\,\alpha_k\,\varrho\,dz = J_k(\varrho)\,\alpha_k\,\varrho\,h\,. \qquad (4.3)$$

Die Stromdichte wird daher

$$\vec{J}_k(\varrho) = \underline{\frac{I_k}{\alpha_k\,\varrho\,h}\,\vec{e}_\varrho}\,, \quad k = 1,2\,. \qquad (4.4)$$

Zwischen Stromdichte und elektrischer Feldstärke gilt die Beziehung

$$\vec{J} = \gamma\,\vec{E}\,.$$

Die gesuchte elektrische Feldstärke ergibt deshalb

$$\vec{E}_k(\varrho) = \frac{I_k}{\gamma_k\,\alpha_k\,\varrho\,h}\,\vec{e}_\varrho\,, \quad k = 1,2\,. \qquad (4.5)$$

Hiermit gilt für die Feldstärken der Teilabschnitte

$$\underline{\vec{E}_1(\varrho) = \frac{I_1}{\gamma_1\,\alpha_1\,\varrho\,h}\,\vec{e}_\varrho}\,, \quad \underline{\vec{E}_2(\varrho) = \frac{I_2}{\gamma_2\,\alpha_2\,\varrho\,h}\,\vec{e}_\varrho}\,. \qquad (4.6)$$

4.1.2.3

Gesucht: Die Spannungen U_k der einzelnen Abschnitte.

Gegeben: Die Gleichungen (4.6) für die elektrischen Feldstärken.

Ansatz: Die Spannung U errechnet sich über das Integral

$$U = \int\limits_{L} \vec{E}\cdot d\vec{s}\,.$$

Der einfachste Integrationsweg L führt entlang einer Feldlinie des elektrischen Feldes und besitzt die Parametrisierung

$$d\vec{s} = d\varrho\,\vec{e}_\varrho(\varphi)\,, \quad \varrho_i \le \varrho \le \varrho_a\,.$$

Damit wird

$$U_k = \int\limits_{\varrho_i}^{\varrho_a} \vec{E}_k(\varrho)\vec{e}_\varrho(\varphi)\cdot d\varrho\,\vec{e}_\varrho(\varphi) = \int\limits_{\varrho_i}^{\varrho_a} \frac{I_k}{\gamma_k\,\alpha_k\,\varrho\,h}\,d\varrho \quad \Rightarrow \quad \underline{U_k = \frac{I_k}{\gamma_k\,\alpha_k\,h}\,\ln\frac{\varrho_a}{\varrho_i}} \qquad (4.7)$$

und die Teilspannungen ergeben sich zu

$$\underline{U_1 = \frac{I_1}{\gamma_1\,\alpha_1\,h}\,\ln\frac{\varrho_a}{\varrho_i}}\,, \quad \underline{U_2 = \frac{I_2}{\gamma_2\,\alpha_2\,h}\,\ln\frac{\varrho_a}{\varrho_i}}\,. \qquad (4.8)$$

4.1.2.4

Gesucht: Bedingung für die berechneten Spannungen U_k und Beziehung zwischen den Teilströmen I_k.

Gegeben: Die Gleichungen (4.8) der elektrischen Spannungen.

Ansatz: Da die beiden Teilbereiche parallel zueinander liegen gilt für die Spannungen U_k die Bedingung

$$U_1 = U_2\,!$$

Hieraus lässt sich die Beziehung zwischen den Strömen I_1 und I_2 bestimmen:

$$\frac{I_1}{\gamma_1\,\alpha_1\,h}\,\ln\frac{\varrho_a}{\varrho_i} = \frac{I_2}{\gamma_2\,\alpha_2\,h}\,\ln\frac{\varrho_a}{\varrho_i} \quad \Rightarrow \quad \frac{I_1}{I_2} = \underline{\underline{\frac{\gamma_1\,\alpha_1}{\gamma_2\,\alpha_2}}}\,. \tag{4.9}$$

4.1.2.5

Gesucht: Der Gesamtleitwert G_{ges} des zylindrischen Körpers.

Gegeben: $\varrho_a = 2\,\varrho_i$, $\quad \gamma_2 = 5\gamma_1$, $\quad \alpha_2 = \alpha_1$.

Ansatz: Aus dem Ersatzschaltbild in Abbildung 4.2 ist erkennbar, dass der Gesamtleitwert wie folgt zu bilden ist:

$$G_{ges} = G_1 + G_2\,.$$

Mit dem Ohm'schen Gesetz ergibt sich

$$G_1 = \frac{I_1}{U_1}\,, \quad G_2 = \frac{I_2}{U_2}\,.$$

$$G_1 = \frac{I_1}{U_1} = \frac{I_1}{\dfrac{I_1}{\gamma_1\,\alpha_1\,h}\,\ln\dfrac{\varrho_a}{\varrho_i}} = \frac{\gamma_1\,\alpha_1\,h}{\ln 2} \tag{4.10}$$

$$G_2 = \frac{I_2}{U_2} = \frac{I_2}{\dfrac{I_2}{\gamma_2\,\alpha_2\,h}\,\ln\dfrac{\varrho_a}{\varrho_i}} = \frac{5\gamma_1\,\alpha_1\,h}{\ln 2} \tag{4.11}$$

$$G_{ges} = G_1 + G_2 = \frac{\gamma_1\,\alpha_1\,h}{\ln 2} + \frac{5\gamma_1\,\alpha_1\,h}{\ln 2} = \underline{\underline{\gamma_1\,\alpha_1\,h\,\frac{6}{\ln 2}}}\,. \tag{4.12}$$

4.1.2.6

Gesucht: Der Gesamtstrom I, der durch den Körper fließt.

Gegeben: $I_1 = 1\,\text{A}$, $\quad \varrho_a = 2\varrho_i$, $\quad \gamma_2 = 5\gamma_1$, $\quad \alpha_2 = \alpha_1$.

Ansatz: Mit Hilfe der zuvor berechneten Größen U_1 und G_{ges} kann der gesuchte Strom berechnet werden:

$$I = G_{ges}U_1\,. \tag{4.13}$$

$$I = \gamma_1 \, \alpha_1 \, h \, \frac{6}{\ln 2} \cdot \frac{I_1}{\gamma_1 \, \alpha_1 \, h} \, \ln 2 = 6 I_1 = \underline{\underline{6\,\text{A}}} \, .$$

Alternativ:

$$I = I_1 + I_2 \, , \quad \frac{I_1}{I_2} = \frac{\gamma_1 \, \alpha_1}{\gamma_2 \, \alpha_2} \quad \Rightarrow \quad I_2 = I_1 \, \frac{\gamma_2 \, \alpha_2}{\gamma_1 \, \alpha_1} \tag{4.14}$$

$$I = I_1 + I_1 \, \frac{5 \gamma_1 \, \alpha_1}{\gamma_1 \, \alpha_1} = 6 I_1 = \underline{\underline{6\,\text{A}}} \, .$$

Aufgabe 4.1.3

4.1.3.1
Gesucht: Das elektrische Ersatzschaltbild mit diskreten Widerständen und allen relevanten elektrischen Größen.

Gegeben: Der elektrisch leitfähige Körper in Abbildung 4.3 auf Seite 32.

Ansatz: Der Strom I durchfließt beide Abschnitte. Es muss also eine Reihenschaltung von zwei Widerständen gewählt werden und es ergibt sich das gesuchte ESB in Abbildung 4.3.

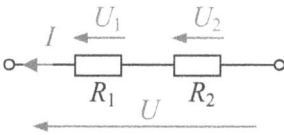

Abb. 4.3: Ersatzschaltung aus diskreten Widerständen.

4.1.3.2
Gesucht: Die Zusammenhänge zwischen den elektrischen Feldstärken $\vec{E}$ sowie zwischen den Stromdichten $\vec{J}$ in den beiden Hälften.

Gegeben: Das elektrische Ersatzschaltbild des Körpers in Abbildung 4.3.

Ansatz: Aufgrund der Reihenschaltung der beiden Abschnitte muss gelten

$$\vec{J}_1(\rho) = \vec{J}_2(\rho) \, , \quad \text{mit} \quad \boxed{\vec{J} = \gamma \, \vec{E}} \, . \tag{4.15}$$

Daher muss gelten

$$\gamma_1 \, \vec{E}_1(\rho) = \gamma_2 \, \vec{E}_2(\rho) \quad \Rightarrow \quad \vec{E}_1(\rho) = \underline{\underline{\frac{\gamma_2}{\gamma_1}}} \, \vec{E}_2(\rho) \, . \tag{4.16}$$

Anmerkung. *Siehe hierzu auch das Verhalten an Grenzflächen.*

4.1.3.3

Gesucht: Die elektrischen Feldstärken $\vec{E}(\rho)$ in den beiden Hälften abhängig von der angelegten Spannung U.

Ansatz: Bei Anlegen einer Spannung U an den Körper gilt allgemein

$$\boxed{U = \int_L \vec{E} \cdot \mathrm{d}\vec{s}} \,. \tag{4.17}$$

Vorüberlegungen: Nach Abbildung 4.3 verteilt sich die Spannung U entsprechend der Widerstandswerte auf die beiden Abschnitte

$$U = U_1 + U_2 = \int_{L_1} \vec{E}_1 \cdot \mathrm{d}\vec{s}_1 + \int_{L_2} \vec{E}_2 \cdot \mathrm{d}\vec{s}_2 \,. \tag{4.18}$$

Die Feldlinien verlaufen senkrecht zum Radius ρ in Richtung des Einheitsvektors $\vec{e}_\varphi$. Da die elektrischen Feldlinien außen länger sind als innen, ist die Feldstärke $\vec{E}$ abhängig vom Radius ρ. Sie ist nicht vom Winkel φ abhängig

$$\vec{E} = E_\varphi(\rho)\,\vec{e}_\varphi \,. \tag{4.19}$$

Wegen Gl. (4.16) genügt z. B. die Berechnung von $\vec{E}_2$. Wird der Integrationsweg L entlang einer Feldlinie gewählt, zeigt das Linienelement $\mathrm{d}\vec{s}_2$ ebenfalls in Richtung $\vec{e}_\varphi$

$$\mathrm{d}\vec{s}_2 = \rho\,\mathrm{d}\varphi\,\vec{e}_\varphi \,, \quad 0 \le \varphi \le \frac{\pi}{2} \,. \tag{4.20}$$

Es ergibt sich damit

$$U_2 = \int_{\varphi=0}^{\pi/2} E_{\varphi,2}(\rho)\vec{e}_\varphi \cdot \rho\,\mathrm{d}\varphi\,\vec{e}_\varphi = \int_{\varphi=0}^{\pi/2} E_2(\rho)\rho\,\mathrm{d}\varphi \,. \tag{4.21}$$

Die Lösung des Integrals führt auf

$$U_2 = E_2(\rho)\rho\,\frac{\pi}{2} \quad \Rightarrow \quad E_2(\rho) = \frac{2U_2}{\pi\rho} \,, \quad \text{analog:} \quad E_1(\rho) = \frac{2U_1}{\pi\rho} \,.$$

Die fehlende Beziehung zur Spannung U kann wiederum durch Gl. (4.16) gewonnen werden

$$\frac{E_1}{E_2} = \frac{\gamma_2}{\gamma_1} = \frac{U_1}{U_2} = \frac{U - U_2}{U_2} \,.$$

$$\Rightarrow \quad U_2 = \frac{\gamma_1}{\gamma_1 + \gamma_2}\,U \,, \quad \text{analog:} \quad U_1 = \frac{\gamma_2}{\gamma_1 + \gamma_2}\,U \,.$$

Damit ergeben sich die gesuchten elektrischen Feldstärken in den beiden Abschnitten zu

$$\underline{\vec{E}_1(\rho) = \frac{2\,\gamma_2\,U}{(\gamma_1 + \gamma_2)\pi\rho}\,\vec{e}_\varphi} \,, \quad \underline{\vec{E}_2(\rho) = \frac{2\,\gamma_1\,U}{(\gamma_1 + \gamma_2)\pi\rho}\,\vec{e}_\varphi} \,. \tag{4.22}$$

4.1.3.4

Gesucht: Der elektrische Strom I, der durch die ideal leitenden Kontaktflächen fließt.

Gegeben: Leitfähigkeiten γ, die Gleichungen (4.22) der elektrischen Feldstärken $\vec{E}(\rho)$ und die Geometrie des Körpers.

Ansatz: Die Feldlinien der Stromdichte verlaufen in isotropen Materialien analog zur elektrischen Feldstärke $\vec{E}$ senkrecht zum Radius, ihre Länge und Dichte ist abhängig vom Radius, siehe Abbildung 4.4a. In Abschnitt 1 ist

$$\vec{J}(\rho) = \gamma_1 \vec{E}_1 = \frac{2\,\gamma_1\gamma_2\,U}{(\gamma_1+\gamma_2)\pi\rho}\,\vec{e}_\varphi\,. \tag{4.23}$$

Der Strom I, der durch die gesamte, ideal leitende Fläche hindurch tritt, berechnet sich durch

$$\boxed{I = \int_A \vec{J}\cdot\mathrm{d}\vec{A}}\,. \tag{4.24}$$

Für das Flächenelement $\mathrm{d}\vec{A}$ gilt nach Abbildung 4.4b

$$\mathrm{d}\vec{A} = \mathrm{d}\rho\,\mathrm{d}z\,\vec{e}_\varphi\,,\quad \rho_i \le \rho \le \rho_a,\ 0 \le z \le h\,. \tag{4.25}$$

Einsetzen der Stromdichte und der Grenzen in Abschnitt 1 ergibt

$$I = \int_{z=0}^{h}\int_{\rho=\rho_i}^{\rho_a} \vec{J}_1\cdot\mathrm{d}\rho\,\mathrm{d}z\,\vec{e}_\varphi = \int_{z=0}^{h}\int_{\rho=\rho_i}^{\rho_a} \frac{2\,\gamma_1\gamma_2\,U}{(\gamma_1+\gamma_2)\pi\rho}\,\vec{e}_\varphi\cdot\mathrm{d}\rho\,\mathrm{d}z\,\vec{e}_\varphi$$

mit der Lösung des Flächenintegrals

$$I = \int_{z=0}^{h}\int_{\rho=\rho_i}^{\rho_a} \frac{2\,\gamma_1\gamma_2\,U}{(\gamma_1+\gamma_2)\pi\rho}\,\mathrm{d}\rho\,\mathrm{d}z = \frac{2\,\gamma_1\gamma_2\,U}{(\gamma_1+\gamma_2)\pi}\,h\int_{\rho=\rho_i}^{\rho_a}\frac{1}{\rho}\,\mathrm{d}\rho$$

$$\underline{\underline{I = \frac{2\,\gamma_1\gamma_2\,U}{(\gamma_1+\gamma_2)\pi}\,h\,\ln\frac{\rho_a}{\rho_i}}}\,.$$

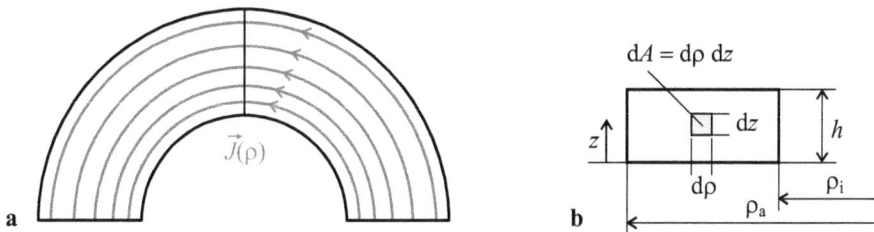

Abb. 4.4: (a) Verlauf der Stromdichte $\vec{J}$, (b) Grafik zur Parametrisierung der Seitenfläche.

Aufgabe 4.1.4

4.1.4.1
Gesucht: Die elektrische Feldstärke $\vec{E}(\rho)$ im Körper.
Gegeben: Der elektrisch leitfähige Körper in Abbildung 4.4 auf Seite 33.
Ansatz: Bei Anlegen einer Spannung U an den Körper gilt

$$\boxed{U = \int_L \vec{E} \cdot \mathrm{d}\vec{s}}\,. \tag{4.26}$$

Vorüberlegungen: Die Feldlinien verlaufen senkrecht zum Radius ρ in Richtung des Einheitsvektors $\vec{e}_\varphi$. Da die elektrischen Feldlinien außen länger sind als innen, ist die Feldstärke $\vec{E}$ abhängig vom Radius ρ. Sie ist nicht vom Winkel φ abhängig

$$\vec{E} = E_\varphi(\rho)\,\vec{e}_\varphi\,. \tag{4.27}$$

Wird der Integrationsweg L entlang einer Feldlinie gewählt, zeigt das Linienelement $\mathrm{d}\vec{s}$ ebenfalls in Richtung $\vec{e}_\varphi$

$$\mathrm{d}\vec{s} = \rho\,\mathrm{d}\varphi\,\vec{e}_\varphi\,, \quad 0 \le \varphi \le \pi\,. \tag{4.28}$$

Es ergibt sich damit

$$U = \int_{\varphi=0}^{\pi} \vec{E}_\varphi(\rho) \cdot \rho\,\mathrm{d}\varphi\,\vec{e}_\varphi\,. \tag{4.29}$$

Die Lösung des Integrals führt auf

$$U = \int_{\varphi=0}^{\pi} E_\varphi(\rho)\,\rho\,\mathrm{d}\varphi = E_\varphi(\rho)\,\rho \int_{\varphi=0}^{\pi} \mathrm{d}\varphi = E_\varphi(\rho)\,\rho\,\pi \quad \Rightarrow \quad \underline{\underline{\vec{E}(\rho) = \frac{U}{\pi\rho}\,\vec{e}_\varphi}}\,.$$

4.1.4.2
Gesucht: Der elektrische Strom I, der durch die ideal leitenden Kontaktflächen fließt.
Gegeben: Leitfähigkeit $\gamma(\rho)$, elektrische Feldstärke $\vec{E}(\rho)$ und Geometrie des Körpers.
Ansatz: Analog zu Aufgabe 4.1.3.
Der Strom I, der durch die gesamte, ideal leitende Fläche hindurch tritt, berechnet sich durch

$$\boxed{I = \int_A \vec{J} \cdot \mathrm{d}\vec{A}}\,. \tag{4.30}$$

Für das Flächenelement $\mathrm{d}\vec{A}$ gilt wieder analog zu Abbildung 4.4 auf Seite 161

$$\mathrm{d}\vec{A} = \mathrm{d}\rho\,\mathrm{d}z\,\vec{e}_\varphi\,, \quad \rho_\mathrm{i} \le \rho \le \rho_\mathrm{a}\,, \quad 0 \le z \le h\,. \tag{4.31}$$

Einsetzen der elektrischen Feldstärke $\vec{E}(\rho)$ und der Leitfähigkeit $\gamma(z)$ führt auf

$$
I = \int_{z=0}^{h} \int_{\rho=\rho_i}^{\rho_a} \vec{J}(\rho) \cdot d\rho \, dz \, \vec{e}_\varphi = \int_{z=0}^{h} \int_{\rho=\rho_i}^{\rho_a} \gamma(z)\vec{E}(\rho) \cdot d\rho \, dz \, \vec{e}_\varphi
$$

$$
= \int_{z=0}^{h} \int_{\rho=\rho_i}^{\rho_a} \gamma_0 \left(2 - \frac{z}{h} \right) \frac{U}{\pi\rho} \vec{e}_\varphi \cdot d\rho \, dz \, \vec{e}_\varphi
$$

$$
= \int_{z=0}^{h} \int_{\rho=\rho_i}^{\rho_a} \frac{\gamma_0 U}{\pi\rho} \left(2 - \frac{z}{h} \right) d\rho \, dz = \frac{\gamma_0 U}{\pi} \frac{3}{2} h \int_{\rho=\rho_i}^{\rho_a} \frac{1}{\rho} \, d\rho
$$

$$
= \frac{3h\,\gamma_0 U}{2\pi} \Big[\ln\rho \Big]_{\rho=\rho_i}^{\rho_a} = \underline{\underline{\frac{3h\,\gamma_0 U}{2\pi} \ln\left(\frac{\rho_a}{\rho_i} \right)}}.
$$

4.1.4.3

Gesucht: Gesamtwiderstand R_{ges} des Körpers zwischen den ideal leitfähigen Außen-flächen.

Gegeben: Die Spannung U, der Strom I und $\rho_a = 2\rho_i$.

Ansatz: Der Widerstand berechnet sich nach dem Ohm'schen Gesetz durch

$$
\boxed{R = \frac{U}{I}}. \tag{4.32}
$$

Mit den gegebenen Werten wird der Strom I

$$
I = \frac{3h\,\gamma_0 U}{2\pi} \ln 2
$$

und der Widerstand

$$
R = \frac{U}{I} = \frac{U}{\dfrac{3h\,\gamma_0 U}{2\pi} \ln 2} = \underline{\underline{\frac{2\pi}{3h\,\gamma_0 \ln 2}}} .
$$

4.2 Erdungsprobleme

Aufgabe 4.2.1

4.2.1.1
Gesucht: Die elektrische Stromdichte $\vec{J}$ und die elektrische Feldstärke $\vec{E}$ in Abhängigkeit von der Entfernung r zum Mittelpunkt des Erders.

Gegeben: Blitzableiter mit halbkugelförmigem Erder in Abbildung 4.6 auf Seite 34.

Ansatz: Für die Stromdichte gilt

$$\boxed{I = \int_A \vec{J} \cdot d\vec{A}} \, . \tag{4.33}$$

Gemäß Abbildung 4.5 ist die zu betrachtende Hüllfläche A eine Halbkugel im Abstand r vom Mittelpunkt des Erders. Stromdichte $\vec{J}$ und vektorielles Flächenelement $d\vec{A}$ zeigen beide in Richtung des Einheitsvektors $\vec{e}_r$. Die Definition des vektoriellen Oberflächenelements

$$d\vec{A} = r^2 \sin(\vartheta) \, d\vartheta \, d\varphi \, \vec{e}_r \tag{4.34}$$

veranschaulicht Abbildung 4.6. Für die Parametrisierung der betrachteten Halbkugel gilt dann

$$\frac{\pi}{2} \le \vartheta \le \pi \quad \text{und} \quad 0 \le \varphi \le 2\pi \, .$$

Damit lässt sich Gleichung (4.33) schreiben als

$$I = \int_{\varphi=0}^{2\pi} \int_{\vartheta=\pi/2}^{\pi} J(r) \vec{e}_r \cdot r^2 \sin(\vartheta) \, d\vartheta \, d\varphi \, \vec{e}_r \, . \tag{4.35}$$

Die Lösung des Integrals ist dann

$$I = J(r) \, r^2 \int_{\varphi=0}^{2\pi} \int_{\vartheta=\pi/2}^{\pi} \sin(\vartheta) \, d\vartheta \, d\varphi = J(r) \, r^2 \int_{\varphi=0}^{2\pi} \left[-\cos(\vartheta) \right]_{\vartheta=\pi/2}^{\pi} d\varphi$$

$$= J(r) \, r^2 \int_{\varphi=0}^{2\pi} d\varphi = J(r) \, r^2 \left[\varphi \right]_{\varphi=0}^{2\pi} = J(r) \, 2\pi r^2 \quad \Rightarrow$$

$$\underline{\underline{\vec{J}(r) = \frac{I}{2\pi r^2} \vec{e}_r}} \, . \tag{4.36}$$

Die elektrische Feldstärke $\vec{E}(r)$ ergibt sich durch die Materialgleichung

$$\vec{J}(r) = \gamma \vec{E}(r) \quad \Rightarrow \quad \underline{\underline{\vec{E}(r) = \frac{I}{2\pi\gamma \, r^2} \vec{e}_r}} \, . \tag{4.37}$$

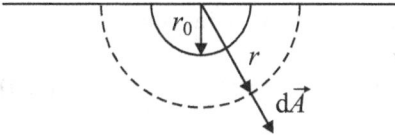

Abb. 4.5: Halbkugel-Erder mit beliebiger halbkugelförmiger Hüllfläche im Abstand r.

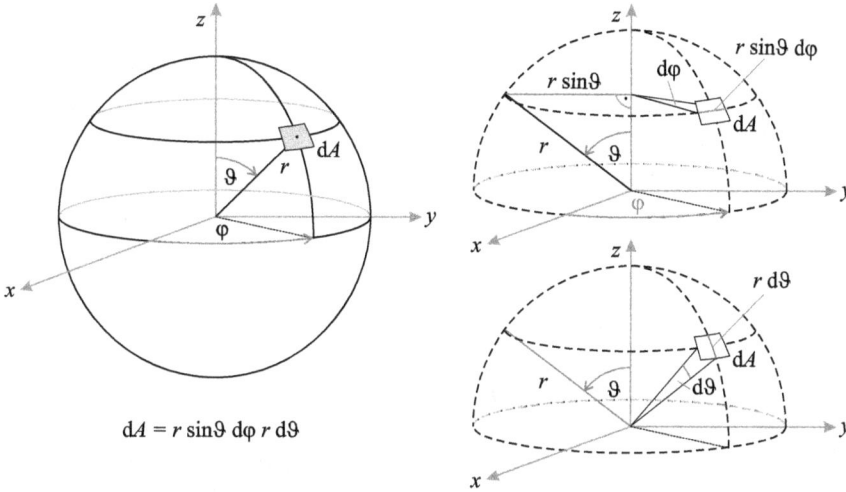

$$dA = r \sin\vartheta \, d\varphi \, r \, d\vartheta$$

Abb. 4.6: Parametrisierung der Kugeloberfläche und Definition des Flächenelementes dA.

4.2.1.2

Gesucht: Die Potenzialfunktion $\phi(r)$.

Ansatz: Allgemein gilt für ein Potenzial $\phi(r)$, das für $r \to \infty$ verschwindet

$$\phi(r) = -\int \vec{E} \cdot d\vec{s} \, . \tag{4.38}$$

Bei der Integration entlang einer Feldlinie ist

$$d\vec{s} = dr \, \vec{e}_r \, ,$$

so dass elektrische Feldstärke $\vec{E} = E(r) \, \vec{e}_r$ und vektorielles Linienelement $d\vec{s}$ in die gleiche Richtung zeigen. Einsetzen der elektrischen Feldstärke $\vec{E}(r)$ aus (4.37) in (4.38) ergibt dann

$$\phi(r) = -\int \frac{I}{2\pi\gamma \, r^2} \, dr \, . \tag{4.39}$$

Die allgemeine Lösung dieses Integrals ist

$$\phi(r) = \frac{I}{2\pi\gamma \, r} + konst \, . \tag{4.40}$$

Wegen der Konvention, dass das Potenzial im Unendlichen verschwindet

$$\phi(r \to \infty) = 0 = \lim_{r \to \infty} \frac{I}{2\pi y\, r} + konst \quad \Rightarrow \quad konst = 0 \,, \tag{4.41}$$

wird

$$\phi(r) = \frac{I}{2\pi y\, r} \,. \tag{4.42}$$

4.2.1.3

Gesucht: Skizze der Feldlinien von $\vec{J}$ und $\vec{E}$ sowie der Äquipotenziallinien des Strömungsfeldes.

Ansatz: Gemäß der berechneten Funktionen der Stromdichte $\vec{J}(r)$ (4.36) und der elektrischen Feldstärke $\vec{E}$ (4.37) sowie der Potenzialfunktion $\phi(r)$ (4.42) ergibt sich die Darstellung in Abbildung 4.7.

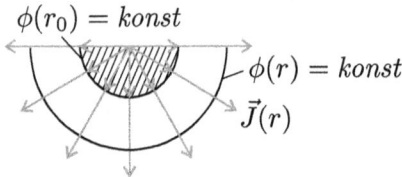

Abb. 4.7: Verlauf der Feldlinien von $\vec{J}(r)$ und $\vec{E}(r)$ sowie der Äquipotenziallinien $\phi(r) = konst$.

4.2.1.4

Gesucht: Die Schrittspannung U_S, die von der Person im Abstand $r_1 = 10 r_0$ bei der Schrittlänge $\Delta r = 2 r_0$ überbrückt wird.

Ansatz: Wie in Abbildung 4.5 auf Seite 33 gezeigt, überbrückt eine Person die Schrittspannung

$$U_S = \phi(r_1) - \phi(r_1 + \Delta r) \,. \tag{4.43}$$

Nach Gleichung (4.42) ist

$$\phi(r) = \frac{I}{2\pi y} \cdot \frac{1}{r} \quad \Rightarrow \quad \phi(r_1) = \frac{I}{2\pi y} \cdot \frac{1}{r_1} \,, \quad \phi(r_1 + \Delta r) = \frac{I}{2\pi y} \cdot \frac{1}{r_1 + \Delta r} \tag{4.44}$$

und damit

$$U_S = \frac{I}{2\pi y} \cdot \left(\frac{1}{r_1} - \frac{1}{r_1 + \Delta r} \right) \,. \tag{4.45}$$

Mit gegebenen Werten:

$$U_S = \frac{I}{2\pi y} \cdot \left(\frac{1}{10 r_0} - \frac{1}{12 r_0} \right) = \frac{I}{4\pi y\, r_0} \cdot \left(\frac{1}{5} - \frac{1}{6} \right) = \frac{I}{120\pi y\, r_0} \,.$$

Aufgabe 4.2.2

4.2.2.1

Gesucht: Die elektrische Stromdichte $\vec{J}$ in Abhängigkeit von der Entfernung r zum Mittelpunkt des Erders.

Ansatz: Für die Stromdichte gilt

$$I = \int_A \vec{J} \cdot d\vec{A} . \tag{4.46}$$

Gemäß Abbildung 4.7 ist die zu betrachtende Hüllfläche A eine Halbkugel im Abstand r vom Mittelpunkt des Erders. Stromdichte $\vec{J}$ und vektorielles Flächenelement $d\vec{A}$ zeigen beide in Richtung des Einheitsvektors $\vec{e}_r$. Die Definition des vektoriellen Oberflächenelements

$$d\vec{A} = r^2 \sin(\vartheta) \, d\vartheta \, d\varphi \, \vec{e}_r \tag{4.47}$$

veranschaulicht Abbildung 4.6. Für die Parametrisierung der betrachteten Halbkugel gilt somit

$$\frac{\pi}{2} \le \vartheta \le \pi \quad \text{und} \quad 0 \le \varphi \le 2\pi .$$

Damit lässt sich Gleichung (4.46) schreiben als

$$I = \int_{\varphi=0}^{2\pi} \int_{\vartheta=\pi/2}^{\pi} J(r)\vec{e}_r \cdot r^2 \sin(\vartheta) \, d\vartheta \, d\varphi \, \vec{e}_r . \tag{4.48}$$

Die Lösung des Integrals ist dann

$$I = J(r) \, r^2 \int_{\varphi=0}^{2\pi} \int_{\vartheta=\pi/2}^{\pi} \sin(\vartheta) \, d\vartheta \, d\varphi = J(r) \, r^2 \int_{\varphi=0}^{2\pi} \Big[-\cos(\vartheta) \Big]_{\vartheta=\pi/2}^{\pi} \, d\varphi \tag{4.49}$$

$$= J(r) \, r^2 \int_{\varphi=0}^{2\pi} d\varphi = J(r) \, r^2 \Big[\varphi \Big]_{\varphi=0}^{2\pi} = J(r) \, 2\pi \, r^2 \tag{4.50}$$

$$\Rightarrow \vec{J}(r) = \frac{I}{2\pi \, r^2} \vec{e}_r . \tag{4.51}$$

4.2.2.2

Gesucht: Die elektrische Feldstärke $\vec{E}(r)$.

Ansatz: Die elektrische Feldstärke $\vec{E}(r)$ ergibt sich durch die Materialgleichung

$$\vec{J}(r) = \gamma(r) \, \vec{E}(r) . \tag{4.52}$$

$$\Rightarrow \vec{E}(r) = \frac{I}{2\pi\gamma(r) \, r^2} \vec{e}_r . \tag{4.53}$$

Damit gilt

$$\vec{E}(r) = \frac{I}{2\pi\gamma_0\, r^2} \left(\frac{r - r_0}{r} \right) \vec{e}_r = \underline{\underline{\frac{I}{2\pi\gamma_0\, r^2} \left(1 - \frac{r_0}{r} \right) \vec{e}_r}} . \tag{4.54}$$

4.2.2.3

Gesucht: Die Potenzialfunktion $\phi(r)$.

Ansatz: Allgemein gilt für das Potenzial

$$\phi(r) = -\int \vec{E} \cdot \mathrm{d}\vec{s} . \tag{4.55}$$

Bei der Integration entlang einer Feldlinie ist

$$\mathrm{d}\vec{s} = \mathrm{d}r\, \vec{e}_r ,$$

sodass elektrische Feldstärke $\vec{E} = E(r)\, \vec{e}_r$ und vektorielles Linienelement $\mathrm{d}\vec{s}$ gleichgerichtet sind. Einsetzen der elektrischen Feldstärke $\vec{E}(r > r_0)$ aus (4.54) ergibt dann

$$\phi(r) = -\int \frac{I}{2\pi\gamma_0\, r^2} \left(1 - \frac{r_0}{r} \right) \mathrm{d}r . \tag{4.56}$$

Das Integral zerfällt in zwei Teilintegrale

$$\phi(r) = -\frac{I}{2\pi\gamma_0} \left[\int \frac{\mathrm{d}r}{r^2} - \int \frac{r_0\, \mathrm{d}r}{r^3} \right] . \tag{4.57}$$

Die allgemeine Lösung dieser Integrale lautet

$$\phi(r) = -\frac{I}{2\pi\gamma_0} \left[-\frac{1}{r} + \frac{r_0}{2r^2} \right] + konst = \frac{I}{2\pi\gamma_0} \left[\frac{1}{r} - \frac{r_0}{2r^2} \right] + konst . \tag{4.58}$$

Wegen der Konvention, dass das Potenzial im Unendlichen verschwindet

$$\phi(r \to \infty) = 0 = \lim_{r \to \infty} \frac{I}{2\pi\gamma_0} \left[\frac{1}{r} - \frac{r_0}{2r^2} \right] + konst \quad \Rightarrow \quad konst = 0 , \tag{4.59}$$

wird

$$\phi(r) = \underline{\underline{\frac{I}{4\pi\gamma_0} \cdot \frac{2r - r_0}{r^2}}} . \tag{4.60}$$

4.2.2.4

Gesucht: Die Schrittspannung U_S, die von der Person im Abstand $r_1 = 10r_0$ bei der Schrittlänge $\Delta r = 2r_0$ überbrückt wird.

Ansatz: Die Person in Abbildung 4.6 auf Seite 34 überbrückt im Material mit der Leitfähigkeit $\gamma(r)$ die Schrittspannung

$$U_S = \phi(r_1) - \phi(r_1 + \Delta r) . \tag{4.61}$$

Nach Gleichung (4.60) ist für $r > r_1$

$$\phi(r_1) = \frac{I}{4\pi\gamma_0} \cdot \frac{2r_1 - r_0}{r_1^2} \; , \quad \phi(r_1 + \Delta r) = \frac{I}{4\pi\gamma_0} \cdot \frac{2(r_1 + \Delta r) - r_0}{(r_1 + \Delta r)^2} \qquad (4.62)$$

und damit

$$U_S = \frac{I}{4\pi\gamma_0} \cdot \left[\frac{2r_1 - r_0}{r_1^2} - \frac{2(r_1 + \Delta r) - r_0}{(r_1 + \Delta r)^2} \right] . \qquad (4.63)$$

Mit gegebenen Werten:

$$U_S = \frac{I}{4\pi\gamma_0} \cdot \left[\frac{19r_0}{100r_0^2} - \frac{23r_0}{144r_0^2} \right]$$

$$= \frac{I}{4\pi\gamma_0 r_0} \cdot \left[\frac{1,44 \cdot 19 - 23}{144} \right] = \underline{\underline{\frac{109\,I}{14400\,\pi\gamma_0 r_0}}} \; .$$

4.2.2.5

Gesucht: Wie verhält sich die Schrittspannung U_S, wenn sich bei sonst gleichen Bedingungen die Leitfähigkeit γ_0 des Erdbodens halbiert?

Ansatz: Da γ_0 im Nenner steht, verdoppelt sich die Schrittspannung U_S.

5 Stationäre Magnetfelder

5.1 Kräfte im magn. Feld und die magn. Größen

Aufgabe 5.1.1

5.1.1.1
Gesucht: Die Kraft $\vec{F}$ auf Leiter 2 nach Betrag und Richtung für die Fälle a und b.
Ansatz: Der Betrag der Kraft berechnet sich durch

$$F = \frac{\mu I_1 I_2\, l}{2\pi\varrho}\ . \tag{5.1}$$

Die Richtung der Kraft auf Leiter 2 kann mit Hilfe des Feldbildes in Abbildung 5.1 bestimmt werden: Im Fall a ergibt sich zwischen den Leitern ein gleich gerichtetes Feld, das Feld wird verstärkt, dadurch entsteht eine abstoßende Kraft. Im Fall b wird das Feld zwischen den Leitern geschwächt, die Feldlinien beider Leiter sind entgegen gerichtet. Zwischen beiden Leitern wirkt eine anziehende Kraft.

Alternativ: rechnerische Bestimmung des Kraftvektors
Gleichung (5.1) lässt sich umformen, in dem die Wirkung von Leiter 1 auf Leiter 2 durch die magnetische Flussdichte $\vec{B}(I_1)$ ausgedrückt wird. Für einen sehr langen und unendlich dünnen Leiter dürfen die Randeffekte vernachlässigt werden. Die Feldlinien des Magnetfeldes sind konzentrische Kreise um den Leiter. Betrachtet wird das Feld am Ort von Leiter 2 im Abstand ϱ zum Leiter 1, siehe hierzu Abbildung 5.1. In den problemnahen Zylinderkoordinaten ergibt sich dann als vektorielle Kraft auf Leiter 2

$$\vec{F} = I_2\, \vec{l} \times \vec{B}(I_1)\,, \quad \text{mit} \quad \vec{B}(I_1) = \pm\frac{\mu I_1}{2\pi\varrho}\, \vec{e}_\varphi\,, \quad \vec{l} = \pm l\, \vec{e}_z\,. \tag{5.2}$$

Das Vorzeichen der vektoriellen Länge $\vec{l}$ hängt von der Stromrichtung in Leiter 2 ab und die Richtung von $\vec{B}$ wird durch die Stromrichtung von Leiter 1 vorgegeben.

Fall a: $I_1 = -I_2$

$$\vec{F} = \frac{\mu I^2\, l}{2\pi\varrho}\, \vec{e}_x = \underline{\frac{\mu I^2\, l}{4\pi a}\, \vec{e}_x}\,.$$

Fall b: $I_1 = I_2$

$$\vec{F} = -\frac{\mu I^2\, l}{2\pi\varrho}\, \vec{e}_x = \underline{-\frac{\mu I^2\, l}{4\pi a}\, \vec{e}_x}\,.$$

5.1.1.2
Gesucht: Die Feldkomponenten B_x und B_y im Punkt P für die Fälle a und b.
Gegeben: Lage der Leiter 1 und 2 zum Punkt P,
Stromstärken und Stromrichtungen für beide Fälle: $|I_1| = |I_2|$.

https://doi.org/10.1515/9783110672510-011

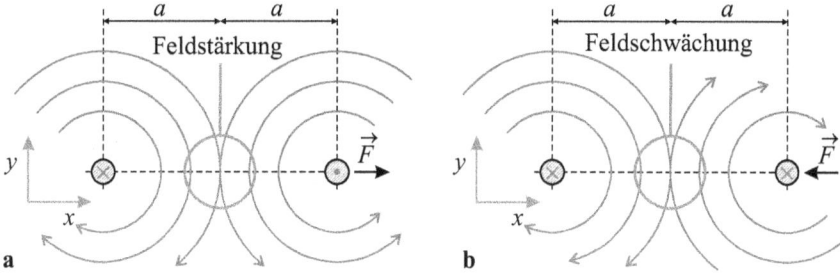

Abb. 5.1: Ausbildung der magnetischen Felder um die Leiter für die Fälle a und b.

Ansatz: Für einen unendlich langen und dünnen Leiter dürfen die Randeffekte vernachlässigt werden. Das Magnetfeld um den Leiter besteht aus konzentrischen Kreisen mit dem Radius ϱ. Die magnetische Flussdichte $\vec{B}$ zeigt dabei je nach Stromrichtung in bzw. gegen die Richtung des Einheitsvektors $\vec{e}_\varphi$ (Zylinderkoordinaten), siehe Abbildung 5.2a

$$\vec{B} = \pm B_\varphi\,\vec{e}_\varphi = \pm\frac{\mu I}{2\pi\varrho}\,\vec{e}_\varphi \ . \tag{5.3}$$

Für die Beschreibung des Magnetfeldes in kartesischen Koordinaten muss der Einheitsvektor des Winkels φ ebenfalls transformiert werden (vergl. Abbildungen 5.2b, c). Im $x'y'$-Koordinatensystem des Leiters ist

$$\vec{B}(x',y') = \pm B_\varphi(-\sin\varphi\,\vec{e}_x + \cos\varphi\,\vec{e}_y) \tag{5.4}$$

$$= \pm B_\varphi\left(-\frac{y'}{\varrho}\,\vec{e}_x + \frac{x'}{\varrho}\,\vec{e}_y\right), \quad \varrho = \sqrt{x'^2 + y'^2} \ . \tag{5.5}$$

Wichtig: Hierbei ist unbedingt zu beachten, dass für diese Feldbeschreibung der Ursprung zunächst im Leitermittelpunkt (Punkt $(x_0;y_0)$ in Abbildung 5.2d) liegt. Das heißt, dass in der Regel eine Verschiebung zu berücksichtigen ist. Es sei $P : (x_p;y_p)$ und $Q : (x_q;y_q)$ die Leiterposition, dann gilt nach Abbildung 5.2d für den Abstandsvektor $\vec{\varrho}$

$$\vec{\varrho} = x'\vec{e}_x + y'\vec{e}_y = \vec{r}_p - \vec{r}_q = (x - x_0)\vec{e}_x + (y - y_0)\vec{e}_y \tag{5.6}$$

und damit

$$x' = x - x_0\,, \quad y' = y - y_0\,, \quad \varrho = \sqrt{(x - x_0)^2 + (y - y_0)^2} \ . \tag{5.7}$$

Die Feldbeschreibung lautet dann

$$\boxed{\vec{B}(x,y) = \pm\frac{\mu I}{2\pi}\,\frac{-(y - y_0)\vec{e}_x + (x - x_0)\vec{e}_y}{(x - x_0)^2 + (y - y_0)^2}} \ . \tag{5.8}$$

Die Wahl des Vorzeichens ist abhängig von der Stromrichtung:
$\odot : +\quad \otimes : -\,.$

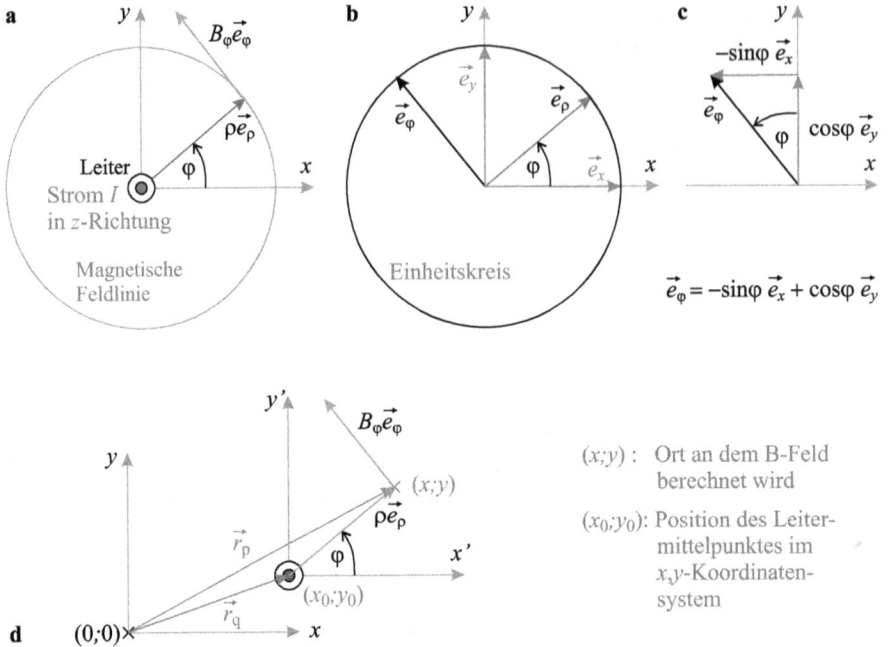

Abb. 5.2: Erläuterung der Feldbeschreibung in Zylinder- und kartesischen Koordinaten. Veranschaulichung der Transformation des Einheitsvektors $\vec{e}_\varphi$ in das xy-Koordinatensystem.

Fall a: $I_1 = -I_2$

Aufgrund der vorgegebenen Stromrichtungen ergeben sich die in Abbildung 5.3a dargestellten Vektoren $\vec{B}_1$ und $\vec{B}_2$. Gemäß der obigen Herleitung gilt

$$\vec{B}_1(\varrho_1) = -\frac{\mu I}{2\pi\varrho_1}\vec{e}_{\varphi_1} \quad \text{und} \quad \vec{B}_2(\varrho_2) = \frac{\mu I}{2\pi\varrho_2}\vec{e}_{\varphi_2}. \tag{5.9}$$

Umgewandelt in kartesische Koordinaten (siehe Abbildung 5.3b) ergibt sich

$$\vec{B}_1(x_p, y_p) = -\frac{\mu I_1}{2\pi}\frac{-(y_p - y_q)\vec{e}_x + (x_p - x_q)\vec{e}_y}{(x_p - x_q)^2 + (y_p - y_q)^2} \tag{5.10}$$

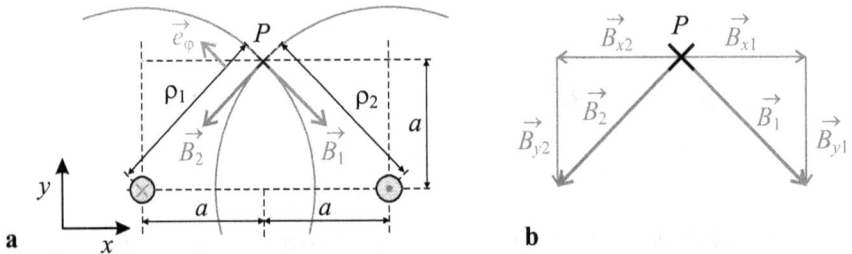

Abb. 5.3: Magnetische Feldvektoren $\vec{B}_1$ und $\vec{B}_2$ für den Fall a.

und

$$\vec{B}_2(x_p,y_p) = +\frac{\mu I_2}{2\pi}\frac{-(y_p - y_q)\,\vec{e}_x + (x_p - x_q)\,\vec{e}_y}{(x_p - x_q)^2 + (y_p - y_q)^2}\,. \tag{5.11}$$

Aus der Aufgabenstellung können der Aufpunkt $P : (a;a)$ sowie die Quellpunkte (die Mittelpunkte der Leiter) $Q_1 : (0;0)$ und $Q_2 : (2a;0)$ entnommen werden:

$$\vec{B}_1 = \frac{\mu I}{2\pi \cdot 2a^2}\,[a\,\vec{e}_x - a\,\vec{e}_y] = \frac{\mu I}{4\pi a}\,[\vec{e}_x - \vec{e}_y]\,,$$

$$\vec{B}_2 = \frac{\mu I}{2\pi \cdot 2a^2}\,[-a\,\vec{e}_x - a\,\vec{e}_y] = \frac{\mu I}{4\pi a}\,[-\vec{e}_x - \vec{e}_y]\,.$$

Durch Überlagerung ergibt sich dann

$$\vec{B}_x = \vec{B}_{x1} + \vec{B}_{x2} = \frac{\mu I}{4\pi a}\,[\vec{e}_x - \vec{e}_x] = \underline{\underline{\vec{0}}}\,,$$

$$\vec{B}_y = \vec{B}_{y1} + \vec{B}_{y2} = \frac{\mu I}{4\pi a}\,[-\vec{e}_y - \vec{e}_y] = \underline{\underline{\frac{-\mu I}{2\pi a}\,\vec{e}_y}}\,.$$

Fall b: $I_1 = I_2$

Aufgrund der vorgegebenen Stromrichtungen ergeben sich die in Abbildung 5.4a dargestellten Vektoren $\vec{B}_1$ und $\vec{B}_2$.

In kartesischen Koordinaten wird der Flussdichte-Vektor $\vec{B}_2$ nun (siehe Abb. 5.4b):

$$\vec{B}_2(x_p,y_p) = -\frac{\mu I_2}{2\pi}\frac{-(y_p - y_q)\,\vec{e}_x + (x_p - x_q)\,\vec{e}_y}{(x_p - x_q)^2 + (y_p - y_q)^2}\,. \tag{5.12}$$

Analog zu **a** ist dann

$$\vec{B}_1 = \frac{\mu I}{2\pi \cdot 2a^2}\,[a\,\vec{e}_x - a\,\vec{e}_y] = \frac{\mu I}{4\pi a}\,[\vec{e}_x - \vec{e}_y]\,,$$

$$\vec{B}_2 = \frac{\mu I}{2\pi \cdot 2a^2}\,[a\,\vec{e}_x + a\,\vec{e}_y] = \frac{\mu I}{4\pi a}\,[\vec{e}_x + \vec{e}_y]\,.$$

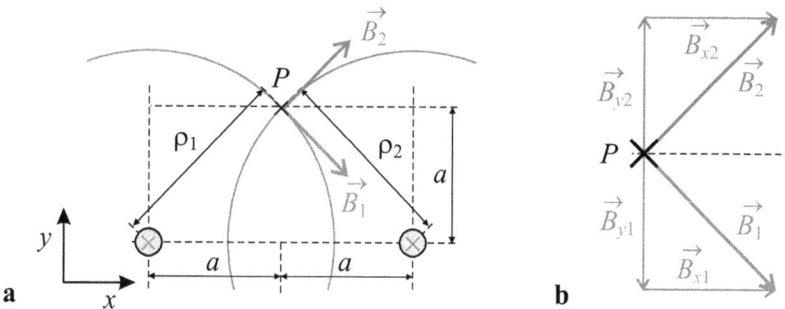

Abb. 5.4: Magnetische Feldvektoren $\vec{B}_1$ und $\vec{B}_2$ für den Fall b.

Durch Überlagerung ergibt sich schließlich

$$\vec{B}_x = \vec{B}_{x1} + \vec{B}_{x2} = \frac{\mu I}{4\pi a} \left[\vec{e}_x + \vec{e}_x \right] = \underline{\underline{\frac{\mu I}{2\pi a} \vec{e}_x}} \, ,$$

$$\vec{B}_y = \vec{B}_{y1} + \vec{B}_{y2} = \frac{\mu I}{4\pi a} \left[-\vec{e}_y + \vec{e}_y \right] = \underline{\underline{\vec{0}}} \, .$$

Aufgabe 5.1.2

5.1.2.1
Gesucht: Die Kraft $\vec{F}$ auf Leiter 3 nach Betrag und Richtung.
Gegeben: Drei stromdurchflossene Leiter in der xy-Ebene.
Ansatz: Der Betrag der Kraft zwischen zwei elektrischen Leitern im Abstand ϱ be-
rechnet sich durch

$$F_{j,k} = \frac{\mu I_j I_k \, l}{2\pi\varrho} \, . \tag{5.13}$$

Diese Gleichung lässt sich umformen, in dem die Wirkung von Leiter k
auf Leiter j durch die magnetische Flussdichte $\vec{B}(I_k)$ ausgedrückt wird. Für
einen sehr langen und unendlich dünnen Leiter dürfen die Randeffekte
vernachlässigt werden. Die Feldlinien des Magnetfeldes sind konzentrische
Kreise um den Leiter. Betrachtet wird das Feld am Ort von Leiter j im Abstand ϱ zum Leiter k, siehe hierzu Abbildung 5.5. In den problemnahen
Zylinderkoordinaten ergibt sich dann als vektorielle Kraft auf Leiter j

$$\vec{F}_{j,k} = I_j \, \vec{l} \times \vec{B}(I_k) \, , \quad \text{mit} \quad \vec{B}(I_k) = \pm \frac{\mu I_k}{2\pi\varrho} \vec{e}_\varphi \, , \quad \vec{l} = \pm l \, \vec{e}_z \, . \tag{5.14}$$

Das Vorzeichen der vektoriellen Länge $\vec{l}$ hängt von der Stromrichtung in
Leiter j ab und die Richtung von $\vec{B}$ wird durch die Stromrichtung von Leiter k
vorgegeben.

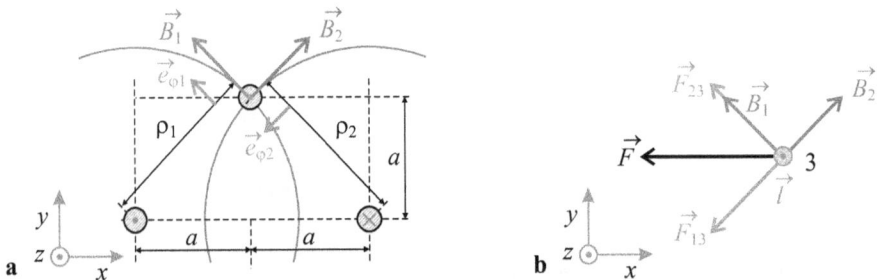

Abb. 5.5: Magnet. Flussdichten der Leiter 1 und 2 am Ort von Leiter 3 (a) und Kräfte auf Leiter 3 (b).

Für die Darstellung in kartesischen Koordinaten der xy-Ebene gilt (siehe Herleitung aus Aufgabe 5.1.1)

$$\vec{B}(x,y) = \pm\frac{\mu I}{2\pi} \frac{-(y - y_0)\vec{e}_x + (x - x_0)\vec{e}_y}{(x - x_0)^2 + (y - y_0)^2} \, . \tag{5.15}$$

Kraft von Leiter 1 auf Leiter 3 im xy-Koordinatensystem (Mittelpunkt des Leiters 1 $(0;0)$, Mittelpunkt des Leiters 3: $(a;a)$):

$$\vec{F}_{31} = I_3 \, \vec{l} \times \vec{B}(I_1) \tag{5.16}$$

$$= I_3 \, l\vec{e}_z \times \frac{+\mu I_1}{2\pi((a - 0)^2 + (a - 0)^2)} \left(-(a - 0)\,\vec{e}_x + (a - 0)\,\vec{e}_y\right) .$$

Mit den Kreuzprodukten

$$\vec{e}_z \times \vec{e}_x = \vec{e}_y \quad \text{und} \quad \vec{e}_z \times \vec{e}_y = -\vec{e}_x$$

wird

$$\vec{F}_{31} = \frac{\mu I_1 I_3 \, l}{2\pi(a^2 + a^2)} \left(-a\,\vec{e}_x - a\,\vec{e}_y\right) = \frac{\mu I_1 I_3 \, l}{4\pi a} \left(-\vec{e}_x - \vec{e}_y\right) .$$

Kraft von Leiter 2 auf Leiter 3 im xy-Koordinatensystem (Mittelpunkt des Leiters 2 $(2a;0)$, Mittelpunkt des Leiters 3: $(a;a)$):

$$\vec{F}_{32} = I_3 \, \vec{l} \times \vec{B}(I_2) \tag{5.17}$$

$$= I_3 \, l\vec{e}_z \times \frac{-\mu I_2}{2\pi((a - 2a)^2 + (a - 0)^2)} \left(-(a - 0)\,\vec{e}_x + (a - 2a)\,\vec{e}_y\right)$$

$$= \frac{\mu I_2 I_3 \, l}{2\pi(a^2 + a^2)} \left(-a\,\vec{e}_x + a\,\vec{e}_y\right) = \frac{\mu I_2 I_3 \, l}{4\pi a} \left(-\vec{e}_x + \vec{e}_y\right) .$$

Überlagerung der beiden Teilkräfte zur Gesamtkraft:

$$\vec{F} = \vec{F}_{31} + \vec{F}_{32} = \frac{\mu I_3 \, l}{4\pi a} \left[(-I_1 - I_2)\vec{e}_x + (-I_1 + I_2)\vec{e}_y\right] . \tag{5.18}$$

Mit $|I_1| = |I_2|$:

$$\vec{F} = \underline{\underline{\frac{\mu I_1 I_3 \, l}{2\pi a}(-\vec{e}_x)}} \, .$$

5.1.2.2

Gesucht: Position eines vierten Leiters, damit die Kraft auf Leiter 3 verschwindet.

Gegeben: $I_3 = I_4 = 2I_1$, Kraft $\vec{F}$.

Ansatz: Allgemein formuliert gilt für die Kraft von Leiter 4 auf Leiter 3

$$\vec{F}_{34} = \frac{\mu I_3 I_4 \, l \left(-(x_3 - x_4)\,\vec{e}_x + (y_3 - y_4)\,\vec{e}_y\right)}{2\pi((x_3 - x_4)^2 + (y_3 - y_4)^2)} \, . \tag{5.19}$$

Ohne Leiter 4 wirkt auf Leiter 3 die Kraft

$$\vec{F} = -\frac{\mu I_1 I_3 \, l}{2\pi a} \, \vec{e}_x \, .$$

Leiter 4 muss also so angeordnet werden, dass nur eine Kraft in positiver x-Richtung entsteht.

Die y-Komponente der Kraft verschwindet wenn

$$(y_3 - y_4) = 0 \, , \quad \Rightarrow \quad \underline{\underline{y_4 = a}} \, ,$$

was bedeutet, dass sich Leiter 4 auf der gleichen Höhe von Leiter 3 befindet. Eingesetzt in Gleichung (5.19) ergibt sich die Bedingung

$$\vec{F}_{34} = \frac{\mu I_1 I_3 \, l}{2\pi a} \, \vec{e}_x = -\frac{\mu 2 I_1 I_3 \, l}{2\pi (a - x_4)} \, \vec{e}_x \quad \Rightarrow \quad (a - x_4) = -2a \quad \Rightarrow \quad \underline{\underline{x_4 = 3a}} \, .$$

Der vierte Leiter befindet sich also an der Position $(3a; a)$, siehe Abbildung 5.6.

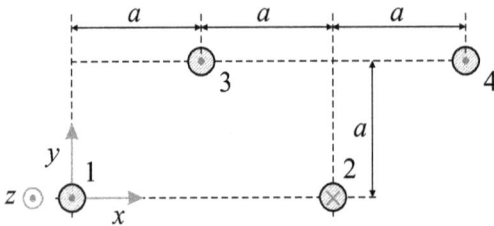

Abb. 5.6: Gesuchte Position von Leiter 4.

Aufgabe 5.1.3

Gesucht: Die relativen Permeabilitätszahlen der drei Kerne und ihre Einordnung in die drei Klassen diamagnetisch, paramagnetisch oder ferromagnetisch.

Ansatz: Die relative Permeabilität kann durch

$$B = \mu_0 \mu_r H \quad \Rightarrow \quad \mu_r = \frac{B}{\mu_0 H} \tag{5.20}$$

bestimmt werden.

$$\mu_{r1} = \frac{1\,\text{T}}{4\pi \cdot 10^{-7}\,\text{Vs}\,(\text{Am})^{-1} \cdot 7{,}9554 \cdot 10^5\,\text{A}\,\text{m}^{-1}} = \underline{\underline{1{,}0003}} \qquad > 1 : \text{paramagn.}$$

$$\mu_{r2} = \frac{1\,\text{T}}{4\pi \cdot 10^{-7}\,\text{Vs}\,(\text{Am})^{-1} \cdot 795{,}775\,\text{A}\,\text{m}^{-1}} = \underline{\underline{1000}} \qquad \gg 1 : \text{ferromagn.}$$

$$\mu_{r3} = \frac{1\,\text{T}}{4\pi \cdot 10^{-7}\,\text{Vs}\,(\text{Am})^{-1} \cdot 7{,}9585 \cdot 10^5\,\text{A}\,\text{m}^{-1}} = \underline{\underline{0{,}9999}} \qquad < 1 : \text{diamagn.}$$

Aufgabe 5.1.4

5.1.4.1

Gesucht: Die magnetische Feldstärke im Ringkern.

Gegeben: Längenangaben: $\rho_i = 1\,\text{cm}$, $\rho_a = 2\,\text{cm}$, $h = 1\,\text{cm}$,
Stromstärke $I = 1\,\text{A}$.

Ansatz: Das Durchflutungsgesetz in allgemeiner Form lautet

$$\boxed{\Theta = \oint_L \vec{H} \cdot \mathrm{d}\vec{s}} \quad \text{mit} \quad \Theta = \sum_j I_j N_j \, . \tag{5.21}$$

Betrachtet wird der Verlauf der Feldlinien im Ringkern $\vec{H}(r) = H(r)\vec{e}_\varphi$ (siehe Abbildung 5.7). Für das Linienelement $\mathrm{d}\vec{s}$ gilt

$$\mathrm{d}\vec{s} = \rho\,\mathrm{d}\varphi\,\vec{e}_\varphi \, .$$

Linienelement und Feldlinie $\vec{H}(\rho)$ zeigen in die gleiche Richtung:

$$\vec{H} \cdot \mathrm{d}\vec{s} = H(\rho)\,\vec{e}_\varphi \cdot \rho\,\mathrm{d}\varphi\,\vec{e}_\varphi = H(\rho)\rho\,\mathrm{d}\varphi \, . \tag{5.22}$$

Die Parametrisierung des Ringkerns ergibt $\rho_i \le \rho \le \rho_a$ und $0 \le \varphi < 2\pi$.

Aufgrund der Aufgabenstellung kann das Durchflutungsgesetz geschrieben werden als

$$\Theta = I = \int_0^{2\pi} H(\rho)\rho\,\mathrm{d}\varphi \quad \Rightarrow \quad I = H(\rho)\,2\pi\rho \quad \Rightarrow \quad H(\rho) = \frac{I}{2\pi\rho} \, . \tag{5.23}$$

Die magnetische Feldstärke im Ringkern ist dann

$$\underline{\underline{\vec{H}(\rho) = \frac{I}{2\pi\rho}\,\vec{e}_\varphi}} \, . \tag{5.24}$$

5.1.4.2

Gesucht: Magnetischer Fluss Φ im Ring für den **Fall a**.

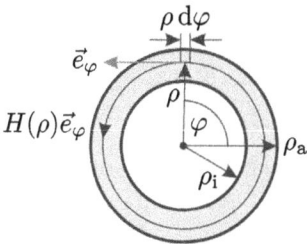

Abb. 5.7: Verlauf der Feldlinien im Inneren des Ringkerns.

Gegeben: Längenangaben: $\rho_i = 1$ cm, $\rho_a = 2$ cm, $h = 1$ cm,
magnetische Feldstärke $\vec{H}(\rho)$ aus Aufgabenteil 5.1.4.1, relative Permeabilität
$\mu_r = 500$.

Ansatz: Allgemein gilt für den magnetischen Fluss

$$\Phi = \int_A \vec{B} \cdot d\vec{A} \, .$$

Um das Integral lösen zu können, muss die Querschnittsfläche A des Ring-kerns, die vom Radius ρ abhängt, parametrisiert werden. Es muss also das Flächenelement $d\vec{A}$ beschrieben werden. Bereits gegeben ist

$$dA = dz \, d\rho \, .$$

In z-Richtung muss integriert werden von

$$z_u(\rho) \le z \le z_o(\rho) \, ,$$

wobei $z_u(\rho)$ und $z_o(\rho)$ zwei Geraden beschreiben, welche die Fläche unten bzw. oben begrenzen.

Die magnetische Flussdichte $\vec{B}(\rho) = \mu H(\rho)\, \vec{e}_\varphi$ und das Flächenelement $d\vec{A} = dz \, d\rho \, \vec{e}_\varphi$ zeigen im Nickelkern bei der Vernachlässigung von Rand-effekten (magn. Flussdichte parallel zur Flächennormale $\vec{n}$) in die gleiche Richtung:

$$\Phi = \int_A \vec{B} \cdot d\vec{A} = \int\limits_{\rho=\rho_i}^{\rho_a} \int\limits_{z=z_u(\rho)}^{z_o(\rho)} B(\rho) \, dz \, d\rho \, .$$

Für die Geradengleichungen gilt

$$z_o(\rho) = \frac{-h/2}{\rho_a - \rho_i} \cdot (\rho - \rho_a) \quad \text{mit} \quad \rho_i \le \rho < \rho_a$$

und

$$z_u(\rho) = \frac{h/2}{\rho_a - \rho_i} \cdot (\rho - \rho_a) \quad \text{mit} \quad \rho_i \le \rho < \rho_a \, .$$

Damit ergibt sich:

$$\Phi = \int\limits_{\rho=\rho_i}^{\rho_a} \int\limits_{z=z_u(\rho)}^{z_o(\rho)} \frac{\mu I}{2\pi\rho} \, dz \, d\rho = \frac{\mu I}{2\pi} \int\limits_{\rho=\rho_i}^{\rho_a} \left[\frac{z}{\rho}\right]_{z_u(\rho)}^{z_o(\rho)} d\rho = \int\limits_{\rho=\rho_i}^{\rho_a} \frac{1}{\rho}(z_o(\rho) - z_u(\rho)) \, d\rho$$

$$= \frac{\mu I}{2\pi} \int\limits_{\rho=\rho_i}^{\rho_a} 2\frac{z_o(\rho)}{\rho} \, d\rho = \frac{\mu I}{2\pi} \int\limits_{\rho=\rho_i}^{\rho_a} \frac{h}{\rho} \frac{\rho_a - \rho}{\rho_a - \rho_i} \, d\rho = \frac{\mu I \, h}{2\pi(\rho_a - \rho_i)} \int\limits_{\rho=\rho_i}^{\rho_a} \frac{\rho_a}{\rho} - 1 \, d\rho$$

$$= \frac{\mu I \, h}{2\pi(\rho_a - \rho_i)} \Big[\rho_a \ln\rho - \rho\Big]_{\rho_i}^{\rho_a} = \frac{\mu I \, h}{2\pi(\rho_a - \rho_i)} \Big[\rho_a (\ln\rho_a - \ln\rho_i) - \rho_a + \rho_i\Big]$$

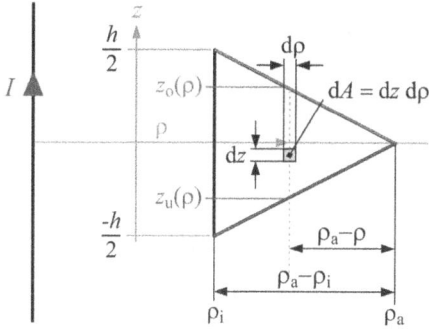

Abb. 5.8: Parametrisierung der Querschnittsfläche des Ringkerns und Beschreibung des Flächenelements für den Fall a.

$$\Phi = \frac{\mu_0 \mu_r I \, h}{2\pi} \left[\frac{\rho_a}{\rho_a - \rho_i} \ln \frac{\rho_a}{\rho_i} - 1 \right].$$

Mit den gegebenen Werten wird

$$\Phi = \frac{4\pi \cdot 10^{-7} \, \text{Vs} \cdot 500 \cdot 1\,\text{A} \cdot 1\,\text{cm}}{2\pi \, \text{Am}} \left[\frac{2\,\text{cm}}{2\,\text{cm} - 1\,\text{cm}} \ln 2 - 1 \right] = 3{,}863 \cdot 10^{-7} \, \text{Vs}.$$

5.1.4.3

Gesucht: Magnetischer Fluss Φ im Ring für den **Fall b.**

Gegeben: Siehe Fall a.

Ansatz: Siehe Fall a.

Für die Geradengleichungen gilt jetzt

$$z_o(\rho) = \frac{h/2}{\rho_a - \rho_i} \cdot (\rho - \rho_i) \quad \text{mit} \quad \rho_i \leq \rho < \rho_a$$

und

$$z_u(\rho) = \frac{-h/2}{\rho_a - \rho_i} \cdot (\rho - \rho_i) \quad \text{mit} \quad \rho_i \leq \rho < \rho_a.$$

Damit ergibt sich:

$$\Phi = \int\limits_{\rho=\rho_i}^{\rho_a} \int\limits_{z=z_u(\rho)}^{z_o(\rho)} \frac{\mu I}{2\pi\rho} \, dz \, d\rho = \frac{\mu I}{2\pi} \int\limits_{\rho=\rho_i}^{\rho_a} \left[\frac{z}{\rho} \right]_{z_u(\rho)}^{z_o(\rho)} d\rho = \int\limits_{\rho=\rho_i}^{\rho_a} \frac{1}{\rho} (z_o(\rho) - z_u(\rho)) \, d\rho$$

$$= \frac{\mu I}{2\pi} \int\limits_{\rho=\rho_i}^{\rho_a} 2 \frac{z_o(\rho)}{\rho} \, d\rho = \frac{\mu I}{2\pi} \int\limits_{\rho=\rho_i}^{\rho_a} \frac{h}{\rho} \frac{\rho - \rho_i}{\rho_a - \rho_i} \, d\rho = \frac{\mu I \, h}{2\pi(\rho_a - \rho_i)} \int\limits_{\rho=\rho_i}^{\rho_a} 1 - \frac{\rho_i}{\rho} \, d\rho$$

$$= \frac{\mu I \, h}{2\pi(\rho_a - \rho_i)} \left[\rho - \rho_i \ln \rho \right]_{\rho_i}^{\rho_a} = \frac{\mu I \, h}{2\pi(\rho_a - \rho_i)} \left[\rho_a - \rho_i - \rho_i (\ln \rho_a - \ln \rho_i) \right]$$

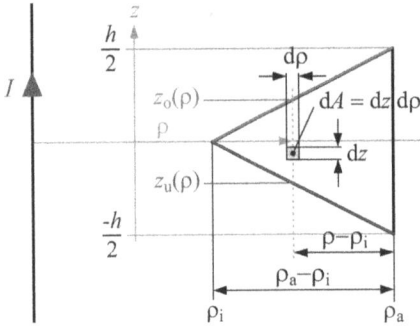

Abb. 5.9: Parametrisierung der Querschnittsfläche des Ringkerns und Beschreibung des Flächenelements für den Fall b.

$$\Phi = \frac{\mu_0 \mu_r I h}{2\pi} \left[1 - \frac{\rho_i}{\rho_a - \rho_i} \ln \frac{\rho_a}{\rho_i} \right].$$

Mit den gegebenen Werten wird

$$\Phi = \frac{4\pi \cdot 10^{-7}\,\text{Vs} \cdot 500 \cdot 1\,\text{A} \cdot 1\,\text{cm}}{2\pi\,\text{Am}} \left[1 - \frac{1\,\text{cm}}{2\,\text{cm} - 1\,\text{cm}} \ln 2 \right] = \underline{\underline{3,0685 \cdot 10^{-7}\,\text{Vs}}}.$$

Aufgabe 5.1.5

5.1.5.1

Gesucht: Die Hysteresekurve mit Beschriftung.

Gegeben: Messreihe für Feldstärke und Flussdichte, Symmetrie der Kurve.

Ansatz: Die ersten Messwerte beginnen bei (0;0), es handelt sich also um die Neukurve. Ausgehend vom Sättigungswert $B_s = 1,5\,\text{T}$ nimmt die magnetische Flussdichte kontinuierlich ab bis 0 und erreicht die negative Sättigung $-B_s$. Mit den Messwerten werden also die Neukurve und der obere Verlauf der Hystereseschleife beschrieben. Der untere Verlauf kann durch ausnutzen der Punktsymmetrie gewonnen werden. Siehe hierzu Abbildung 5.10.

5.1.5.2

Gesucht: Die magnetische Flussdichte B und die relative Permeabilität μ_r bei abnehmender positiver Magnetisierung für $H = 1200\,\text{A}\,\text{m}^{-1}$.

Gegeben: Der gemessene Verlauf von B und H und die Hysteresekurve in Abbildung 5.10.

Ansatz: Der gesuchte Wert von B kann mit dem gegebenen H durch lineare Interpolation aus der Kennlinie bzw. Tabelle bestimmt werden. Dazu werden

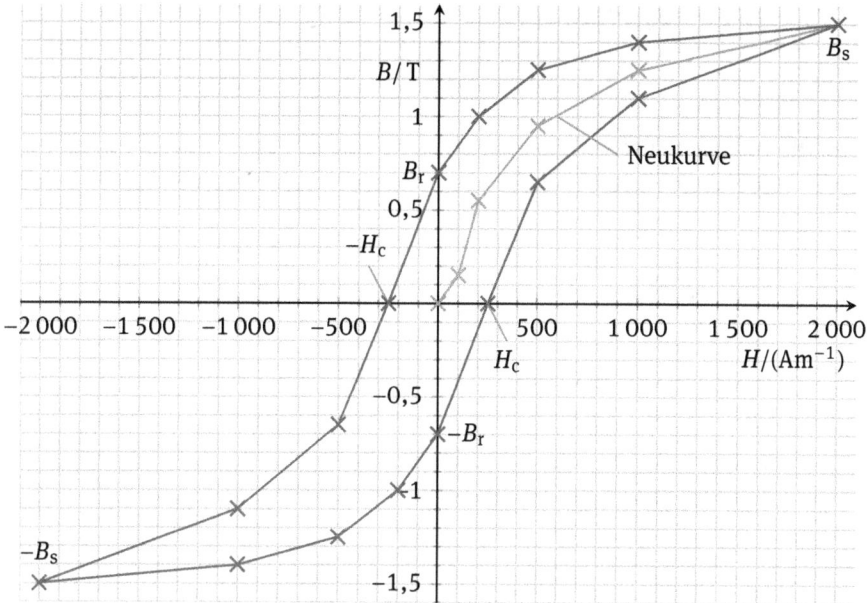

Abb. 5.10: Hysteresekurve der Magnetisierung mit Kennzeichnung der Punkte Sättigung B_s, Koerzitivfeldstärke H_c, Remanenz B_r sowie der Neukurve.

die drei Punkte $(H_o; B_o)$, $(H_u; B_u)$ sowie $(H; B)$ definiert. Mit der Zweipunkteform einer Geraden zwischen $(H_o; B_o)$ und $(H_u; B_u)$ wird dann

$$\frac{B - B_u}{H - H_u} = \frac{B_o - B_u}{H_o - H_u} \quad \Rightarrow \quad \boxed{B = \frac{B_o - B_u}{H_o - H_u}(H - H_u) + B_u}. \qquad (5.25)$$

Anschließend kann dann über

$$B = \mu_0 \mu_r H \quad \Rightarrow \quad \mu_r = \frac{B}{\mu_0 H} \qquad (5.26)$$

die relative Permeabilität bestimmt werden.

Mit Werten ($B_o = 1{,}5\,\text{T}$, $H_o = 2000\,\text{Am}^{-1}$, $B_u = 1{,}4\,\text{T}$, $H_u = 1000\,\text{Am}^{-1}$):

$$B = \frac{(1{,}5\,\text{T} - 1{,}4\,\text{T}) \cdot (1200\,\text{A m}^{-1} - 1000\,\text{Am}^{-1})}{2000\,\text{Am}^{-1} - 1000\,\text{Am}^{-1}} + 1{,}4\,\text{T} = \underline{\underline{1{,}42\,\text{T}}},$$

$$\mu_r = \frac{1{,}42\,\text{T}}{4\pi \cdot 10^{-7}\,\text{Vs}\,(\text{Am})^{-1} \cdot 1200\,\text{Am}^{-1}} \approx \underline{\underline{941{,}667}}.$$

5.2 Das Gesetz von Biot-Savart

Aufgabe 5.2.1

Gesucht: Die magnetische Feldstärke auf der z-Achse $\vec{H}(z)$.

Ansatz: Die magnetische Feldstärke setzt sich aus drei Teilen zusammen:

$$\vec{H}(z) = \vec{H}_{\text{I}}(z) + \vec{H}_{\text{II}}(z) + \vec{H}_{\text{III}}(z) .$$

Für jeden Leiterabschnitt ist das Integral

$$\vec{H}_j(z) = \frac{I_0}{4\pi} \int\limits_{L_j} \frac{\mathrm{d}\vec{s} \times \vec{r}^{\,0}}{r^2} \tag{5.27}$$

zu lösen. Der Ortsvektor $\vec{R}$ beschreibt die Position des Aufpunktes P an dem das Feld berechnet werden soll. Hier nur entlang der z-Achse ($P : (0;0;z)$)

$$\vec{R} = z\,\vec{e}_z . \tag{5.28}$$

Der Quellpunkt Q wandert während der Integration entlang der Leiter-Kurve L. Seine Position wird durch einen Ortsvektor $\vec{R}'$ beschrieben, der vom Ursprung auf den Quellpunkt zeigt. Es empfiehlt sich, den Quellpunktvektor bei geraden Leitern durch den Ansatz

$$\vec{R}'(\gamma) = \vec{R}_0 + \gamma\,\vec{R}_1 , \quad 0 \le \gamma \le 1 \tag{5.29}$$

zu formulieren.

Aus den beiden Ortsvektoren ergibt sich dann der Abstandsvektor

$$\vec{r} = \vec{R} - \vec{R}' . \tag{5.30}$$

Leiterabschnitt I

Für den Leiterabschnitt I (Abbildung 5.11, $s = \gamma a$) wird der Quellpunktvektor

$$\vec{R}' = -\gamma a\,\vec{e}_x + a\,\vec{e}_y , \quad -1 \le \gamma \le 1$$

Das vektorielle Linienelement $\mathrm{d}\vec{s}$ wird dann

$$\mathrm{d}\vec{s} = \frac{\mathrm{d}\vec{R}'}{\mathrm{d}\gamma}\,\mathrm{d}\gamma = -a\,\mathrm{d}\gamma\,\vec{e}_x . \tag{5.31}$$

Der Abstandsvektor $\vec{r}$, der vom Quellpunkt zum Aufpunkt zeigt, ist damit definiert durch

$$\vec{r} = \vec{R} - \vec{R}' = z\,\vec{e}_z - (-\gamma a\,\vec{e}_x + a\,\vec{e}_y) = \gamma a\,\vec{e}_x - a\,\vec{e}_y + z\,\vec{e}_z \tag{5.32}$$

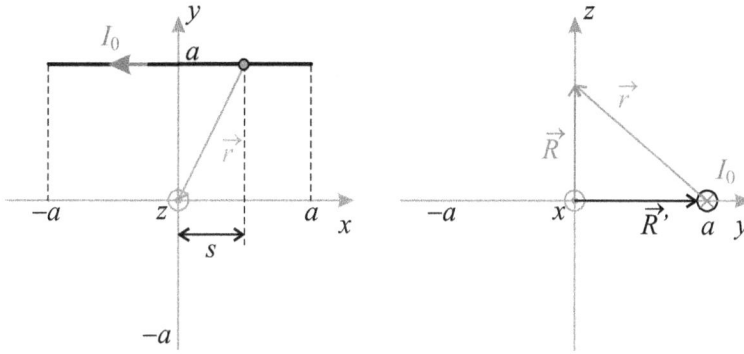

Abb. 5.11: Lage der Ortsvektoren $\vec{R}$ und $\vec{R}'$ sowie Abstandsvektor $\vec{r}$ für den Bereich I.

mit dem Betrag

$$r = \sqrt{y^2 a^2 + z^2 + a^2} = a\sqrt{y^2 + 1 + \left(\tfrac{z}{a}\right)^2}\;.$$

Das Kreuzprodukt wird dann

$$\mathrm{d}\vec{s} \times \vec{r} = -a\,\mathrm{d}y\,\vec{e}_x \times (ya\,\vec{e}_x - a\,\vec{e}_y + z\,\vec{e}_z) = (az\,\vec{e}_y + a^2\,\vec{e}_z)\,\mathrm{d}y\;.$$

Eingesetzt in die Bestimmungsgleichung von $\vec{H}_\mathrm{I}$ wird

$$\vec{H}_\mathrm{I}(z) = \frac{I_0}{4\pi}\int\limits_{L_\mathrm{I}} \frac{\mathrm{d}\vec{s}\times\vec{r}}{r^3} = \frac{I_0}{4\pi}\int\limits_{-1}^{1} \frac{(az\,\vec{e}_y + a^2\,\vec{e}_z)\,\mathrm{d}y}{a^3\sqrt{y^2 + 1 + \left(\tfrac{z}{a}\right)^2}^{\,3}}$$

$$= \frac{I_0}{4\pi a^2}(z\,\vec{e}_y + a\,\vec{e}_z)\int\limits_{-1}^{1} \frac{\mathrm{d}y}{\sqrt{y^2 + 1 + \left(\tfrac{z}{a}\right)^2}^{\,3}}\;. \tag{5.33}$$

Mit der Integralidentität

$$\int \frac{\mathrm{d}x}{(\alpha x^2 + \beta)^{3/2}} = \frac{x}{\beta\sqrt{\alpha x^2 + \beta}}\;, \quad x = y\;, \quad \alpha = 1\;, \quad \beta = 1 + \left(\tfrac{z}{a}\right)^2 \tag{5.34}$$

ergibt sich:

$$\vec{H}_\mathrm{I}(z) = \frac{I_0}{4\pi a^2}(z\,\vec{e}_y + a\,\vec{e}_z)\left[\frac{y}{(1 + \left(\tfrac{z}{a}\right)^2)\sqrt{y^2 + 1 + \left(\tfrac{z}{a}\right)^2}}\right]_{-1}^{1}$$

$$= \frac{I_0}{4\pi}\frac{z\,\vec{e}_y + a\,\vec{e}_z}{z^2 + a^2}\left[\frac{1}{\sqrt{2 + \left(\tfrac{z}{a}\right)^2}} - \frac{-1}{\sqrt{2 + \left(\tfrac{z}{a}\right)^2}}\right] = \frac{I_0}{4\pi}\frac{2a(z\,\vec{e}_y + a\,\vec{e}_z)}{(z^2 + a^2)\sqrt{2a^2 + z^2}}\;.$$

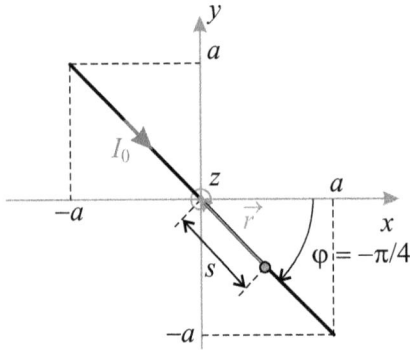

Abb. 5.12: Lage des Abstandsvektors $\vec{r}$ für den Bereich II.

Leiterabschnitt II

Für den Leiterabschnitt II (Abbildung 5.12, $s = y\sqrt{2}\, a$) wird der Quellpunktvektor

$$\vec{R}' = \vec{0} + y((a\vec{e}_x - a\vec{e}_y) - (0\vec{e}_x + 0\vec{e}_y)), \quad -1 \le y \le 1$$
$$= ay(\vec{e}_x - \vec{e}_y)\,.$$

Das vektorielle Linienelement $d\vec{s}$, das den Weg des Leiters parametrisiert, wird

$$d\vec{s} = \frac{d\vec{R}'}{dy}\, dy = a\, dy(\vec{e}_x - \vec{e}_y)\,. \tag{5.35}$$

Der Abstandsvektor ist dann definiert durch

$$\vec{r} = \vec{R} - \vec{R}' = z\,\vec{e}_z - ay(\vec{e}_x - \vec{e}_y) = -ay\,\vec{e}_x + ay\,\vec{e}_y + z\,\vec{e}_z \tag{5.36}$$

mit dem Betrag

$$r = \sqrt{a^2 y^2 + a^2 y^2 + z^2} = a\sqrt{2y^2 + \left(\tfrac{z}{a}\right)^2}\,.$$

Das Kreuzprodukt wird somit

$$d\vec{s} \times \vec{r} = a\, dy(\vec{e}_x - \vec{e}_y) \times (-ay(\vec{e}_x - \vec{e}_y) + z\,\vec{e}_z) = -az(\vec{e}_x + \vec{e}_y)\, dy\,.$$

Eingesetzt in die Bestimmungsgleichung von $\vec{H}_{\text{II}}$ für $-1 \le y \le 1$:

$$\vec{H}_{\text{II}}(z) = \frac{I_0}{4\pi} \int_{L_{\text{II}}} \frac{d\vec{s} \times \vec{r}}{r^3} = \frac{I_0}{4\pi} \int_{-1}^{1} \frac{-az(\vec{e}_x + \vec{e}_y)\, dy}{a^3 \sqrt{2y^2 + \left(\tfrac{z}{a}\right)^2}^{\,3}}$$

$$= -\frac{I_0\, z}{4\pi a^2}(\vec{e}_x + \vec{e}_y) \int_{-1}^{1} \frac{dy}{\sqrt{2y^2 + \left(\tfrac{z}{a}\right)^2}^{\,3}}\,. \tag{5.37}$$

Mit der Integralidentität

$$\int \frac{dx}{(\alpha\,x^2 + \beta)^{3/2}} = \frac{x}{\beta\sqrt{\alpha\,x^2 + \beta}} \ , \quad x = y\,, \quad \alpha = 2\,, \quad \beta = \left(\tfrac{z}{a}\right)^2 \tag{5.38}$$

ergibt sich:

$$\vec{H}_{\mathrm{II}}(z) = -\frac{I_0\,z}{4\pi a^2}(\vec{e}_x + \vec{e}_y)\left[\frac{y}{\left(\tfrac{z}{a}\right)^2\sqrt{2y^2 + \left(\tfrac{z}{a}\right)^2}}\right]_{-1}^{1}$$

$$= -\frac{I_0}{4\pi}\frac{\vec{e}_x + \vec{e}_y}{z}\left[\frac{1}{\sqrt{2 + \left(\tfrac{z}{a}\right)^2}} - \frac{-1}{\sqrt{2 + \left(\tfrac{z}{a}\right)^2}}\right] = -\frac{I_0}{4\pi}\frac{2a(\vec{e}_x + \vec{e}_y)}{z\sqrt{2a^2 + z^2}}\ .$$

Leiterabschnitt III

Für den Leiterabschnitt III (Abbildung 5.13, $s = ya$) wird der Quellpunktvektor

$$\vec{R}' = a\,\vec{e}_x + y((a\vec{e}_x + a\vec{e}_y) - (a\,\vec{e}_x + 0\vec{e}_y))\,, \quad -1 \le y \le 1$$
$$= a\,\vec{e}_x + ya\,\vec{e}_y\,.$$

Das vektorielle Linienelement $d\vec{s}$, das den Weg des Leiters parametrisiert, wird durch

$$d\vec{s} = \frac{d\vec{R}'}{dy}\,dy = a\,dy\,\vec{e}_y \tag{5.39}$$

beschrieben. Der Abstandsvektor ist dann definiert durch

$$\vec{r} = \vec{R} - \vec{R}' = z\,\vec{e}_z - (a\,\vec{e}_x + ya\,\vec{e}_y) = -a\,\vec{e}_x - ya\,\vec{e}_y + z\,\vec{e}_z \tag{5.40}$$

mit dem Betrag

$$r = \sqrt{a^2 + a^2 y^2 + z^2} = a\sqrt{y^2 + 1 + \left(\tfrac{z}{a}\right)^2}\ .$$

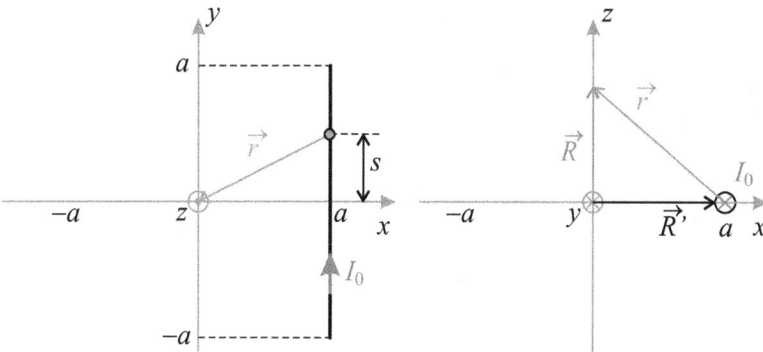

Abb. 5.13: Lage der Ortsvektoren $\vec{R}$ und $\vec{R}'$ sowie Abstandsvektor $\vec{r}$ für den Bereich III.

Das Kreuzprodukt wird somit

$$d\vec{s} \times \vec{r} = a\,dy\,\vec{e}_y \times (-a\,\vec{e}_x - ya\,\vec{e}_y + z\,\vec{e}_z) = (z\,\vec{e}_x + a\,\vec{e}_z)a\,dy\,.$$

Eingesetzt in die Bestimmungsgleichung von $\vec{H}_{III}$ für $-1 \le y \le 1$:

$$\vec{H}_{III}(z) = \frac{I_0}{4\pi} \int\limits_{L_{III}} \frac{d\vec{s} \times \vec{r}}{r^3} = \frac{I_0}{4\pi} \int\limits_{-1}^{1} \frac{a(z\,\vec{e}_x + a\,\vec{e}_z)\,dy}{a^3 \sqrt{y^2 + 1 + \left(\frac{z}{a}\right)^2}^{\,3}}$$

$$= \frac{I_0}{4\pi a^2}(z\,\vec{e}_x + a\,\vec{e}_z) \int\limits_{-a}^{a} \frac{dy}{\sqrt{y^2 + 1 + \left(\frac{z}{a}\right)^2}^{\,3}}\,. \tag{5.41}$$

Mit der Integralidentität

$$\int \frac{dx}{(\alpha x^2 + \beta)^{3/2}} = \frac{x}{\beta\sqrt{\alpha x^2 + \beta}}\,, \quad x = y\,, \quad \alpha = 1\,, \quad \beta = 1 + \left(\frac{z}{a}\right)^2 \tag{5.42}$$

ergibt sich:

$$\vec{H}_{III}(z) = \frac{I_0}{4\pi a^2}(z\,\vec{e}_x + a\,\vec{e}_z) \left[\frac{y}{\left(1 + \left(\frac{z}{a}\right)^2\right)\sqrt{y^2 + 1 + \left(\frac{z}{a}\right)^2}} \right]_{-1}^{1}$$

$$= \frac{I_0}{4\pi} \frac{z\,\vec{e}_x + a\,\vec{e}_z}{a^2 + z^2} \left[\frac{1}{\sqrt{2 + \left(\frac{z}{a}\right)^2}} - \frac{-1}{\sqrt{2 + \left(\frac{z}{a}\right)^2}} \right]$$

$$= \frac{I_0}{4\pi} \frac{2a(z\,\vec{e}_x + a\,\vec{e}_z)}{(a^2 + z^2)\sqrt{2a^2 + z^2}}\,.$$

Für die gesamte Feldstärke gilt dann zusammenfassend:

$$\vec{H}(z) = \vec{H}_I(z) + \vec{H}_{II}(z) + \vec{H}_{III}(z)$$

$$= \frac{I_0}{4\pi} \frac{2a(z\,\vec{e}_y + a\,\vec{e}_z)}{(z^2 + a^2)\sqrt{2a^2 + z^2}} - \frac{I_0}{4\pi} \frac{2a(\vec{e}_x + \vec{e}_y)}{z\sqrt{2a^2 + z^2}} + \frac{I_0}{4\pi} \frac{2a(z\,\vec{e}_x + a\,\vec{e}_z)}{(a^2 + z^2)\sqrt{2a^2 + z^2}}$$

$$= \frac{I_0}{4\pi} \frac{2a}{\sqrt{2a^2 + z^2}} \left[\frac{z(\vec{e}_x + \vec{e}_y) + 2a\,\vec{e}_z}{a^2 + z^2} - \frac{\vec{e}_x + \vec{e}_y}{z} \right]$$

$$= \frac{I_0\,a^2}{2\pi\sqrt{2a^2 + z^2}} \frac{-a\,\vec{e}_x - a\,\vec{e}_y + 2z\,\vec{e}_z}{z(a^2 + z^2)}\,.$$

Aufgabe 5.2.2

Gesucht: Die magnetische Feldstärke $\vec{H}$ um einen unendlich langen und unendlich dünnen Linienleiter entlang der z-Achse.

Ansatz: Mit dem Gesetz von Biot-Savart kann mit $\vec{B} = \mu H$ die magnetische Feldstärke

$$\boxed{\vec{H}(P) = \frac{I_0}{4\pi} \int_L \frac{d\vec{s} \times \vec{r}^{\,0}}{r^2}} \quad \text{bzw.} \quad \boxed{\vec{H}(P) = \frac{I_0}{4\pi} \int_L \frac{d\vec{s} \times \vec{r}}{r^3}} \tag{5.43}$$

berechnet werden. Zur Lösung des Integrals müssen der Ortsvektor $\vec{R}$ (Aufpunktvektor, beschreibt den Aufpunkt P) und der Kurvenvektor $\vec{s}$ (beschreibt den Weg des stromführenden Leiters) mit den gegebenen Koordinaten (s. Abbildung 5.14) parametrisiert werden.

Im besonders geeigneten Zylinder-Koordinatensystem lautet der Ortsvektor

$$\vec{R} = \rho\, \vec{e}_\rho + z\, \vec{e}_z \tag{5.44}$$

und der Kurvenvektor (beschreibt hier den Weg auf der z-Achse)

$$\vec{R}' = \gamma l\, \vec{e}_z, \quad -1 \leq \gamma \leq 1, \quad l \to \infty. \tag{5.45}$$

Der Abstandsvektor $\vec{r}$ im Biot-Savartschen Gesetz berechnet sich durch die Differenz zwischen Aufpunkt- und Quellpunktvektor

$$\begin{aligned} \vec{r} = \vec{R} - \vec{R}' &= \vec{R} - \gamma l\, \vec{e}_z \\ &= \rho\, \vec{e}_\rho + z\, \vec{e}_z - \gamma l\, \vec{e}_z \\ &= \rho\, \vec{e}_\rho + (z - \gamma l)\, \vec{e}_z, \quad r = \sqrt{\rho^2 + (z - \gamma l)^2}. \end{aligned} \tag{5.46}$$

Die Ableitung des Quellpunktvektors liefert das Linienelement

$$d\vec{s} = \frac{d\vec{R}'}{d\gamma}\, d\gamma = l\, d\gamma\, \vec{e}_z \tag{5.47}$$

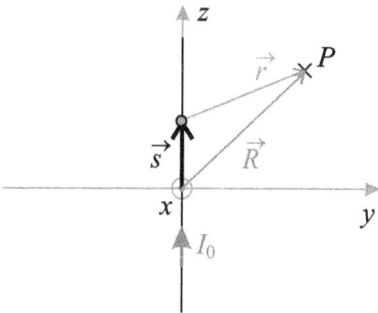

Abb. 5.14: Aufpunkt- und Kurvenvektor zur Beschreibung des Magnetfeldes des Linienleiters.

und das Kreuzprodukt wird

$$\mathrm{d}\vec{s} \times \vec{r} = l\,\mathrm{d}y\,\vec{e}_z \times [\rho\,\vec{e}_\rho + (z - yl)\,\vec{e}_z] = l\rho\,\mathrm{d}y\,\vec{e}_\varphi\,.$$

Mit diesen Ansätzen lautet das Gesetz von Biot-Savart gemäß Aufgabenstellung

$$\vec{B}(P) = \frac{\mu_0 I_0}{4\pi} \int\limits_{y=-1}^{1} \frac{l\rho\,\mathrm{d}y\,\vec{e}_\varphi}{\sqrt{\rho^2 + (z - yl)^2}^{\,3}} = \frac{\mu_0 I_0\,l\rho\,\vec{e}_\varphi}{4\pi} \int\limits_{y=-1}^{1} \frac{\mathrm{d}y}{\sqrt{\rho^2 + (z - yl)^2}^{\,3}}\,.$$

Über die Substitution

$$\alpha = z - yl \quad \Rightarrow \quad \frac{\mathrm{d}\alpha}{\mathrm{d}y} = -l \quad \Rightarrow \quad \mathrm{d}y = -\frac{1}{l}\,\mathrm{d}\alpha \tag{5.48}$$

$$y = -1 : \alpha = z + l\,, \quad y = 1 : \alpha = z - l$$

vereinfacht sich die Integration zu

$$\vec{B}(P) = \frac{\mu_0 I_0\,l\rho\,\vec{e}_\varphi}{4\pi} \int\limits_{\alpha=z+l}^{z-l} \frac{-\mathrm{d}\alpha}{l\sqrt{\rho^2 + \alpha^2}^{\,3}} = \frac{\mu_0 I_0\,\rho\,\vec{e}_\varphi}{4\pi} \int\limits_{\alpha=z-l}^{z+l} \frac{\mathrm{d}\alpha}{\sqrt{\rho^2 + \alpha^2}^{\,3}}\,.$$

Die Lösung dieses Integrals kann einer Mathematik-Formelsammlung (z. B. Bronstein) entnommen werden:

$$\int \frac{\mathrm{d}x}{(a\,x^2 + b)^{3/2}} = \frac{x}{b\,\sqrt{a\,x^2 + b}} \quad \text{mit} \quad x = \alpha,\quad a = 1,\quad b = \rho^2 \tag{5.49}$$

und es wird

$$\vec{B}(P) = \frac{\mu_0 I_0\,\rho\,\vec{e}_\varphi}{4\pi} \left[\frac{\alpha}{\rho^2\,\sqrt{\rho^2 + \alpha^2}} \right]_{\alpha=z-l}^{z+l}\,.$$

Wegen der unendlichen Integrationsgrenzen ($l \to \infty$) muss eine Grenzwertbetrachtung durchgeführt werden

$$\vec{B}(P) = \lim_{l\to\infty} \frac{\mu_0 I_0\,\vec{e}_\varphi}{4\pi\rho} \left[\frac{z + l}{\sqrt{\rho^2 + (z + l)^2}} - \frac{z - l}{\sqrt{\rho^2 + (z - l)^2}} \right]\,.$$

Division durch l ergibt

$$\vec{B}(P) = \frac{\mu_0 I_0\,\vec{e}_\varphi}{4\pi\rho} \lim_{l\to\infty} \left[\frac{\frac{z}{l} + 1}{\sqrt{(\frac{\rho}{l})^2 + (\frac{z}{l} + 1)^2}} - \frac{\frac{z}{l} - 1}{\sqrt{(\frac{\rho}{l})^2 + (\frac{z}{l} - 1)^2}} \right]$$

und mit abschließender Grenzwertbildung wird

$$\vec{B}(P) = \frac{\mu_0 I_0\,\vec{e}_\varphi}{4\pi\rho} \left[\frac{0 + 1}{\sqrt{0 + (0 + 1)^2}} - \frac{0 - 1}{\sqrt{0 + (0 - 1)^2}} \right] = \frac{\mu_0 I_0\,\vec{e}_\varphi}{4\pi\rho} (1 - (-1))\,.$$

Also

$$\vec{B}(P) = \frac{\mu_0 I_0}{2\pi\rho}\, \vec{e}_\varphi \,,$$

und damit dieselbe Lösung, wie sie mit dem Durchflutungsgesetz in Verbindung mit der Materialgleichung $\vec{B} = \mu\vec{H}$ gefunden wird.

Aufgabe 5.2.3

5.2.3.1

Gesucht: Für alle drei Abschnitte jeweils mit dem Gesetz von Biot-Savart die magnetischen Flussdichten $\vec{B}_{\mathrm{I}}$, $\vec{B}_{\mathrm{II}}$ und $\vec{B}_{\mathrm{III}}$ im Ursprung des Koordinatensystems.

Ansatz: Das Gesetz von Biot-Savart lautet

$$\boxed{\vec{B}(\vec{r}) = \frac{\mu I}{4\pi} \int_L \frac{\mathrm{d}\vec{s} \times \vec{r}^0}{r^2}} \quad \text{bzw.} \quad \boxed{\vec{B}(\vec{r}) = \frac{\mu I}{4\pi} \int_L \frac{\mathrm{d}\vec{s} \times \vec{r}}{r^3}} \,. \tag{5.50}$$

Für die geforderte Lösung ist der Ortsvektor der Nullvektor

$$\vec{R} = 0\,\vec{e}_x + 0\,\vec{e}_y + 0\,\vec{e}_z \,.$$

Leiterabschnitt I

Der Leiter I ist eine einfache Gerade, die beschrieben werden kann durch

$$L_{\mathrm{I}} : \vec{R}'(y) = a\,\vec{e}_x + y\,(a\,\vec{e}_y - a\,\vec{e}_x)\,, \quad 0 \le y \le 1$$
$$= (1 - y)a\,\vec{e}_x + ya\,\vec{e}_y \,.$$

Hierzu gehört das vektorielle Linienelement

$$\mathrm{d}\vec{s} = \frac{\mathrm{d}\vec{R}'(y)}{\mathrm{d}y}\,\mathrm{d}y = (-a\,\vec{e}_x + a\,\vec{e}_y)\,\mathrm{d}y \,. \tag{5.51}$$

Der Abstandsvektor wird dann

$$\vec{r} = \vec{R} - \vec{R}' = \vec{0} - ((1 - y)a\,\vec{e}_x + ya\,\vec{e}_y) = (y - 1)a\,\vec{e}_x - ya\,\vec{e}_y \tag{5.52}$$

mit dem Betrag

$$r = a\sqrt{(y - 1)^2 + y^2} = a\sqrt{2y^2 - 2y + 1} \,.$$

Es ergibt sich das Kreuzprodukt

$$\mathrm{d}\vec{s} \times \vec{r} = (-a\,\vec{e}_x + a\,\vec{e}_y)\,\mathrm{d}y \times [(y - 1)a\,\vec{e}_x - ya\,\vec{e}_y]$$
$$= (ya^2\vec{e}_z + (y - 1)a^2(-\vec{e}_z))\,\mathrm{d}y = a^2\vec{e}_z\,\mathrm{d}y$$

und damit

$$\vec{B}_{\mathrm{I}}(\vec{0}) = \frac{\mu_0 I_0\, a^2\, \vec{e}_z}{4\pi a^3} \int\limits_{y=0}^{1} \frac{\mathrm{d}y}{\sqrt{2y^2 - 2y + 1}^{\,3}} \; .$$

Das Integral besitzt die Lösung

$$\left[\frac{2(2 \cdot 2y - 2)}{(4 \cdot 2 \cdot 1 - 4)\sqrt{2y^2 - 2y + 1}} \right]_{y=0}^{1} \; . \tag{5.53}$$

Damit wird die magnetische Flussdichte

$$\vec{B}_{\mathrm{I}}(\vec{0}) = \frac{\mu_0 I_0\, \vec{e}_z}{4\pi a} \left[\frac{(2y - 1)}{\sqrt{2y^2 - 2y + 1}} \right]_{y=0}^{1} = \frac{\mu_0 I_0\, \vec{e}_z}{4\pi a} \left[\frac{2 - 1}{\sqrt{1}} - \frac{-1}{\sqrt{1}} \right] = \underline{\underline{\frac{\mu_0 I_0}{2\pi a}\, \vec{e}_z}} \; .$$

Leiterabschnitt II

Der Leiter II ist ebenfalls eine einfache Gerade, die beschrieben werden kann durch

$$L_{\mathrm{II}} : \vec{R}'(y) = a\,\vec{e}_y + y\,(a\,\vec{e}_z - a\,\vec{e}_y)\,, \quad 0 \le y \le 1$$
$$= (1 - y)a\,\vec{e}_y + ya\,\vec{e}_z \; .$$

Hierzu gehört das vektorielle Linienelement

$$\mathrm{d}\vec{s} = \frac{\mathrm{d}\vec{R}'(y)}{\mathrm{d}y}\,\mathrm{d}y = (-a\,\vec{e}_y + a\,\vec{e}_z)\,\mathrm{d}y \; . \tag{5.54}$$

Der Abstandsvektor wird dann

$$\vec{r} = \vec{R} - \vec{R}' = \vec{0} - ((1 - y)a\,\vec{e}_y + ya\,\vec{e}_z) = (y - 1)a\,\vec{e}_y - ya\,\vec{e}_z \tag{5.55}$$

mit dem Betrag

$$r = a\sqrt{(y - 1)^2 + y^2} = a\sqrt{2y^2 - 2y + 1} \; .$$

Es ergibt sich das Kreuzprodukt

$$\mathrm{d}\vec{s} \times \vec{r} = (-a\,\vec{e}_y + a\,\vec{e}_z)\,\mathrm{d}y \times [(y - 1)a\,\vec{e}_y - ya\,\vec{e}_z]$$
$$= (ya^2\vec{e}_x + (y - 1)a^2(-\vec{e}_x))\,\mathrm{d}y = a^2\vec{e}_x\,\mathrm{d}y$$

und damit

$$\vec{B}_{\mathrm{II}}(\vec{0}) = \frac{\mu_0 I_0\, a^2\, \vec{e}_x}{4\pi a^3} \int\limits_{y=0}^{1} \frac{\mathrm{d}y}{\sqrt{2y^2 - 2y + 1}^{\,3}} \; .$$

Das Integral besitzt die gleiche Lösung wie bei Leiter I (genauer: es ist identisch) und es wird

$$\vec{B}_{\mathrm{II}}(\vec{0}) = \underline{\underline{\frac{\mu_0 I_0\, \vec{e}_x}{2\pi a}}} \; .$$

Leiterabschnitt III

Der Leiter III ist wiederum eine einfache Gerade, die beschrieben werden kann durch

$$L_{III} : \vec{R}'(y) = a\,\vec{e}_z + y\,(a\,\vec{e}_x - a\,\vec{e}_z)\,, \quad 0 \le y \le 1$$
$$= (1-y)a\,\vec{e}_z + y a\,\vec{e}_x\,.$$

Hierzu gehört das vektorielle Linienelement

$$\mathrm{d}\vec{s} = \frac{\mathrm{d}\vec{R}'(y)}{\mathrm{d}y}\,\mathrm{d}y = (-a\,\vec{e}_z + a\,\vec{e}_x)\,\mathrm{d}y\,. \tag{5.56}$$

Der Abstandsvektor wird dann

$$\vec{r} = \vec{R} - \vec{R}' = \vec{0} - ((1-y)a\,\vec{e}_z + ya\,\vec{e}_x) = (y-1)a\,\vec{e}_z - ya\,\vec{e}_x \tag{5.57}$$

mit dem Betrag

$$r = a\sqrt{(y-1)^2 + y^2} = a\sqrt{2y^2 - 2y + 1}\,.$$

Es ergibt sich das Kreuzprodukt

$$\mathrm{d}\vec{s} \times \vec{r} = (-a\,\vec{e}_z + a\,\vec{e}_x)\,\mathrm{d}y \times [(y-1)a\,\vec{e}_z - ya\,\vec{e}_x]$$
$$= (ya^2\vec{e}_y + (y-1)a^2(-\vec{e}_y))\,\mathrm{d}y = a^2\vec{e}_y\,\mathrm{d}y$$

und damit

$$\vec{B}_{III}(\vec{0}) = \frac{\mu_0 I_0\, a^2\, \vec{e}_y}{4\pi a^3} \int\limits_{y=0}^{1} \frac{\mathrm{d}y}{\sqrt{2y^2 - 2y + 1}^{\,3}}\,.$$

Das Integral ist wieder identisch mit den zuvor gelösten Integralen und es wird

$$\vec{B}_{III}(\vec{0}) = \underline{\underline{\frac{\mu_0 I_0\, \vec{e}_y}{2\pi a}}}\,.$$

5.2.3.2

Gesucht: Die gesamte magnetische Flussdichte im Ursprung des Koordinatensystems.

Ansatz: Die gesamte magnetische Flussdichte ergibt sich durch Addition der Teilkomponenten

$$\vec{B}_{ges} = \vec{B}_I + \vec{B}_{II} + \vec{B}_{III} \tag{5.58}$$
$$= \underline{\underline{\frac{\mu_0 I_0}{2\pi a}(\vec{e}_x + \vec{e}_y + \vec{e}_z)}}\,.$$

Aufgabe 5.2.4

Gesucht: Die magnetische Flussdichte $\vec{B}$ im Ursprung des Koordinatensystems
Gegeben: Stromdurchflossene Kreisspule mit n Windungen und Radius a.
Ansatz: Die Aufgabe kann wie bei einer einfachen, kreisförmigen Leiterschleife mit dem Biot-Savartschen-Gesetz gelöst werden (N-mal eine Leiterschleife), da die Leiterwindungen als unendlich dünn angenommen werden können. Es ergibt sich für die magnetische Flussdichte im Mittelpunkt M:

$$\vec{B}(P = M) = \frac{\mu I N}{4\pi} \int_L \frac{d\vec{s} \times \vec{r}^0}{r^2} . \tag{5.59}$$

Abbildung 5.15 hilft bei der Parametrierung des Linienintegrals. Das vektorielle Linienelement $d\vec{s}$ zeigt in Zylinderkoordinaten in $\vec{e}_\varphi$-Richtung, der Abstandsvektor $\vec{r}$ in $-\vec{e}_\rho$-Richtung und sein Betrag $r = a$ ist konstant für jedes Wegelement $d\vec{s}$ $(0 \leq \varphi \leq 2\pi)$

$$d\vec{s} \times \vec{r}^0 = ds\, \vec{e}_\varphi \times (-\vec{e}_\varrho) = a\, d\varphi\, \vec{e}_z .$$

Hiermit lautet das zu lösende Integral

$$\vec{B}(M) = \frac{\mu I N}{4\pi} \int_0^{2\pi} \frac{a\, d\varphi\, \vec{e}_z}{a^2} = \frac{\mu I N}{4\pi a} \vec{e}_z \int_0^{2\pi} d\varphi = \frac{\mu I N}{4\pi a} \vec{e}_z [2\pi - 0]$$

$$= \underline{\underline{\frac{\mu I N}{2a} \vec{e}_z}} .$$

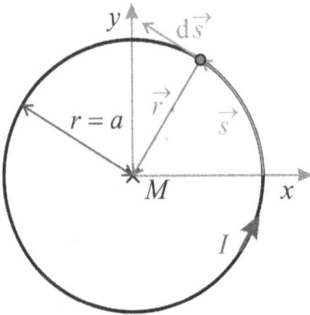

Abb. 5.15: Parametrisierung der Kreisspule.

6 Zeitlich veränderliche magnetische Felder

6.1 Induktivitäten

Aufgabe 6.1.1

6.1.1.1
Gesucht: Durchflutung Θ.

Gegeben: Feldlinienlängen: $l_\delta = 1$ mm, $l_1 = l_2 = 25$ cm, $l_3 = 30$ cm, $l_4 = 50$ cm,
Kerndurchmesser: $d_1 = d_2 = d_4 = 2,5$ cm, $d_3 = 4,5$ cm,
Kerndicke: $d = 4$ cm,
Flussdichte im Luftspalt $B = 1,2$ T,
Magnetisierungskennlinie durch Tabelle.

Ansatz: Aufstellen des Durchflutungsgesetzes für beide Zweige des gegebenen Eisenkerns:

$$H_\delta\, l_\delta + H_1\, l_1 + H_2\, l_2 + H_3\, l_3 = I\,N\,, \tag{6.1}$$

$$H_3\, l_3 + H_4\, l_4 = I\,N = \Theta\,. \tag{6.2}$$

Laut Aufgabenstellung soll die Flussdichte B im Luftspalt $1,2$ T betragen. Weil die Streuung vernachlässigt werden kann, gilt dieser Wert auch für B_1 und B_2, womit der Wert für $H_1 = H_2 = 280\,\text{Am}^{-1}$ aus der Tabelle entnommen werden kann. Außerdem ist

$$H_\delta = \frac{B}{\mu_0}\,. \tag{6.3}$$

Gleichsetzen der beiden Durchflutungs-Gleichungen führt auf

$$H_\delta\, l_\delta + H_1\, l_1 + H_2\, l_2 + H_3\, l_3 = H_3\, l_3 + H_4\, l_4$$

$$H_\delta\, l_\delta + 2\, H_1\, l_1 = H_4\, l_4\,. \tag{6.4}$$

Gleichung (6.4) aufgelöst nach H_4 ergibt

$$
\begin{aligned}
H_4 &= \frac{1}{l_4}\left(\frac{B\, l_\delta}{\mu_0} + 2\, H_1\, l_1\right) \\
&= \frac{1}{50\,\text{cm}}\left(\frac{1,2\,\text{T} \cdot 1\,\text{mm} \cdot \text{Am}}{4\pi \cdot 10^{-7}\,\text{Vs}} + 2 \cdot 280\,\text{Am}^{-1} \cdot 25\,\text{cm}\right) \approx \underline{\underline{2189,859\,\text{Am}^{-1}}}\,.
\end{aligned}
$$

Der Wert von B_4 kann mit H_4 durch lineare Interpolation aus der Tabelle bestimmt werden. Dazu werden drei Punkte $(H_\text{o};B_\text{o})$, $(H_\text{u};B_\text{u})$ sowie $(H_4;B_4)$ definiert. Mit der Zweipunkteform einer Geraden zwischen $(H_\text{o};B_\text{o})$ und $(H_\text{u};B_\text{u})$ wird dann

$$\frac{B - B_\text{u}}{H - H_\text{u}} = \frac{B_\text{o} - B_\text{u}}{H_\text{o} - H_\text{u}} \quad \Rightarrow \quad B_4 = \frac{H_4 - H_\text{u}}{H_\text{o} - H_\text{u}} \cdot (B_\text{o} - B_\text{u}) + B_\text{u}$$

https://doi.org/10.1515/9783110672510-012

$$B_4 = \frac{(2189,859 - 1500)\,\text{Am}^{-1}}{(2500 - 1500)\,\text{Am}^{-1}} \cdot (1,78 - 1,73)\,\text{T} + 1,73\,\text{T} = 1,765\,\text{T} \,.$$

Für die magnetischen Flüsse im Kern gilt:

$$\Phi_3 = \Phi_1 + \Phi_4 \quad \Rightarrow \quad B_3\,A_3 = B_1\,A_1 + B_4\,A_4 \,.$$

Mit $A_1 = A_4 = 2,5\,\text{cm} \cdot 4\,\text{cm} = 10\,\text{cm}^2$ und $A_3 = 4,5\,\text{cm} \cdot 4\,\text{cm} = 18\,\text{cm}^2$ wird

$$B_3 = \frac{A_1}{A_3}(B_1 + B_4) = \frac{10\,\text{cm}^2}{18\,\text{cm}^2}(1,2\,\text{T} + 1,765\,\text{T}) \approx 1,647\,\text{T} \,.$$

Hieraus kann wieder mit linearer Interpolation H_3 aus der Tabelle bestimmt werden:

$$\begin{aligned}
H_3 &= \frac{B_3 - B_\text{u}}{B_\text{o} - B_\text{u}} \cdot (H_\text{o} - H_\text{u}) + H_\text{u} \\
&= \frac{(1,647 - 1,51)\,\text{T}}{(1,65 - 1,51)\,\text{T}} \cdot (1000 - 600)\,\text{Am}^{-1} + 600\,\text{Am}^{-1} \approx 991,429\,\text{Am}^{-1}
\end{aligned}$$

und mit dem Durchflutungsgesetz des rechten Zweiges wird

$$\begin{aligned}
\Theta &= H_3\,l_3 + H_4\,l_4 \\
&= 991,429\,\text{Am}^{-1} \cdot 30\,\text{cm} + 2189,859\,\text{Am}^{-1} \cdot 50\,\text{cm} \approx 1392,358\,\text{A} \,.
\end{aligned}$$

6.1.1.2

Gesucht: Ersatzschaltbild und magn. Widerstände $R_{\text{m},i}$.

Gegeben: Alle Abmessungen des Eisenkerns.

Ansatz: Der Eisenkern lässt sich durch ein Netzwerk mit zwei Maschen darstellen.

Ohm'sches Gesetz des magnetischen Kreises:

$$R_\text{m} = \frac{V}{\Phi} = \frac{H\,l}{B\,A} = \frac{l}{\mu\,A} \,. \qquad (6.5)$$

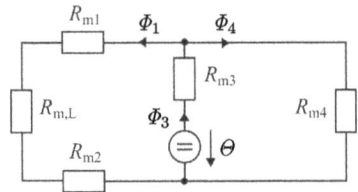

$$R_{\text{m}1} = R_{\text{m}2} = \frac{H_1\,l_1}{B_1\,A_1} = \frac{280\,\text{Am}^{-1} \cdot 0,25\,\text{m}}{1,2\,\text{Vs}\,\text{m}^{-2} \cdot 10 \cdot 10^{-4}\,\text{m}^2} \approx \underline{\underline{58,333\,\text{kA(Vs)}^{-1}}} \,,$$

$$R_{\text{m}3} = \frac{H_3\,l_3}{B_3\,A_3} = \frac{991,429\,\text{Am}^{-1} \cdot 0,3\,\text{m}}{1,647\,\text{Vs}\,\text{m}^{-2} \cdot 18 \cdot 10^{-4}\,\text{m}^2} \approx \underline{\underline{100,327\,\text{kA(Vs)}^{-1}}} \,,$$

$$R_{\text{m}4} = \frac{H_4\,l_4}{B_4\,A_4} = \frac{2189,859\,\text{Am}^{-1} \cdot 0,5\,\text{m}}{1,765\,\text{Vs}\,\text{m}^{-2} \cdot 10 \cdot 10^{-4}\,\text{m}^2} \approx \underline{\underline{620,357\,\text{kA(Vs)}^{-1}}} \,,$$

$$R_{\text{m,L}} = \frac{l_\text{L}}{\mu_0\,A_1} = \frac{1 \cdot 10^{-3}\,\text{m}}{4\pi \cdot 10^{-7}\,\text{Vs(Am)}^{-1} \cdot 10 \cdot 10^{-4}\,\text{m}^2} \approx \underline{\underline{795,775\,\text{kA(Vs)}^{-1}}} \,.$$

6.1.1.3

Gesucht: Die Induktivität L der Anordnung

(a) berechnet über den magnetischen Fluss Φ,

(b) berechnet über den magnetischen Leitwert Λ.

Gegeben: Windungszahl $N = 1000$,

Werte aus voriger Teilaufgabe.

Ansatz a: Berechnung der Induktivität über den verketteten Fluss

$$\Psi = L\,I, \quad \Theta = N\,I, \quad \Psi = N\,\Phi, \quad \Phi = B\,A\,.$$

$$L = \frac{\Psi}{I} = \frac{\Psi\,N}{\Theta} = L = \frac{N^2\,\Phi_3}{\Theta} \quad \Rightarrow \quad L = \frac{N^2\,B_3\,A_3}{\Theta} \tag{6.6}$$

$$L = \frac{1000^2 \cdot 1{,}647\,\text{T} \cdot 18 \cdot 10^{-4}\,\text{m}^2}{1392{,}358\,\text{A}} \approx \underline{\underline{2{,}129\,\text{H}}}\,.$$

Ansatz b: Berechnung der Induktivität über das Ersatzschaltbild des magnetischen Kreises und Definition des magnetischen Leitwertes

$$L = N^2\Lambda, \quad \Lambda = \frac{1}{R_\text{m}}\,.$$

Bestimmung von $R_\text{m,ges}$ des magnetischen Kreises:

$$R_\text{m,ges} = R_\text{m3} + \frac{(2\,R_\text{m1} + R_\text{m,L})R_\text{m4}}{2\,R_\text{m1} + R_\text{m,L} + R_\text{m4}} = 469{,}611\,\text{kA(Vs)}^{-1}\,. \tag{6.7}$$

$$L = N^2\Lambda_\text{ges} = \frac{N^2}{R_\text{m,ges}} = \frac{1000^2}{469{,}611\,\frac{\text{kA}}{\text{Vs}}} = \frac{1000\,\text{Vs}}{469{,}611\,\text{A}} \approx \underline{\underline{2{,}129\,\text{H}}}\,.$$

Aufgabe 6.1.2

6.1.2.1

Gesucht: Die Anzahl der unterschiedlichen Gegeninduktivitäten und ihre Benennung.

Gegeben: Die Wicklungsanordnung in Abbildung 6.1 auf Seite 40.

Ansatz: Gegeninduktivitäten sind nur für ein Wicklungspaar definiert. Insgesamt gehören zu jeder einzelnen Wicklung in Abbildung 6.1 auf Seite 40 zwei Gegeninduktivitäten $L_{i,j}$. Hierbei bedeutet der Index i den Ort der Wirkung und der Index j den Ort der Quelle bzw. Ursache. Es ergeben sich für die drei Wicklungen die Kombinationen

$$1 : L_{21}, L_{31} \qquad 2 : L_{12}, L_{32} \qquad 3 : L_{13}, L_{23}\,.$$

Die Gegeninduktivitäten beschreiben die magnetische Kopplung zwischen zwei Wicklungen. Sie heißen daher auch Kopplungsinduktivitäten. Die Induktivitäten $L_{i,j}$ und $L_{j,i}$ weisen jeweils auf die gleiche magnetische Kopplung zwischen den Wicklungen i und j hin und es gilt

$$L_{i,j} = L_{j,i} , \quad i = 1,2,3 \quad j = 1,2,3 \quad i \neq j . \tag{6.8}$$

Es sind also nur drei unterschiedliche Kopplungsinduktivitäten zu unterscheiden

$$L_{12} = L_{21} = M_1 , \quad L_{23} = L_{32} = M_2 , \quad L_{31} = L_{13} = M_3 . \tag{6.9}$$

6.1.2.2

Gesucht: Das magnetische Ersatzschaltbild der Wicklungsanordnung.

Ansatz: Das gesuchte Ersatzschaltbild zeigt Abbildung 6.1.

6.1.2.3

Gesucht: Gegeninduktivität $M_1 = L_{21}$.

Gegeben: Das magnetische Ersatzschaltbild in Abbildung 6.1.

Ansatz: Betrachtung der Wirkung von Spule 1 auf Spule 2. Nur die Durchflutung in Spule 1 ist wirksam, alle anderen sind null. Für den verketteten magnetischen Fluss, der durch Wicklung 1 in Wicklung 2 hervorgerufen wird, gilt dann

$$\Psi_{21} = N_2 \Phi_{21} = L_{21} I_1 . \tag{6.10}$$

Berechnung des magnetischen Flusses Φ_{21} anhand von Abbildung 6.2a:

$$\Phi_{11} = \Phi_{21} + \Phi_{31} \quad \Rightarrow \quad \Phi_{21} = \Phi_{11} - \Phi_{31} . \tag{6.11}$$

Wegen der Gleichheit der magnetischen Spannungen ist

$$V_2 = V_3 = V_{23} = \frac{\Phi_{11}}{\Lambda_2 + \Lambda_3} . \tag{6.12}$$

Die unbekannte Größe Φ_{11} kann durch

$$\Phi_{11} = \Theta_1 \Lambda_{ges1} \quad \text{mit} \quad \frac{1}{\Lambda_{ges1}} = \frac{1}{\Lambda_1} + \frac{1}{\Lambda_2 + \Lambda_3} \tag{6.13}$$

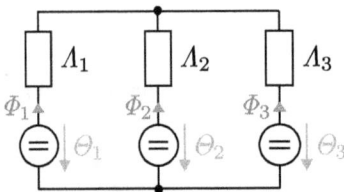

Abb. 6.1: Magnetisches Ersatzschaltbild der Anordnung.

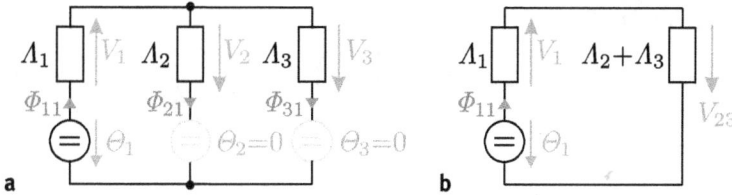

Abb. 6.2: Magnetische Ersatzschaltbilder zur Berechnung der Gegeninduktivitäten L_{21} und L_{31} (a) mit den magnetischen Spannungen $V_2 = V_3$ und (b) neues ESB mit dem resultierenden Ersatzleitwert Λ_{23}.

bestimmt werden. Dann wird aus Gl. (6.11) (vgl. Stromteilerregel mit Leitwerten)

$$\Phi_{21} = \Phi_{11} - V_3 \Lambda_3 = \Phi_{11}\left(1 - \frac{\Lambda_3}{\Lambda_2 + \Lambda_3}\right) = \Phi_{11}\frac{\Lambda_2}{\Lambda_2 + \Lambda_3} \tag{6.14}$$

$$\Phi_{21} = \Theta_1 \frac{\Lambda_1(\Lambda_2 + \Lambda_3)}{\Lambda_1 + \Lambda_2 + \Lambda_3} \frac{\Lambda_2}{\Lambda_2 + \Lambda_3} = N_1 I_1 \frac{\Lambda_1 \Lambda_2}{\Lambda_1 + \Lambda_2 + \Lambda_3}. \tag{6.15}$$

Abschließend wird dann mit Gl. (6.10) umgestellt nach L_{21}

$$L_{21} = M_1 = \frac{N_2 \Phi_{21}}{I_1} \quad \Rightarrow \quad M_1 = N_1 N_2 \frac{\Lambda_1 \Lambda_2}{\Lambda_1 + \Lambda_2 + \Lambda_3}. \tag{6.16}$$

Gesucht: Gegeninduktivität $L_{23} = M_2$.

Ansatz: Betrachtung der Wirkung von Spule 3 auf Spule 2. Jetzt ist nur die Durchflutung in Spule 3 wirksam, alle anderen sind null. Für den verketteten magnetischen Fluss, der durch Wicklung 3 in Wicklung 2 hervorgerufen wird, gilt somit

$$\Psi_{23} = N_2 \Phi_{23} = L_{23} I_3. \tag{6.17}$$

Berechnung des magnetischen Flusses Φ_{23} anhand von Abbildung 6.3a:

$$\Phi_{33} = \Phi_{13} + \Phi_{23} \quad \Rightarrow \quad \Phi_{23} = \Phi_{33} - \Phi_{13}. \tag{6.18}$$

Wegen der Gleichheit der magnetischen Spannungen ist

$$V_1 = V_2 = V_{12} = \frac{\Phi_{33}}{\Lambda_1 + \Lambda_2}. \tag{6.19}$$

Die unbekannte Größe Φ_{33} kann wieder durch

$$\Phi_{33} = \Theta_3 \Lambda_{ges3} \quad \text{mit} \quad \frac{1}{\Lambda_{ges3}} = \frac{1}{\Lambda_3} + \frac{1}{\Lambda_1 + \Lambda_2} \tag{6.20}$$

bestimmt werden. Dann wird aus Gl. (6.18)

$$\Phi_{23} = \Phi_{33} - V_1 \Lambda_1 = \Phi_{33} \left(1 - \frac{\Lambda_1}{\Lambda_1 + \Lambda_2} \right) = \Phi_{33} \frac{\Lambda_2}{\Lambda_1 + \Lambda_2} \tag{6.21}$$

$$\Phi_{23} = \Theta_3 \frac{\Lambda_3(\Lambda_1 + \Lambda_2)}{\Lambda_1 + \Lambda_2 + \Lambda_3} \frac{\Lambda_2}{\Lambda_1 + \Lambda_2} = N_3 I_3 \frac{\Lambda_2 \Lambda_3}{\Lambda_1 + \Lambda_2 + \Lambda_3} \ . \tag{6.22}$$

Abschließend wird dann mit Gl. (6.17) umgestellt nach L_{23}

$$L_{23} = M_2 = \frac{N_2 \Phi_{23}}{I_3} \quad \Rightarrow \quad M_2 = N_2 N_3 \frac{\Lambda_2 \Lambda_3}{\Lambda_1 + \Lambda_2 + \Lambda_3} \ . \tag{6.23}$$

Gesucht: Gegeninduktivität $M_3 = L_{31}$.

Ansatz: Betrachtung der Wirkung von Spule 1 auf Spule 3. Für den verketteten magnetischen Fluss, der durch Wicklung 1 in Wicklung 3 hervorgerufen wird, gilt

$$\Psi_{31} = N_3 \Phi_{31} = L_{31} I_1 \ . \tag{6.24}$$

Berechnung des magnetischen Flusses Φ_{31} anhand von Abbildung 6.2 a:

$$\Phi_{11} = \Phi_{21} + \Phi_{31} \quad \Rightarrow \quad \Phi_{31} = \Phi_{11} - \Phi_{21} \ . \tag{6.25}$$

Die unbekannte Größe Φ_{11} (vergleiche Gl. (6.13)) kann durch

$$\Phi_{11} = \Theta_1 \frac{\Lambda_1(\Lambda_2 + \Lambda_3)}{\Lambda_1 + \Lambda_2 + \Lambda_3} \tag{6.26}$$

bestimmt werden. Dann wird aus Gl. (6.25)

$$\Phi_{31} = \Phi_{11} - V_2 \Lambda_2 = \Phi_{11} \frac{\Lambda_3}{\Lambda_2 + \Lambda_3} \tag{6.27}$$

$$= \Theta_1 \frac{\Lambda_1(\Lambda_2 + \Lambda_3)}{\Lambda_1 + \Lambda_2 + \Lambda_3} \frac{\Lambda_3}{\Lambda_2 + \Lambda_3} = N_1 I_1 \frac{\Lambda_1 \Lambda_3}{\Lambda_1 + \Lambda_2 + \Lambda_3} \ . \tag{6.28}$$

Abschließend wird dann mit Gl. (6.24) umgestellt nach L_{31}

$$L_{31} = M_3 = \frac{N_3 \Phi_{31}}{I_1} \quad \Rightarrow \quad M_3 = N_1 N_3 \frac{\Lambda_1 \Lambda_3}{\Lambda_1 + \Lambda_2 + \Lambda_3} \ . \tag{6.29}$$

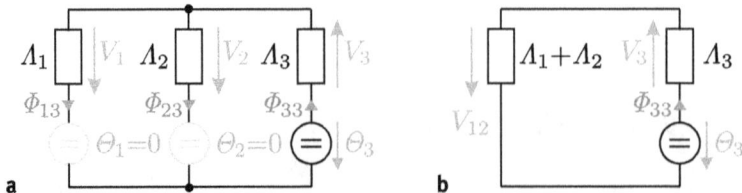

Abb. 6.3: Magnetische Ersatzschaltbilder zur Berechnung der Gegeninduktivität L_{23} (a) mit den magnetischen Spannungen $V_1 = V_2$ und (b) neues ESB mit dem resultierenden Ersatzleitwert Λ_{12}.

6.2 Induktionsgesetz

Aufgabe 6.2.1

6.2.1.1
Gesucht: Stromwärmeverluste $p(t)$ in der Leiterschleife.
Gegeben: Konstante Flussdichte B in x-Richtung,
Geometrie der Leiterschleife,
Ohmscher Widerstand R.
Ansatz: Gleichung des magnetischen Flusses

$$\Phi = \int_A \vec{B} \cdot d\vec{A} , \qquad (6.30)$$

das Induktionsgesetz

$$u_i = -\frac{d\Phi}{dt} \qquad (6.31)$$

und das Ohm'sche Gesetz

$$i = \frac{u}{R} . \qquad (6.32)$$

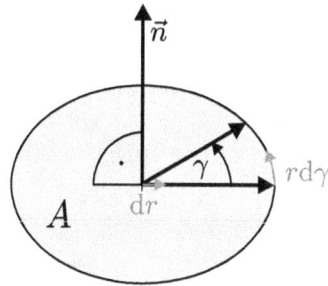

Die von der Leiterschleife aufgespannte und in x-Richtung wirksame Fläche A besitzt das Flächenelement

$$d\vec{A} = r \, dr \, dy \, \vec{n} , \qquad (6.33)$$

wobei der Normalenvektor $\vec{n}$ abhängig von der Drehbewegung der Leiterschleife zu beschreiben ist

$$\vec{n} = \sin \varphi \vec{e}_x - \cos \varphi \vec{e}_z . \qquad (6.34)$$

$$\Phi = \int_0^{2\pi} \int_0^r B\vec{e}_x \cdot r \, dr \, dy \, \vec{n} = B \int_0^{2\pi} \int_0^r r \, dr \, dy \, \vec{e}_x \cdot (\sin \varphi \, \vec{e}_x - \cos \varphi \, \vec{e}_z) \qquad (6.35)$$

$$\Phi = B \sin \varphi \int_0^{2\pi} \int_0^r r \, dr \, dy \qquad (6.36)$$

$$\Phi = B \, 2\pi \sin \varphi \int_0^r r \, dr = B\pi r^2 \sin \varphi, \quad \varphi = \omega t . \qquad (6.37)$$

Damit wird die in der Leiterschleife induzierte Spannung

$$u(t) = -\frac{d\Phi}{dt} = -\frac{d}{dt} \left(B\pi r^2 \sin(\omega t) \right) = -\omega B\pi r^2 \cos(\omega t) \qquad (6.38)$$

und der Strom

$$i(t) = \frac{u(t)}{R} = -\frac{\omega}{R} B\pi r^2 \cos(\omega t) \,. \tag{6.39}$$

Die gesuchte Leistung ist $p(t) = u(t)\, i(t)$

$$p(t) = \frac{\left(\omega B\pi r^2\right)^2}{R} \cos^2(\omega t) \,. \tag{6.40}$$

6.2.1.2

Gesucht: Drehmoment M abhängig von der Stellung der Leiterschleife im Magnetfeld.

Gegeben: Wirkleistung in der Leiterschleife $p(t) = \frac{\left(\omega B\pi r^2\right)^2}{R} \cos^2(\omega t)$,
Kreisdrehzahl $\omega = 2\pi n$.

Ansatz: Allgemein gilt für die Beziehung zwischen Leistung P, Drehmoment M und Kreisdrehzahl ω

$$P = \omega M \,. \tag{6.41}$$

$$M = \frac{\omega}{R} \left(B\pi r^2\right)^2 \cos^2(\omega t) \,. \tag{6.42}$$

Ergänzung

Probe über die Kraftwirkung des elektrischen Stroms im Magnetfeld: Allgemein gilt

$$d\vec{M} = \vec{l} \times d\vec{F}, \quad d\vec{F} = i\,d\vec{s} \times \vec{B} \,. \tag{6.43}$$

Das Linienelement $d\vec{s}$ definiert dabei den differentiellen Abschnitt der kreisförmigen Leiterschleife in Stromrichtung (siehe Skizze in Aufgabenteil 6.2.1.1)

$$d\vec{s} = -r\,dy\,\vec{e}_y \tag{6.44}$$

bzw. in kartesischen Koordinaten der yz-Ebene (siehe Abbildung 6.4)

$$d\vec{s} = r\,dy(-\cos y\,\vec{e}_y + \sin y\,\vec{e}_z) \,. \tag{6.45}$$

Damit ergibt sich ein Kraftvektor

$$d\vec{F} = i\,B\,r\,dy(-\cos y\,\vec{e}_y + \sin y\,\vec{e}_z) \times \vec{e}_x \,. \tag{6.46}$$

Wegen $\vec{e}_z \times \vec{e}_x = \vec{e}_y$ und $\vec{e}_y \times \vec{e}_x = -\vec{e}_z$ wird

$$d\vec{F} = i\,B\,r\,dy(\sin y\,\vec{e}_y + \cos y\,\vec{e}_z) \,. \tag{6.47}$$

Da die Kraft abhängig von der Position auf der Leiterschleife ist, muss das Drehmoment über den differentiellen Ansatz der Kraft ausgerechnet werden. Weil die Drehachse

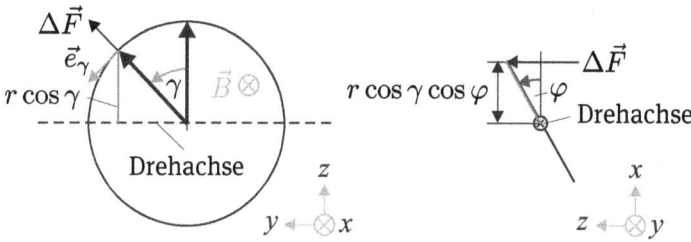

Abb. 6.4: Zur Parametrisierung der Leiterschleife und der Hebellänge.

der Leiterschleife in y-Richtung zeigt, sind zur Drehmomentbildung nur die Kräfte in z-Richtung wirksam. Wird für den Hebelarm

$$\vec{l} = r \cos y \cos \varphi \, \vec{e}_x \tag{6.48}$$

eingesetzt (siehe Abbildung 6.4 rechts), ergibt sich

$$d\vec{M} = r \cos y \cos \varphi \, \vec{e}_x \times i \, B \, r \, dy (\cos y \, \vec{e}_z) \tag{6.49}$$

$$= -i \, B \, r^2 \cos \varphi \, \cos^2 y \, dy \, \vec{e}_y \,. \tag{6.50}$$

Das gesamte Drehmoment entsteht durch Integration über das Intervall $0 \le y < 2\pi$:

$$\vec{M} = -i \, B \, r^2 \cos \varphi \int_{y=0}^{2\pi} \cos^2 y \, dy \, \vec{e}_y \,. \tag{6.51}$$

Es ist

$$\int_0^{2\pi} \cos^2 y \, dy = \int_0^{2\pi} \frac{1}{2} + \frac{1}{2} \cos(2y) \, dy = \pi \tag{6.52}$$

und mit $\varphi = \omega t$ ergibt sich schließlich

$$\vec{M} = -i \, B \, r^2 \pi \cos \varphi \, \vec{e}_y = \left(\frac{\omega}{R} B \pi r^2 \cos(\omega t) \right) B \, r^2 \pi \cos(\omega t) \, \vec{e}_y \tag{6.53}$$

$$\vec{M} = \frac{\omega}{R} \left(B \pi r^2 \right)^2 \cos^2(\omega t) \, \vec{e}_y \,. \tag{6.54}$$

Anmerkung. *Das berechnete Moment ist nicht das mechanische Moment mit dem die Leiterschleife angetrieben wird (Antriebsmoment), sondern das elektrische Moment (Lastmoment), hierfür gilt*

$$\sum \vec{M} = \vec{0} = \vec{M}_{\text{el}} + \vec{M}_{\text{mech}} \quad \Rightarrow \quad \vec{M}_{\text{el}} = -\vec{M}_{\text{mech}} \,.$$

Das vektorielle Drehmoment gibt nicht die Richtung der Drehbewegung, sondern die Richtung der Drehachse an. Siehe hierzu die Abbildung 6.5.

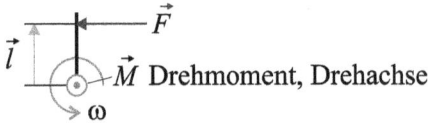

Abb. 6.5: Richtungen von Hebel, Kraft und Drehmoment.

Aufgabe 6.2.2

6.2.2.1
Gesucht: Der magnetische Fluss Φ innerhalb der Leiterschleife.
Gegeben: Die magnetische Flussdichte $\vec{B}(y,t) = \hat{B}\sin(\omega t)\sin\left(\frac{\pi}{a}y\right)(-\vec{e}_z)$
Ansatz: Für den magnetischen Fluss gilt

$$\Phi = \int_A \vec{B} \cdot d\vec{A} \,. \tag{6.55}$$

Die Fläche A, die von der Leiterschleife umfasst wird, wird mit fortschreitender Zeit t größer. Da die Geschwindigkeit v konstant ist, gilt

$$x(t) = \int v\,dt = v\,t + b \,. \tag{6.56}$$

Die Konstante berücksichtigt den zum Zeitpunkt $t = 0$ bereits zurückgelegten Weg b. Damit gilt für die Fläche

$$d\vec{A} = dx\,dy\,(-\vec{e}_z)\,, \quad 0 \le x(t) \le b + vt\,, \quad 0 \le y \le a\,. \tag{6.57}$$

Mit dem gegebenen $\vec{B}$ wird dann

$$\Phi = \int_{x=0}^{b+vt}\int_{y=0}^{a} \hat{B}\sin(\omega t)\sin\left(\frac{\pi}{a}y\right)(-\vec{e}_z) \cdot dx\,dy(-\vec{e}_z) \tag{6.58}$$

$$= \hat{B}\sin(\omega t)\int_{x=0}^{b+vt}\int_{y=0}^{a} \sin\left(\frac{\pi}{a}y\right)dy\,dx$$

$$= \hat{B}\sin(\omega t)\,(b + vt - 0)\int_{x=0}^{b+vt} \sin\left(\frac{\pi}{a}y\right)dy$$

$$= \hat{B}\sin(\omega t)(b + vt)\left[-\frac{a}{\pi}\cos\left(\frac{\pi}{a}y\right)\right]_{y=0}^{a}$$

$$= \frac{\hat{B}\sin(\omega t)\,a(b + vt)}{\pi}\left[-\cos(\pi) + \cos(0)\right]$$

$$= \underline{\underline{\frac{2a(b + vt)}{\pi}\,\hat{B}\sin(\omega t)}}\,. \tag{6.59}$$

6.2.2.2

Gesucht: Die in der Leiterschleife induzierte Spannung u_i.

Gegeben: Der magnetische Fluss aus Gl. (6.59)

Ansatz: Nach dem Induktionsgesetz ist

$$u_i = -\frac{d\Phi}{dt} \ . \tag{6.60}$$

Mit dem gegebenen magnetischen Fluss aus Gl. (6.59) wird dann

$$u_i = -\frac{d}{dt} \left\{ \frac{2a(b+vt)}{\pi} \hat{B} \sin(\omega t) \right\} \ . \tag{6.61}$$

Anwendung der Produktregel $(fg)' = f'g + g'f$ und der Kettenregel ergibt mit

$$f = \hat{B}\sin(\omega t) \ , \qquad f' = \omega\hat{B}\cos(\omega t)$$

$$g = \frac{2a(b+vt)}{\pi} \ , \qquad g' = \frac{2av}{\pi}$$

die induzierte Spannung

$$u_i = -\frac{2a}{\pi}\hat{B}\{(b+vt)\omega\cos(\omega t) + v \cdot \sin(\omega t)\} \ .$$

Aufgabe 6.2.3

6.2.3.1

Gesucht: Der magnetische Fluss Φ innerhalb der Leiterschleife.

Gegeben: Die magnetische Flussdichte $\vec{B}(x,t) = \hat{B}\sin(\omega t)\cos\left(\frac{\pi}{2}\frac{\rho}{\rho_0}\right)\vec{e}_z$

Ansatz: Für den magnetischen Fluss gilt

$$\Phi = \int_A \vec{B} \cdot d\vec{A} \ . \tag{6.62}$$

Aufgrund der Aufgabenstellung ist

$$d\vec{A} = \rho\,d\rho\,d\varphi\,\vec{e}_z \ , \quad 0 \le \rho \le \rho_0 \ , \quad 0 \le \varphi \le 2\pi \ . \tag{6.63}$$

Mit dem gegebenen $\vec{B}$ wird dann

$$\Phi = \int_{\rho=0}^{\rho_0} \int_{\varphi=0}^{2\pi} \hat{B}\sin(\omega t)\cos\left(\frac{\pi}{2}\frac{\rho}{\rho_0}\right)\vec{e}_z \cdot \rho\,d\rho\,d\varphi\,\vec{e}_z$$

$$= \hat{B}\sin(\omega t) \int_{\rho=0}^{\rho_0} \int_{\varphi=0}^{2\pi} \cos\left(\frac{\pi}{2}\frac{\rho}{\rho_0}\right)\rho\,d\rho\,d\varphi$$

$$= \hat{B}\sin(\omega t)(2\pi - 0)\int\limits_{\rho=0}^{\rho_0} \cos\left(\frac{\pi}{2}\frac{\rho}{\rho_0}\right)\rho\,d\rho$$

$$= 2\pi\hat{B}\sin(\omega t)\left[\left(\frac{2\rho_0}{\pi}\right)^2 \cos\left(\frac{\pi}{2}\frac{\rho}{\rho_0}\right) + \frac{2\rho_0}{\pi}\rho\sin\left(\frac{\pi}{2}\frac{\rho}{\rho_0}\right)\right]_{\rho=0}^{\rho_0}$$

$$= 2\pi\hat{B}\sin(\omega t)\cdot\frac{4\rho_0^2}{\pi^2}\left[\cos\left(\frac{\pi}{2}\frac{\rho}{\rho_0}\right) + \frac{\pi\rho}{2\rho_0}\sin\left(\frac{\pi}{2}\frac{\rho}{\rho_0}\right)\right]_{\rho=0}^{\rho_0}$$

$$= 2\pi\hat{B}\sin(\omega t)\cdot\frac{4\rho_0^2}{\pi^2}\left[0 - 1 + \frac{\pi\rho_0}{2\rho_0} - 0\right] = \frac{8}{\pi}\left(\frac{\pi}{2} - 1\right)\rho_0^2\hat{B}\sin(\omega t)$$

$$= \left(4 - \frac{8}{\pi}\right)\rho_0^2\hat{B}\sin(\omega t)\,. \tag{6.64}$$

6.2.3.2

Gesucht: Die in der Leiterschleife induzierte Spannung u_i.
Gegeben: Der magnetische Fluss aus Gl. (6.64).
Ansatz: Nach dem Induktionsgesetz ist

$$u_i = -\frac{d\Phi}{dt}\,. \tag{6.65}$$

Mit gegebenem magnetischem Fluss aus Gl. (6.64) wird dann

$$u_i = -\frac{d}{dt}\left\{\left(4 - \frac{8}{\pi}\right)\rho_0^2\hat{B}\sin(\omega t)\right\}$$

$$= -\left(4 - \frac{8}{\pi}\right)\rho_0^2\hat{B}\frac{d\sin(\omega t)}{dt} = \left(\frac{8}{\pi} - 4\right)\rho_0^2\hat{B}\omega\cos(\omega t)\,.$$

www.ingramcontent.com/pod-product-compliance
Lightning Source LLC
Chambersburg PA
CBHW080542220326
41599CB00032B/6333